정선의 카르스트 경관

서원명

카르스트 지형학자 서무송 교수의 아들로 36년간 고등학교 지리교사로 봉직한 후 퇴임하였다. 「영월 연당 하안단구에 발달한 카르스트 지형」(서무송 회갑 기념 논문집 게재), 「단양 삼태산 일대의 석회암 지형」(한국지형학회지 10권 2호 게재), 「평창강 유역의 지형 환경」(일본 도호쿠대학 한·일 지형학회 발표) 등 부친의 뒤를 이어 카르스트 지형을 연구하였다.

어린 시절부터 부친을 따라 정선의 곳곳을 답사했으며, 지리교사로 봉직 중에는 정선정보공업고등학교에서 4년간 근무한 경력이 있다. 그 인연으로 인해 서무송 교수 사후 부친의 연구 자료와 도서, 암석 시료 등을 정선군에 기증하고, K-KARST 설립에 공헌하였다. 그 공로를 인정받아 2023년 명예 군민으로 선정되었다.

지리교사로 재직 중에는 경기도의 안양 성문고등학교, 의왕 백운고등학교, 수원 천천고등학교에서 근무하였으며, 2009년 강원도로 전출하여 속초여자고등학교, 원주 북원여자고등학교, 정선정보공업고등학교, 속초 설악고등학교에서 근무하였다. 주요 저서로는 『중국지리답사기』(2004), 『지리교사들 남미와 만나다』(2005) 등의 교양 도서와 『고등학교 한국지리』(2002), 『고등학교 지리부도』(2010), 『중학교 사회과부도』(2010) 등의 교과서가 있다.

정선의 카르스트 경관

초판 발행 2024년 11월 30일

지은이   **서원명**
펴낸이   김선기
펴낸곳   (주)푸른길
출판등록 1996년 4월 12일 제16 1292호
주소   (08377) 서울시 구로구 디지털로 33길 48 대륭포스트타워 7차 1008호
전화   02-523-2907, 6942-9570~2
팩스   02-523-2951
이메일   purungilbook@naver.com
홈페이지 www.purungil.co.kr

ISBN   979-11-7267-022-1 93980

정선의
카르스트 경관

서 원 명

푸른길

원고를 마친 후에

정선은 고생대 조선누층군이 차지하는 면적 비율이 전체의 60%에 이르며, 신생대 이후 태백산지를 중심으로 일어난 지각 운동의 영향을 크게 받은 곳이다. 이는 카르스트 지형의 진수를 보여주는 곳이라는 뜻이기도 하다. 정선의 민둥산은 우리나라 석회암 산지를 대표하며, 그 정상의 와지(돌리네)는 카르스트 지형을 상징하는 대표 모델이다. 화암동굴은 석회동굴과 금광을 인공 터널로 연결하여 땅속에서 지질학을 공부할 수 있는 국내 유일의 학습장이다. 병방치 전망대에 올라서면 산이 솟고 강이 굽이치며 만들어 낸 숨 막히는 절경이 펼쳐진다.

그러나 이런 절경들에 대해, 그저 눈으로 보고 입으로 감탄할 뿐 그 속에 담긴 지형학적, 지질학적 자료가 없는 것이 아쉬웠다. 이 책은 이런 아쉬움에서 출발하여 절경의 한 곳 한 곳을 나름대로 정리한 것이다. 나는 정선이 고향은 아니지만, 카르스트 지형학자인 아버지를 따라 답사를 다니며 어린 시절부터 이 땅과 인연을 맺어 왔다.

아련한 추억

1982년 7월의 어느 날 아침, 아버지와 함께 증산(민둥산)역에 내렸다. 가시마(N. Kasima) 교수가 인솔하는 일본 에히메대학교 학술탐험대 학생들과 정선군 남면 무릉리 발구덕마을의 카르스트 지형을 조사할 계획이었다.

무거운 배낭을 짊어지고 증산역을 출발하여 발구덕마을을 향해 가파른 산길을 오르다 쉴 때 아버지가 해 주신 이야기가 문득 생각난다. "등산 중 갑자기 천둥번개가 칠 때, 큰 나무 밑이나 돌출된 능선으로 가면 아주 위험해. 동굴 탐험 중이면 멈출 때까지 나오지 말고."

발구덕마을에 도착한 첫날 밤, 조사 대원들이 둘러앉아 소개하는 자리를 가졌다. 나는 내 차례에 어설픈 영어로 옆에 앉아 계신 아버지를 가리키며, "This is my father. He is……."라고 소개의 화두를 열었다.

나의 "This is my father."란 말에 아버지는 행복해 보였다. 그날 밤 텐트에서 "너 그거 다시 한번 해 봐." 대학생인 나를 초등학생 취급한다며 짜증을 내면서도 여러 번 속삭여 반복하고 잠이 들었다. (5년 전 아버지 장례식에서 아주 크게 외쳐 드렸다.)

운명과도 같은 정선과의 인연

나는 초등학교 시절부터 줄곧 아버지를 따라 정선 땅을 누볐다. 이미 1970~1980년대에 몇 차례 발구덕마을과 미개발 상태의 화암동굴을 탐험했으며, 직원리(백복령 카르스트 지대)에서 여러 날 동안 야영하며 돌리네 군락과 서대굴 등을 조사하기도 했다.

수많은 지리학자와 지질학자가 강의실과 연구실에서 강의와 문헌을 통해 카르스트 지형의 지식을 습득하고 연구하였겠지만, 나는 어려서부터 눈으로 보고, 귀로 들으며 몸과 마음에 카르스트를 익혔다. 대학생 시절에는 동굴 탐사대를 꾸려 셀 수 없을 만큼 많은 동굴을 탐사하였고, 지리교사가 된 후에는 경기도에서 강원도로 전근하여 몸으로 부딪치며 지리학도의 길을 꾸준히 걸었다.

강원도로 전근 후 2013년부터 4년간은 정선정보공업고등학교에서 근무하였는데, 현재에도 활용하는 이 학교의 암석정원과 지리정보실은 이때 내가 기획하고 꾸민 것이다. 또한 이곳에서 거주하는 동안에는 전에 가 보지 못했던 산골 마을 구석구석을 다니며 정선에 대한 애착을 더욱 견고히 하였다.

아버지가 세상을 떠나신 후, 아버지가 평생 연구하고 수집한 카르스트 지형 자료 일체를 정선군에 기증하였고, 그것을 바탕으로 'K-KARST'가 정선군에 설립되었다. 그리고 2023년에 나는 정선의 서른여섯 번째 명예 군민이 되었다.

정선의 카르스트 경관

퇴임 후 나는 내 삶에 무늬져 있는 정선의 카르스트 경관에 관한 생각을 꺼내어 정리해 보고자 했다. 물론, 그 근간은 아버지로부터 전수한 카르스트 지형 연구에 대한 열정과 결과 자료이다. 내가 정리한 내용이 짧은 지식으로 쓴 글이니 오류가 있을 수 있으며, 학문적으로 공헌할 만한 내용이라고 단언하기도 어렵다. 그러나 정선군민에게는 내 고장의 자연경관에 대한 이해를 돕는 데 최소한의 역할을 할 수 있을 것으로 믿는다.

끝으로 학생 시절부터 지금까지 학문적 지도를 해 주시는 은사 오경섭 교수님, 언제나 마음씨 좋은 형님처럼 격려와 지도를 아끼지 않는 기근도 교수님께 먼저 감사 인사를 드리고 싶다. 또, 나의 요청에 네 차례나 광주에서 정선까지 달려와 사진 촬영을 해 주신 김덕일, 김현수 선생님, 책을 출판하기까지 물심양면으로 도움 주신 K-KARST 최종근 관장님, 정선군 최승준 군수님과 김영환 과장님 그리고 관광기획팀 여러분께 감사의 말씀을 드린다. 경제성이 없는 지리책을 대를 이어 만들어 준 ㈜푸른길 김선기 대표님께도 감사 인사를 드린다.

오늘도 나는 아버지의 좌우명인 "學海無涯苦作舟. 학문의 바다는 끝이 없으며 어렵사리 배를 짓는 것과 같다."라는 말을 마음속에 되새기며 더 분발할 것을 다짐한다.

이 책을 정선군민께 바칩니다.
2024년 10월 62회 생일날
정선군 북평면 항골 K-KARST 서무송 기념실에서

차례

제3부
경이로운 오르도비스의 땅

제4부
삼첩기의 산지와 쥐라기의 강

제5부
K-KARST

제1부

바다가 변해 산이 된 땅

01
바다가 변해
산이 된 땅

정선군은 백두대간의 중심에 자리 잡은 산지 지역이다. 서쪽은 평창군, 북쪽은 강릉시, 동쪽은 동해·삼척·태백시, 그리고 남쪽은 영월군과 접하고 있다. 이들 시·군과의 경계에는 함백산, 가리왕산 등 해발고도 1500m가 넘는 산지들이 있으며, 이들과 연결된 산지의 열이 군을 휘감고 있다. 밀집된 높은 산지들은 산지를 구성하는 암석에 따라 정상부가 뾰족하거나 평활한 모습 등 다양하다. 산지 사이를 파고 흐르는 강은 주변에 깎아지른 듯한 절벽과 그림 같은 바위, 계단 모양의 작은 경지와 모래톱 등을 만들어 낸다. 이들이 서로 어우러진 모습은 한 폭의 산수화다.

이렇게 화려함을 뽐내는 정선의 자연경관을 이해하기 위해서는 지형·지질학적 지식과 경관을 바라보는 안목이 필요하다. 지질학이나 지형학은 실험을 통해 사실을 증명하기 어려우므로 관찰과 추론에 의손해야만 하는 학문이다. 따라서 아주 오래된 과거로부터 진신이 자연경관 변화를 확인하기 위해서는 미세 경관을 관찰하는 것뿐 아니라 시야를 넓혀 관찰하는 것도 필요하다.

병방치 절벽의 암반에 기록된 정선의 지질 역사는 수억 년 전 적도 부근의 따뜻한 바다에서 시작된다. 그당시 그곳에 살았던 생물의 흔적이 병방치 암반 속에서 발견되는 것이다. 지금은

〈그림 1-1〉 정선의 아침(38번 국도 민둥산역 부근)

살아 있는 생명체로 절대 볼 수 없는 삼엽충의 화석이 그것이다.

정선군에서 가장 비중이 높은 암석은 바로 바다에서 퇴적된 석회암이다. 정선의 땅은 바다 밑에 생물의 유해 등이 쌓여 거대한 암석이 형성되고, 이 암석이 이동하고 솟구쳐 올라 산지가 된 것이다. 바다 생물의 서식지가 높은 산지로 변화되기까지 그 시간은 매우 길었을 것 같지만, 사실 지구 나이 46억 년에 비하면 10분의 1에 불과하다.

그 모든 것이 약 5억 년의 시간 동안 이루어졌다. 적도의 바다에 석회암이 퇴적되고, 그 퇴적된 거대한 석회암 덩어리가 이동하고, 정선을 중심으로 한 옥천 습곡대에 안착한 뒤에도 이 석회암 덩어리는 또다시 습곡과 단층을 동반한 지각 운동을 받았다. 신생대 제3기에 들어서는 동해 지각의 형성과 함께 태백산지를 중심으로 진행된 집중적인 융기 작용을 받았다. 이 과정에서 암반이 심하게 뒤틀리고 휘어져 험준한 산과 깊은 골짜기가 만들어졌다.

〈그림 1-2〉는 필자가 정선 일대에서 5억 년 동안 일어난 지질학적 주요 사건을 추정하여 시간표로 제작해 본 것이다. 이 시간표에 따라 정선 땅 5억 년의 역사를 몇 단계로 기록하면 다음

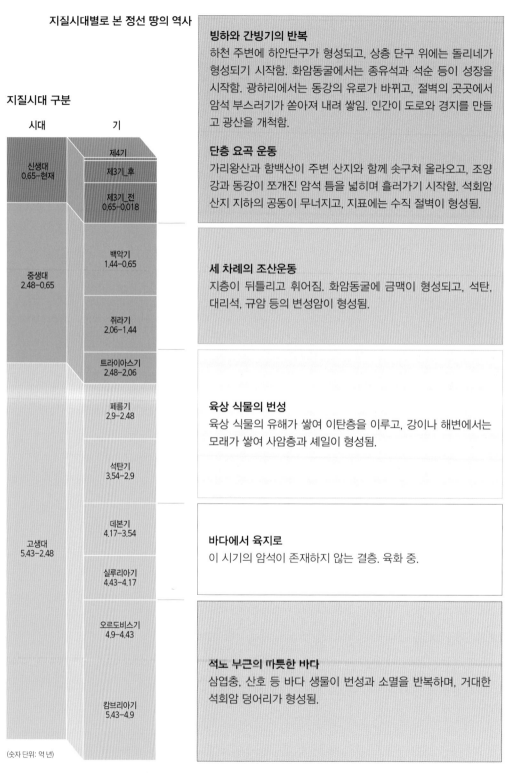

지질시대별로 본 정선 땅의 역사

지질시대 구분

시대	기
신생대 0.65-현재	제4기
	제3기_후
	제3기_전 0.65-0.018
중생대 2.48-0.65	백악기 1.44-0.65
	쥐라기 2.06-1.44
	트라이아스기 2.48-2.06
고생대 5.43-2.48	페름기 2.9-2.48
	석탄기 3.54-2.9
	데본기 4.17-3.54
	실루리아기 4.43-4.17
	오르도비스기 4.9-4.43
	캄브리아기 5.43-4.9

(숫자 단위: 억 년)

빙하와 간빙기의 반복

하천 주변에 하안단구가 형성되고, 상층 단구 위에는 돌리네가 형성되기 시작함. 화암동굴에서는 종유석과 석순 등이 성장을 시작함. 광하리에서는 동강의 유로가 바뀌고, 절벽의 곳곳에서 암석 부스러기가 쏟아져 내려 쌓임. 인간이 도로와 경지를 만들고 광산을 개척함.

단층 요곡 운동

가리왕산과 함백산이 주변 산지와 함께 솟구쳐 올라오고, 조양강과 동강이 쪼개진 암석 틈을 넓히며 흘러가기 시작함. 석회암 산지 지하의 공동이 무너지고, 지표에는 수직 절벽이 형성됨.

세 차례의 조산운동

지층이 뒤틀리고 휘어짐. 화암동굴에 금맥이 형성되고, 석탄, 대리석, 규암 등의 변성암이 형성됨.

육상 식물의 번성

육상 식물의 유해가 쌓여 이탄층을 이루고, 강이나 해변에서는 모래가 쌓여 사암층과 셰일이 형성됨.

바다에서 육지로

이 시기의 암석이 존재하지 않는 결층. 육화 중.

적도 부근의 따뜻한 바다

삼엽충, 산호 등 바다 생물이 번성과 소멸을 반복하며, 거대한 석회암 덩어리가 형성됨.

〈그림 1-2〉 정선의 지형·지질 연표(저자 추정)

과 같다.

첫 번째 단계는 5.4억~4.4억 년 전까지로, 정선 땅은 적도 부근 바다 밑에 있었다. 당시 산호와 삼엽충 같은 바다 생물은 번성과 소멸을 거듭하며 거대한 석회석 덩어리를 형성하였다.

두 번째 단계는 불행하게도 흔적을 찾을 수 없다. 4.4억~3.5억 년 전까지 약 1억 년간의 흔적은 정선뿐 아니라 우리나라 전체에서도 찾아보기 힘들다. 즉, 실루리아기와 데본기에 해당하는 화석이 존재하지 않는 것이다. 따라서 우리나라는 이 두 지질시대가 암석이 없는 '결층'이다. 아마도 이 기간에 바다에서 퇴적된 캄브리아와 오르도비스기의 석회암이 육지화되었을 것으로 추정한다.

세 번째 단계는 3.5억~2억 년 전까지로, 이 시기에 이미 육지가 된 정선 땅에는 육상 식물이 번성했으며 강이나 호수, 바닷가에는 많은 양의 모래가 쌓였다. 번성했던 육상 식물의 유해는 거대한 이탄층을 이루고, 쌓인 모래는 두꺼운 사암층을 형성했다.

네 번째 단계는 2억~0.65억 년 전까지로, 이 시기에는 지구의 서로 다른 환경에서 형성된 석회암과 사암 등의 거대한 암석 덩어리가 이동하고 현재 정선 위치에 근접하여 자리를 잡았다. 이후 우리나라 전역에는 3차례에 걸쳐 강렬한 조산운동이 일어나 지층이 뒤틀리고 휘어지며 심하게 부서지는가 하면, 곳곳에서 화산이 폭발하고 지하에는 마그마가 관입하는 등 대격변을 겪었다. 이때 정선에 안착한 다양한 암석들은 서로 뒤섞이고, 일부는 열과 압력에 의해 변성되었다. 석회암 일부는 대리석으로, 거대한 이탄층은 석탄이 되면서 지하 깊은 곳에 파묻히고, 사암 일부는 규암으로 변했다. 화암동굴에는 금광맥이 형성되었다. 현재 조양강 변에 흩어져 있는 역암은 다양한 크기의 자갈과 모래 상태로 강의 흐름에 따라 조금씩 이동하였고, 이후 지층에 파묻혀 암석화되었다.

다섯 번째 단계는 6500만~300만 년 전까지로, 이 시기에는 한반도와 붙어 있었던 일본 사이에 지각이 갈라지면서 동해가 형성되었다. 동해 지각이 확장하면서 그 여파로 동해안과 태백 산지를 중심으로 산지가 솟구쳐 오르기 시작하였으며, 지층이 심하게 쪼개지는 격변이 일어났다. 이때 태백산, 함백산, 가리왕산 등이 주변 산지와 함께 빠른 속도로 솟구쳐 올랐으며, 조양강과 동강이 심하게 쪼개진 암반의 틈을 파고 흘러 산지 사이에 자리를 잡게 되었다. 아울러 비어 있는 석회암 지층의 연약한 지하 공간은 무너지고, 그 여파로 지표의 여기저기에 수직 절벽이 형성되었다.

여섯 번째 단계는 300만 년 전에서 현재까지로, 이 시기에는 몇 차례의 빙하기와 간빙기가 교대되었으며, 지구상에 인간이 출현하여 지형을 변화시키는 역할을 하였다. 백복령의 고원에서는 석회암이 녹기 시작하여 곳곳에 돌리네가 군락을 이루었으며, 그 지하에서는 지하수의 용식과 재침전 작용으로 석회동굴이 형성되었다. 같은 시기에 화암동굴에서도 종유석과 석순이 성장하기 시작했다. 현재의 물길과 유사하게 자리 잡은 동강과 조양강의 강변에는 간헐적인 융기와 기후 변화의 영향으로 계단 모양의 하안단구가 형성되었으며, 석회암을 기반암으로 하는 하안단구의 평탄면에서는 석회암이 빗물에 녹아 지하로 빠지며 돌리네가 형성되었다. 광하리에서는 동강이 물길을 바꾸어 보다 빠른 유로를 선택하게 되었고, 그림바위 골짜기는 그 속살을 드러냈다. 몇 차례 반복된 빙하기에 삼림이 빈약한 산지의 암벽에서는 바위틈 수분이 자주 결빙하며 많은 양의 돌 부스러기가 쏟아져 쌓였다. 이후 인간은 하안단구의 평탄면에서 거주와 농경을 시작하였으며, 도로를 건설하고 광산을 개척하기 위해 땅속을 헤집었다.

결국, 현재 우리 눈에 보이는 정선의 대부분 경관은 여섯 번째 단계에서 형성된 것이다. 지구 나이의 1/1000에도 미치지 못하는 아주 짧은 시간 동안 만들어진 것이다.

이 짧은 시간 동안 정선의 자연경관을 더욱 찬란하고 멋진 풍경으로 다듬은 대표 주자는 지표와 지하에서 다양한 형태로 존재한 물이다. 빗물, 졸졸 흐르는 시냇물, 세차게 흐르는 강물, 폭포수, 토양층에 함유된 수분, 지하수 등이 정선의 땅을 세밀하게 다듬어 화려하게 꾸미고, 또 지하에는 석회암을 녹여 화려한 궁전도 만들었다.

이 책에서는 정선의 자연경관에 관해 모두 다섯 개의 대단원으로 나누어 이야기를 전개하고자 한다. 첫째 단원에서는 필자가 정리한 시간표의 첫 번째 기록에서 네 번째 기록까지 주로 지질과 지각 운동을 다루고자 한다. 둘째 단원에서는 고생대 캄브리아기에 퇴적된 암석을 기반으로 형성된 정선의 경관을 집중적으로 다루고, 셋째 단원에서는 고생대 오르도비스기에 퇴적된 암석을 기반으로 형성된 경관을 중심으로, 넷째 단원에서는 고생대 평안누층군과 중생대의 기반암을 중심으로 형성된 경관에 대해 논의하고자 한다. 그리고 다섯째 단원에서는 정선에 건립된 '한국 카르스트 지형·지질 전시관(K-KARST)'에 대한 자세한 소개를 중심으로 이야기를 마무리하려고 한다. 부디 이 책을 통해 정선의 자연경관에 대한 지질·지형학적 이해에 도움이 되기를 바라며, 이를 바탕으로 우리나라 전체의 자연경관에 대한 과학적 관찰력을 갖는 기초가 되기를 기대한다.

+++ 요약 +++
# 01 바다가 변해 산이 된 땅

정선군은 백두대간의 중심에 자리 잡은 산지 지역이다. 함백산, 가리왕산 등 해발고도 1500m가 넘는 산지들이 있으며, 이들과 연결된 산지의 열이 군을 휘감고 있다.

산지 사이를 파고 흐르는 강은 주변에 깎아지른 듯한 절벽과 그림 같은 바위, 그리고 계단 모양의 작은 경지와 모래톱을 만들어 낸다. 이들이 서로 어우러진 모습은 한 폭의 산수화다.

정선군에서 가장 비중 높은 암석은 바로 바다에서 퇴적된 석회암이다. 약 5억 년의 시간 동안, 적도의 바다에서 석회암이 퇴적되고, 퇴적된 거대한 석회암 덩어리가 이동하고, 정선에 안착한 뒤에도 또다시 습곡과 단층을 동반한 지각 운동을 받았다.

신생대 제3기에는 동해지각의 형성과 함께 태백산지를 중심으로 진행된 집중적인 융기 작용을 받았다. 동해와 가까운 정선은 기반암이 심하게 뒤틀리고, 휘어져 험준한 산과 깊은 골짜기가 만들어졌다.

신생대 4기에 들어, 고원과 하안단구의 평탄면상에 돌리네가 군락을 형성하였으며, 화암동굴의 종유석과 석순은 빠른 속도로 성장하였다. 산지 사면에서는 암벽이 깨져 테일러스가 형성되었다.

이 책은 정선의 자연경관에 대한 지질·지형학적 이해에 도움을 주기 위해 저술하였다. 책의 전개는 정선의 주요 경관을 그 기반이 되는 암석이 형성된 지질시대로 구분하고, 형성 시기가 오래된 기반암으로부터 차례로 기술하였다. 이를 바탕으로 자연경관에 대한 과학적 관찰력을 갖는 기초가 되기를 기대한다.

+++ SUMMARY +++

01 A land where the sea transformed into mountains

Jeongseon is located at the heart of the Baekdudaegan mountain range. With peaks exceeding an altitude of 1,500 meters such as Hambaeksan and Gariwangsan, a range of mountains interconnected with these peaks encircles the county.

Rivers flowing through the mountain ranges carve out cliffs resembling sculptures, picturesque rocks, and create small terraces and point bar. Their amalgamation paints a picturesque mountain landscape.

The predominant rock formation in Jeongseon County is sedimentary limestone deposited from the sea over approximately 500 million years ago. Over time, these massive limestone formations deposited in equatorial seas underwent tectonic movements involving folding and faulting even after settling in Jeongseon.

During the third period of the Cenozoic era, there was intensive uplifting centered around the Taebaeksan region, accompanied by the formation of the East Sea. Jeongseon, close to the East Sea, experienced severe distortion of its bedrock, resulting in rugged mountains and deep valleys.

Entering the fourth period of the Cenozoic era, dolines formed on the plateau and river terraces, and stalactites and stalagmites in the Hwaam Cave grew rapidly. On the mountain slopes, rockfalls created talus slopes.

This book is authored to aid in the geological and topographic understanding of Jeongseon's natural landscapes. It is hoped that this will serve as a foundation for scientifically observing natural landscapes.

02

적도의 바다에서
산지의 중심으로

땅의 역사를 인간의 역사에 비유하여

땅을 이루고 있는 암석은 과거의 어느 시기에 만들어졌고, 지진이나 화산 같은 지구의 움직임은 과거의 어느 시기에 일어난 사건이다. 따라서 이를 연구하는 지질학에서는 '시간'이 매우 중요한 탐구 주제가 된다. 그래서 '지질시대'의 개념을 이해하고 연구하기 위해 지질학에서는 역사학의 연대기를 활용한다.

〈그림 2-1〉은 지구의 탄생에서부터 현재까지 지구의 역사를 알려주는 연대기이다. 〈그림 2-2〉는 우리나라의 역사 연표이다. 필자가 이 책에서 뜬금없이 우리나라의 역사 연표를 제시하는 이유는 독자들 대부분이 역사 연표에 등장하는 시기와 국가에는 매우 익숙하기 때문이다. 그 익숙함을 지질시대에도 적용하였으면 하는 바람에서다. 인류 역사에서도 선사 시대, 즉 역사 이전의 구석기 시대와 신석기 시대가 역사시대보다 훨씬 더 길듯이 지질시대 역시 자연의 기록이 거의 없는 원시지구와 시생대, 원생대의 시기가 훨씬 더 길다. 또 현대사회에서 멀어질수록 역사적 사실의 기록이 희미해지는 것처럼 지질시대 역시 현세에서 멀어질수록 지형과 지질 속에 담긴 기록이 희미해진다.

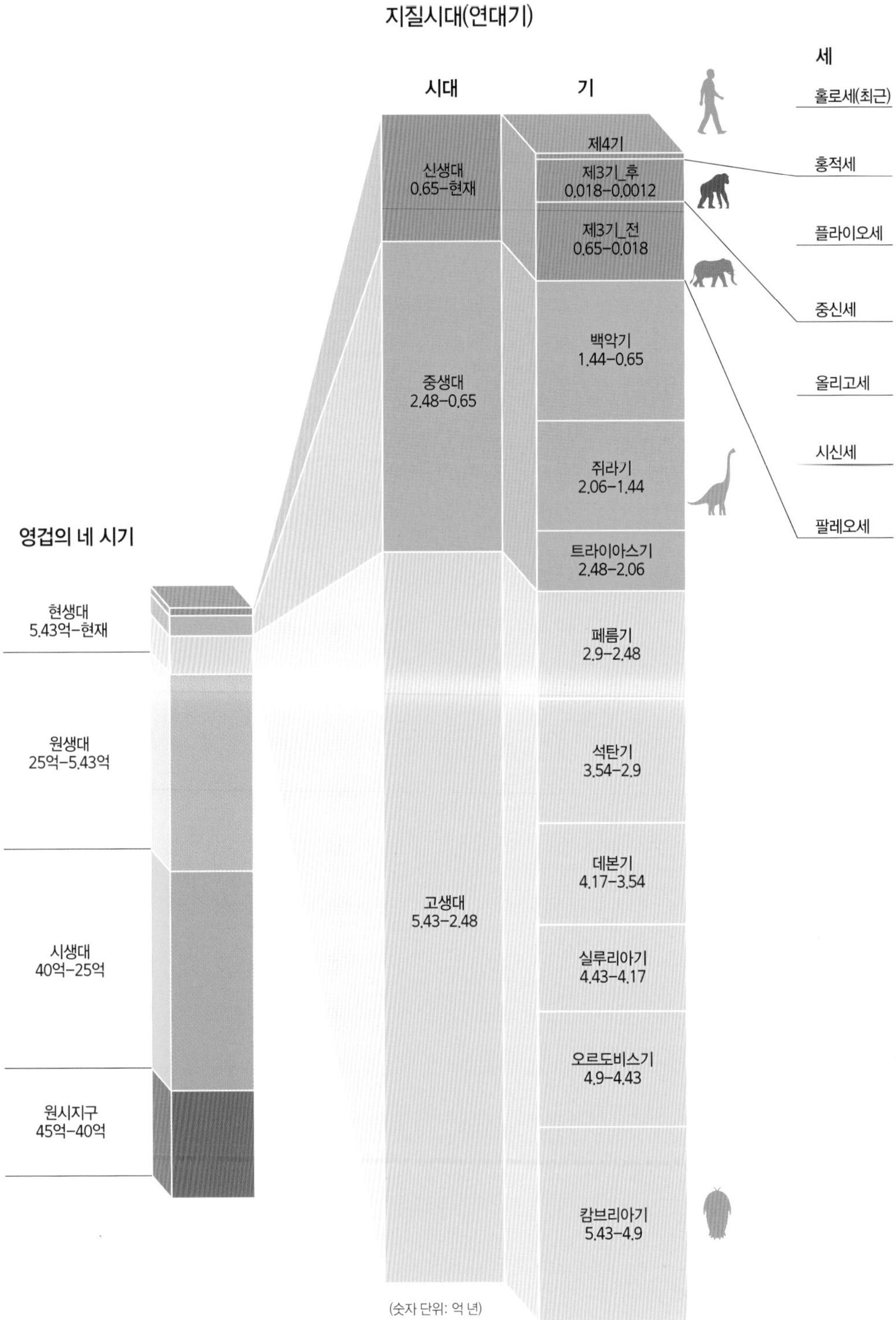

지질시대(연대기)

시대	기	세
		홀로세(최근)
신생대 0.65–현재	제4기	홍적세
	제3기_후 0.018–0.0012	플라이오세
	제3기_전 0.65–0.018	중신세
중생대 2.48–0.65	백악기 1.44–0.65	올리고세
		시신세
	쥐라기 2.06–1.44	팔레오세
	트라이아스기 2.48–2.06	
고생대 5.43–2.48	페름기 2.9–2.48	
	석탄기 3.54–2.9	
	데본기 4.17–3.54	
	실루리아기 4.43–4.17	
	오르도비스기 4.9–4.43	
	캄브리아기 5.43–4.9	

영겁의 네 시기

- 현생대
5.43억–현재
- 원생대
25억–5.43억
- 시생대
40억–25억
- 원시지구
45억–40억

(숫자 단위: 억 년)

〈그림 2-1〉 지질 연대기

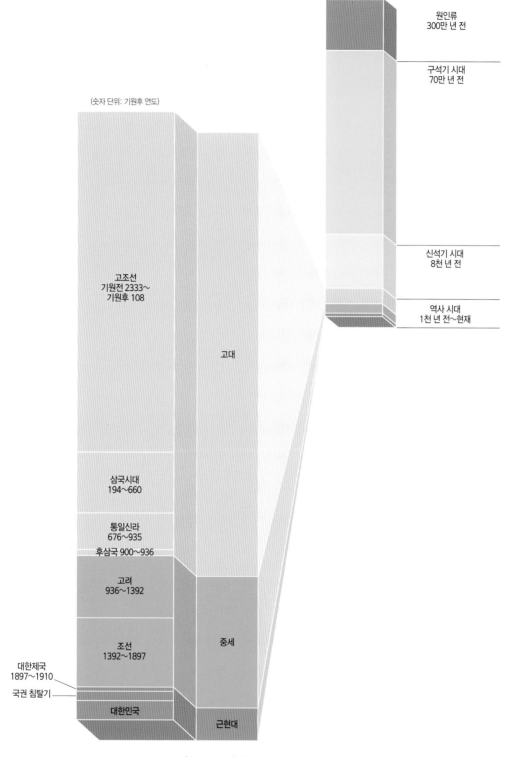

(숫자 단위: 기원후 연도)

원인류
300만 년 전

구석기 시대
70만 년 전

신석기 시대
8천 년 전

역사 시대
1천 년 전~현재

고조선
기원전 2333~
기원후 108

고대

삼국시대
194~660

통일신라
676~935

후삼국 900~936

고려
936~1392

조선
1392~1897

중세

대한제국
1897~1910

국권 침탈기

대한민국

근현대

〈그림 2-2〉 우리나라 역사 연표

〈그림 2-3〉 암모나이트 화석

　〈그림 2-1〉을 인류 역사와 비교해 보면, 원시시구는 원인류가 직립 보행을 시작하고 일정 시간이 지나는 시기라고 할 수 있다. 그리고 시생대는 구석기 시대에, 원생대는 신석기 시대에 해당된다. 또한 고생대는 역사가 기록되며 고대 국가가 성립한 시기에 해당된다. 중생대는 중세, 신생대는 근세와 현대에 비유하여 인식하면 이해가 쉬울 듯하다.

　인류의 역사는 문자로 종이 등에 기록되지만, 지구 역사는 주로 각 지질시대에 서식하였던 생명체의 유해가 암석 속에 존재함으로써 확인된다. 암석 속에 존재하는 과거 생물의 유해가 곧 '화석'이다. 화석에는 여러 지질시대의 환경이 흐릿하거나 아주 선명하게 기록되어 있다. 과

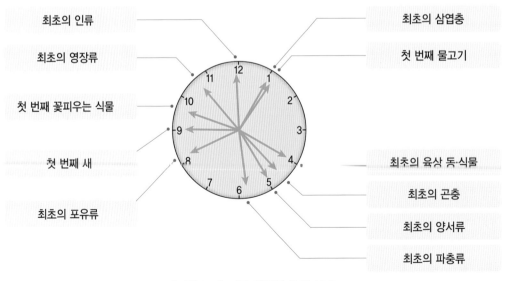

〈그림 2-4〉 지구 생물의 출현 시기

학자들은 이 기록을 해독하는 기술을 발전시키며 더 정확한 지구의 역사를 밝혀내려고 노력하고 있다. 이러한 노력으로 화석 속에 존재하는 생물의 서식 시기를 보다 정확하게 알아내며, 그 당시의 지구 환경도 비교적 정확하게 추리한다. 〈그림 2-4〉는 연구의 결과로 알아낸 지구 생물의 출현 시기를 12시간으로 나누어 표현한 것이다.

정선은 고생대의 땅

전술한 대로 지구 역사에서 아주 오래된 기록은 희미하지만, 약 5억 년 전 이후에 생성된 암석에는 생성 당시의 기록이 비교적 잘 남아 있다. 따라서 기록이 남겨진 지질시대는 고생대로부터 시작된다.

고생대는 약 5억 4800만 년 전부터 약 2억 4500만 년 전까지로 3.5억 년 정도의 기간이다. 이 시대는 다시 캄브리아기-오르도비스기-실루리아기-데본기-석탄기-페름기의 여섯 기로 세분된다(표 2-1). 고생대 초기 캄브리아기와 오르도비스기의 바다에서 형성된 석회암을 우리나라에서는 '조선누층군'이라고 부르며, 고생대 후기에서 중생대 초에 해당하는 석탄기와 페름기, 트라이아스기에 육지에서 퇴적된 지층을 '평안누층군'이라 부른다. 이 두 시기, 즉 조선누층군과 평안누층군 퇴적암이 정선 땅 전체의 80% 이상을 차지하고 있다. 따라서 정선은 우리나라를 대표하는 '고생대의 땅'이라 할 수 있다.

〈표 2-1〉 고생대와 중생대의 지질시대 명칭과 그 유래

대	기	어원	우리나라
고생대	캄브리아기	웨일스의 옛 이름	조선누층군
	오르도비스기	웨일스의 종족 이름	
	실루리아기	웨일스의 종족(켈트족) 이름	결층
	데본기	'데본셔'라는 영국의 지방명	
	석탄기	석탄을 많이 함유한 지층이라는 뜻	평안누층군
	페름기	우랄산맥 지역의 지명	
중생대	트라이아스기	'삼첩(trias)'이라는 독일 지층의 이름	
	쥐라기	알프스의 '쥐라' 산맥에서 유래	대동누층군
	백악기	흰색 지층(chalk)이 많은 곳에서 유래	경상누층군

아우라지의 석회석이 대리석으로

중생대는 약 2억 4800만 년 전부터 약 6500만 년 전까지의 1억 8000만 년 정도의 기간이다. 이 시대는 트라이아스기−쥐라기−백악기의 세 기로 세분된다(표 2−1). 쥐라기 이후의 중생대 퇴적암은 대부분 경상도 지역에 분포하며, 정선에는 쥐라기에 형성된 역암과 사암 등이 일부 지역에 조금 분포한다.

중생대에서 특히 주목할 만한 것은 세 시기 각각에서 우리나라에 대규모 지각 변동이 있었다는 것이다. 트라이아스기의 조산운동을 '송림변동', 쥐라기의 강력한 조산운동을 '대보조산운동', 그리고 백악기의 조산운동을 '불국사변동'이라고 한다. 이 세 번의 조산운동으로 우리나라의 주요 산줄기와 하천이 큰 방향성을 갖게 되었다.

지층이 끊어진 단층선이 길게 연속된 것을 구조선이라고도 하는데, 이 구조선을 따라 하천이 유도된다. 그리고 그 구조선 사이사이가 산줄기로 남게 된다. 트라이아스기의 송림변동은 주로 북부 지방에 영향을 주어 동북동−서남서 방향의 구조선을 형성했다. 이 구조선을 따라 북부 지방의 주요 산줄기와 하천이 달리고 있다. 쥐라기의 대보조산운동은 중·남부 지방에 북동−남서 방향의 구조선을 형성했다. 중·남부 지방의 주요 산줄기와 하천이 북동−남서 방향으로 달리는 것은 이 조산운동의 결과이다. 정선의 지질도(그림 3−1)를 보면 검고 굵은 실선이 보이는데 이것이 지층이 끊겨 있는 단층선이다. 그리고 그 방향은 대체로 북동−남서 방향임이 보인다. 조양강과 동강의 유로 역시 큰 방향성은 북동−남서 방향이다.

쥐라기의 대보조산운동과 뒤이어 백악기에 있었던 불국사변동의 여파로 우리나라의 땅속 이곳저곳에는 마그마가 관입하였다. 이 마그마는 지하에서 서서히 식어 암석으로 변하였고, 오늘날 화강암의 모습으로 지표에 드러나게 되었다. 정선의 북동부, 즉 임계면 북쪽 강릉시의

| 대리석 | 대리석 | 대리석 | 대리석 | 석회석 | 석회석 |

〈그림 2−5〉 대리석과 석회석의 암석 시료

경계지역에 분포하는 화강암은 쥐라기 대보조산운동 당시에 관입한 화강암이 지표에 드러나 있는 것이다(그림 3-1).

지하에서 마그마가 관입할 때는 기존의 암석층에 엄청난 열을 가하게 되고, 기존 암석층은 이 열에 의해 변하게 된다. 이것이 변성암이다. 정선의 북동부에 화강암이 관입하면서 기존 석회암 지층에 열이 가해졌고, 그 결과 석회암이 변성되어 대리석이 되었다. 이때의 변성작용으로 형성된 다양한 색상과 다양한 무늬의 대리석이 오늘날 고급 석재로 활용하는 정선 대리석이다(그림 2-5).

정선은 백두대간의 중심

신생대는 약 6500만 년 전부터 현재까지의 시기이다. 신생대는 3기와 4기로 구분하는데, '3기, 4기'라는 표현은 과거 지질학자들이 사용하던 명칭을 그대로 받아들인 것이다. 과거 지층의 구분은 오래된 순서에 따라 1, 2, 3기로 불렸는데, 그 3기가 신생대였다. 후대의 학자들이 신생대를 두 시기로 구분하면서 '4기'가 추가되고, 신생대는 관습대로 3기와 4기로 나누는 데 합의된 것으로 여겨진다.

신생대 제3기에 들어와서 우리나라의 지각은 동서로 잘리며, 갈라지기 시작하였다. 이로 인해 우리나라 지각과 붙어 있었던 일본 지각이 동쪽으로 밀려나 태평양판, 필리핀판 등과 접하고 있는 유라시아판의 최전방에 배치되게 되었고, 그 사이에는 동해가 열렸다.

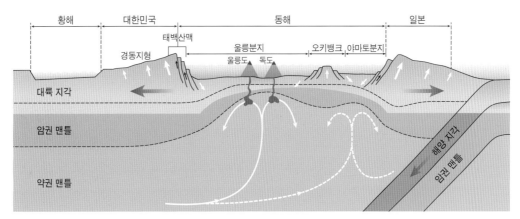

〈그림 2-6〉 동해지각의 확장과 경동성 요곡 운동

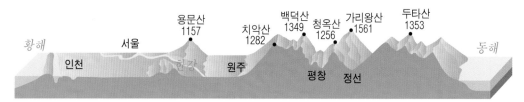

〈그림 2-7〉 중부 지방의 경동성 지형

동해 지각의 벌어지는 힘을 직접 받은 한반도의 동부 지역은 서부 지역보다 융기량이 더 많았고 그로 인해 백두대간의 중심 줄기가 한반도 동부 지역에 치우쳐 형성되었다. 이 지각 운동을 '경동성 요곡 운동'이라고 한다.

최근까지도 진행되고 있는 이 지각 운동의 영향으로 우리나라의 중부 지방은 '동고서저'의 기울어진 지형 형상을 나타내게 된 것이다. 정선군이 백두대간의 중심에 자리 잡게 된 직접적인 원인은 바로 이 신생대 3기에 있었던 경동성 요곡 운동이다.

신생대 4기에는 몇 차례의 빙기와 간빙기 교대가 있었다. 빙하기 정선에는 빙하가 존재하였던 흔적은 없고, 다만 툰드라의 환경으로 연중 대부분이 영하의 추운 날씨와 짧은 여름 동안 지표가 녹는 기후였을 것으로 추정한다. 따라서 산지의 식생은 매우 빈약했고, 하천은 메마른 상태였을 것이다. 이러한 환경에서는 급경사의 산지 사면이 짧은 여름 동안 녹으면서 많은 양의 암석 부스러기와 토사가 하천 바닥까지 밀려 내려와 쌓이게 되는데, 조양강과 동강 등 정선의 강 주변에도 이때 많은 양의 사면퇴적물이 쌓였을 것으로 추정된다.

02 적도의 바다에서 산지의 중심으로

고생대 초기 캄브리아기와 오르도비스기의 바다에서 형성된 석회암을 우리나라에서는 '조선누층군'이라고 부르며, 고생대 후기에서 중생대 초의 석탄기와 페름기, 트라이아스기에 육지에서 퇴적된 지층을 '평안누층군'이라 부른다. 이 두 시기, 즉 조선누층군과 평안누층군 퇴적암이 정선 땅 전체의 80% 이상을 차지하고 있다. 따라서 정선은 우리나라를 대표하는 '고생대의 땅'이라 할 수 있다.

정선에는 중생대에 형성된 화성암이나 퇴적암이 조금 분포하지만, 조양강 주변의 쥐라기 역암은 아름답기로 유명하다. 정선의 북동부, 즉 임계면 북쪽 강릉시의 경계지역에 분포하는 화강암은 중생대 쥐라기 조산운동 당시에 관입한 마그마가 지표에 드러나 있는 것이다. 아울러 정선의 북동부에 화강암이 관입하면서 기존 석회암 지층에 열이 가해졌고, 그 결과 석회암이 변성되어 대리석이 된 것이다. 이때의 변성작용으로 형성된 다양한 색상과 다양한 무늬의 대리석이 오늘날 고급 석재로 활용하는 정선 대리석이다.

신생대 제3기에 들어와서 우리나라의 지각은 동서로 잘리며, 갈라지기 시작하였다. 동해지각의 벌어지는 힘을 직접 받은 한반도의 동부 지역은 서부 지역보다 융기량이 더 많았고 그로 인해 백두대간의 중심 줄기가 한반도 동부 지역에 치우쳐 형성된 것이다. 정선군이 백두대간의 중심에 자리 잡게 된 직접적인 원인은 바로 이 신생대 3기에 있었던 경동성 요곡 운동의 결과이다. 신생대 4기의 빙하기에 정선에는 빙하가 존재하였던 흔적은 없고, 연중 대부분이 영하의 추운 날씨와 짧은 여름 동안 지표가 녹는 기후였을 것으로 추정한다. 따라서 이때 급경사의 사면에서는 많은 양의 암석 부스러기가 생성되고 경사진 아래쪽으로 흘러 쌓였다.

+++ SUMMARY +++

02 From the equator's seas to the heart of the mountains

In the seas of the Cambrian and Ordovician periods during the early Precambrian era, limestone formations were created, known as the 'Joseon Series' in South Korea. Additionally, sedimentary layers formed on land during the late Precambrian, Carboniferous, Permian, and Triassic periods are referred to as the 'Pyeongan Series'. These two series, Joseon and Pyeongan, constitute about 80% of the entire land of Jeongseon, making it a representative region of the 'Palaeozoic' in South Korea.

While there is very little distribution of igneous and sedimentary rocks from the Mesozoic era in Jeongseon, the Jurassic sedimentary rocks around the Joyang River are famous for their beauty. Granite rocks in the northeastern part of Jeongseon, near the boundary with Gangneung City, were exposed due to the intrusion of magma during the Jurassic mountain-building event. Additionally, the intrusion of granite rocks in the northeastern part of Jeongseon caused heating of the existing limestone layers, resulting in their metamorphosis into marble. The various colors and patterns of marble formed through this metamorphic process are used today as high-quality building materials known as Jeongseon marble.

In the third period of the Cenozoic era, the Korean Peninsula began to split east to west due to tectonic forces. The eastern region of the Korean Peninsula, directly affected by the opening of the East Sea, experienced greater tectonic activity than the western region. As a result, the central stem of the Baekdudaegan mountain range tilted towards the eastern region of the Korean Peninsula. Jeongseon County's central location along the Baekdudaegan mountain range is a direct result of the tectonic movements during the third period of the Cenozoic era.

During the fourth period of the Cenozoic era, there is no evidence of glaciers in Jeongseon, and the region likely experienced a climate characterized by sub-zero temperatures for most of the year with brief summers. Consequently, it is assumed that a significant amount of rock debris was generated on steep slopes during this time and deposited downhill.

03

암석의 표본실,
정선!

정선은 다양한 암석의 전시실

정선에는 석회암과 사암 등 바다에서 퇴적된 암석과 석탄이나 사암 등 육지에서 퇴적된 암석, 하천 상류의 자갈과 모래 등이 뒤섞여 굳어진 역암 등 다양한 종류의 퇴적암이 분포한다. 아울러 중생대의 조산운동 당시 마그마가 지하에서 관입한 화강암과 대리석이나 규암 등의 변성암류도 상당 부분을 차지하고 있다. 이렇듯 지질시대를 달리하는 다양한 종류의 암석이 분포하고 있어서 지질도의 정선 부분을 보면, 마치 잘 정리된 암석 전시실을 연상시킨다. 〈그림 3-1〉은 한국지질자원연구원에서 제공한 지질도에 정선군 행정구역의 외곽선을 입힌 것이다. 지질도에서 서로 다른 색은 서로 다른 시기에 형성된 암석을 나타낸다. 대체로 파란색-하늘색-분홍색-초록색-빨간색의 순서로 암석이 형성된 지질시대가 오래된 지층이다.

필자는 2013년부터 4년간 정선정보공업고등학교의 지리교사로 재직한 바 있다. 이 학교에 처음 부임할 때 필자는 다양한 암석을 보유한 정선군의 특성화 고등학교이니, 그 교육 시설에 어울리도록 학교의 정원을 '정선의 암석'으로 조성하자고 제안했다. 현재 K-KARST의 관장인 최종근 당시 교장은 이 제안을 흔쾌히 수락하고, 적극적인 지원과 열정으로 학교 암석정원을

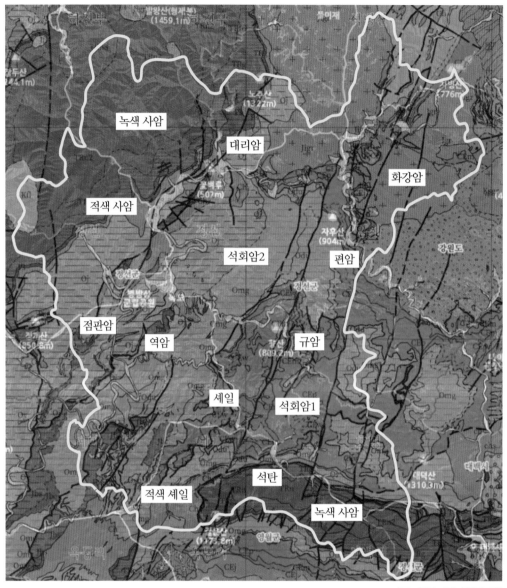

자료: 한국지질자원연구원

〈그림 3-1〉 정선군 지질도

조성했다.

　〈그림 3-2〉는 당시에 암석공원 조성을 위해 계획하였던 조감도이다. 정선 기반암의 가장
큰 비중을 차지하는 조선누층군 석회석을 중앙에 배치하고 좌·우측에 평안누층군과 쥐라기
의 암석을 배치하였다. 그리고 적지 않은 시간과 노력을 투입하여 실행에 옮겼다.

고생대 평안누층군 암석   고생대 조선누층군 암석   중생대 암석

〈그림 3-2〉 정선정보공업고등학교 암석정원 구축을 위한 조감도

〈그림 3-3〉 쥐라기 역암의 현장 채굴(좌)과 녹색 사암의 정원 배치(우)

　필자와 최종근 교장은 우선 지질도를 보고 답사 지역을 선정한 다음, 현장에 가서 교육적 활용도가 높은 암석을 선별하였다. 선별 후에는 정선군청에 채굴과 이전 등에 대한 허가를 받아 대형 트럭은 물론 크레인 등의 중장비를 동원하여 운반·안착시키는 토목 공사를 진행하였다(그림 3-3).

　직접 채굴이 어려운 백석회석과 석탄의 경우에는 광산업자의 협조를 받기도 하였다. 6개월 이상의 시간이 소요되어 완성된 후 가장 오래된 변성암인 캄브리아기의 장산규암에는 학생들의 마음에 새길 좌우명을, 가장 젊은 암석인 임계화강암에는 교훈을 새겨 넣었다(그림 3-4).

　정선은 주로 고생대의 퇴적암들로 채워진 땅이다. 다른 지역의 사례를 보면, 우선 서울은 우

〈그림 3-4〉 장산규암에 새긴 좌우명과 임계화강암에 새긴 교훈

리나라의 여느 지역과 마찬가지로 시·원생대의 변성암인 편마암과 중생대에 관입한 화강암이 서로 어우러진 분지를 이루고 있다. 강원 속초는 중생대에 관입한 화강암이 대부분을 차지한다. 전남 광양은 선캄브리아기의 편마암류가 대부분이고, 경북 포항은 신생대 3기의 퇴적암이 주류를 이룬다. 또 제주는 신생대 4기의 화산암이 대부분이다. 결국 제시한 사례 지역에서는 '서울 남부〉 광양〉 정선〉 서울 북부〉 속초〉 포항〉 제주'의 순으로 오래된 땅인 것이다.

캄브리아기의 정선

고생대는 캄브리아기로 시작된다. '캄브리아'는 영국 '웨일스' 지방의 옛 이름으로 이곳에서 고생대의 가장 오래된 화석이 발견되었기 때문에 붙여진 이름이다. 약 5억 4000만 년 전부터 5000만 년간 지속한 고생대 초기 시기이다.

이 시기에는 원시적인 바다 생물들이 등장했는데, 식물성 생물인 삼엽충 등이 출현하여 바다의 바닥에 퍼져 서식하였다. 이들은 나중에 조개류 등으로 진화하는데, 뼈대를 가진 동물들의 조상이라고 할 수 있다.

정선군은 고생대 캄브리아기의 퇴적암이 전국에서 지지하는 비중이 높으며, 정선군 전체 면적의 약 17% 정도를 차지한다. 대부분 화암면과 남면에 분포하고 사북읍과 임계면에 소량 산재한다(그림 3-5).

지질 기호 'CEp'는 '캄브리아기의 풍촌석회암층'이란 뜻이다. 캄브리아기를 대표하는 암석으로, 기호 'CE'는 캄브리아기를 'p'는 정선군 화암면 호촌리의 '풍촌'을 나타낸다. 이곳에 분포

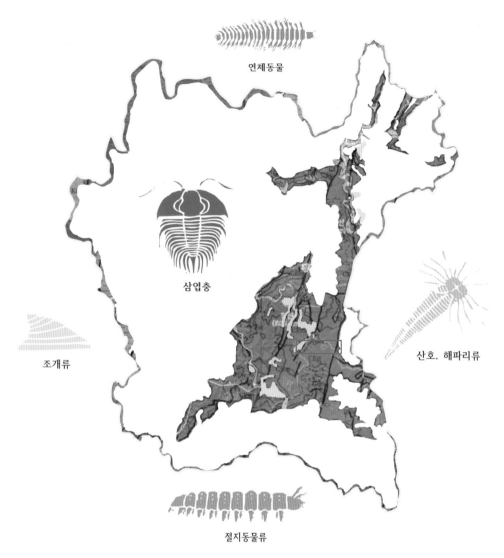

연체동물

삼엽충

조개류

산호, 해파리류

절지동물류

〈그림 3-5〉 정선의 캄브리아기 지질 분포지역과 당시의 화석 유기체

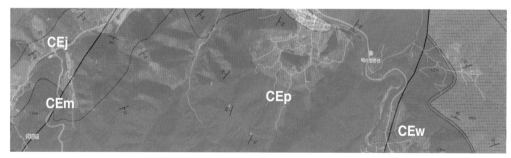

〈그림 3-6〉 '그림 3-5'의 적색 사각형 지역

〈그림 3-7〉 정선정보공고 암석정원의 캄브리아기 암석

하는 암석이 대표 모델이란 뜻이다. 주로 짙은 회색 석회암(그림 3-7의 좌)이 대표 암석이다.

지질 기호 'CEw'는 '캄브리아기의 화절층'이란 뜻이다. 영월군 신솔면 '화절치'의 암석을 대표 모델로 주로 층식 석회암(그림 3-7의 우)과 녹색 셰일, 흑색 점판암 등을 포함한다.

지질 기호 'CEm'은 '캄브리아기의 묘봉층'이란 뜻이다. 경상북도 봉화군 '묘봉'의 암석을 대표 모델로 주로 짙은 녹색의 셰일이다.

지질 기호 'CEj'는 '캄브리아기의 장산규암층'이란 뜻이다. 영월군 상동읍 '장산'의 암석을 대표 모델로 주로 짙은 갈색의 규암(그림 3-4의 좌)이다.

이와 같이 정선의 캄브리아기는 4개의 지층에 6~7종류의 암석이 분포한다. 이 중 80%는 석회암이다.

오르도비스기의 정선

캄브리아기의 다음 시기는 오르도비스기다. '오르도비스'는 캄브리아(웨일스)에 거주하였던 종족의 이름에서 따온 것이다. 약 4억 9000만 년 전부터 4억 4300만 년 전까지 약 4700만 년

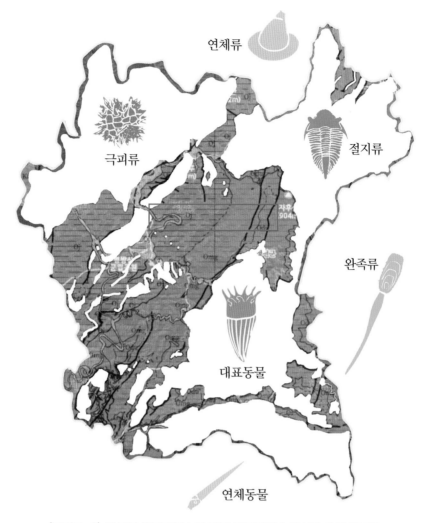

연체류

극피류

절지류

완족류

대표동물

연체동물

〈그림 3-8〉 정선의 오르도비스기 지질 분포지역과 당시의 화석 유기체

간 지속한 고생대 초·중기이다.

이 시기 역시 바다 생물만 존재하고 있었는데, 삼엽충이 번성하여 그들의 천국을 이루었으며 조개류와 같은 완족류가 바다에 가득했다. 해파리, 산호와 같은 강장동물도 번성하고, 연체동물이 빠르게 진화했다. 오늘날의 조개나 굴과 비슷한 복족류, 문어·오징어 같은 두족류, 성게와 불가사리 같은 극피동물, 그리고 초기 척추동물도 등장하는 등 캄브리아기보다 바다 생물이 다양해졌다.

고생대 오르도비스기의 퇴적암은 정선군 전체 면적의 약 37%를 차지할 정도로 정선군에서

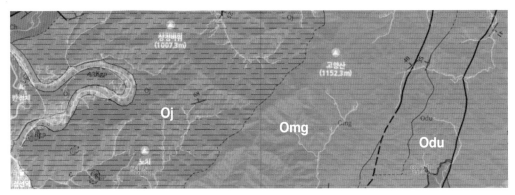

〈그림 3-9〉'그림 3-8'의 적색 사각형 지역

가장 비중이 높다. 정선읍을 비롯한 정선군의 중앙부 대부분을 차지하며(그림 3-8) 캄브리아기의 석회암을 에워싸는 형상으로 분포한다(그림 3-5, 3-8).

지질 기호 'Oj'의 'O'는 '오르도비스', 'j'는 '정선석회암층'이란 뜻이다. 회색 또는 갈색의 석회암과 회색 셰일, 백색 규암 등이 뒤섞여 있으나 대부분 석회암이다(그림 3-10의 좌).

지질 기호 'Omg'는 '오르도비스기의 막동석회암층'이란 뜻이다. 정선군 신동읍 방제리 '막골'의 암석을 대표 모델로 회색 석회암, 돌로마이트 등이 대표적 암석이다.

지질 기호 'Odu'는 '오르도비스기의 두무동층'이란 뜻이다. 영월군 신솔면 직동리 '두무동'의

〈그림 3-10〉 정선정보공고 암석정원의 오르도비스기 암석

암석을 대표 모델로, 주로 '회색 또는 짙은 갈색 석회암'이 대표적 암석이다(그림 3-10의 우).

이같이 정선의 오르도비스기는 3개의 지층에 6~7종류의 암석이 분포한다. 이 역시 90%는 석회암이다.

사라진 실루리아기와 데본기

고생대 중기는 실루리아기와 데본기이다. 실루리아기의 '실루리아' 역시 웨일스에 살았던 '켈트족'의 옛 이름에서 따왔으며, 데본기의 '데본'은 영국 남부의 '데본셔' 지방에서 유래한 것이다.

실루리아기는 4억 4300만 년 전부터 4억 1700만 년 전까지 2600만 년간 지속한 고생대 중기 시대이다. 턱이 없는 물고기가 등장했으며 육지에는 식물, 노래기, 전갈 등이 나타난 시기이다.

데본기는 4억 1700만 년 전부터 3억 5400만 년 전까지 6300만 년간 지속되었다. 초기 종자식물과 나무와 숲이 만들어진 시기이다. 또 뼈 있는 어류의 진화로 육지에서 걸을 수 있는 최초의 척추동물인 양서류가 탄생하고, 육지에서 날개 없는 곤충과 거미류가 번성한 시기이다.

그러나 우리나라에는 실루리아기와 데본기에 해당하는 지층이 존재하지 않는다. 약 1억 년 동안의 지층이 없는 것이다. 그 이유에 대해 학자들은 이 두 시기에는 우리나라 쪽으로 이동한 땅의 조각, 즉 고생대 전기의 지층이 융기와 이동 등 조륙운동을 받는 과정에서 빠졌을 것으로 설명한다. 따라서 우리나라에서는 오르도비스기의 석회암과 석탄기의 사암과 석탄층이 부정합으로 붙어 있다. 우리가 동굴 탐사를 하다 우연히 석탄층을 만나거나, 탄광을 개발하다가 석회동굴을 마주하게 되는 것은 이 두 시기의 지층이 비어 있기(결층이기) 때문이다.

석탄기의 정선

데본기의 다음 시기는 석탄기이다. 석탄기는 3억 5400만 년 전부터 2억 9000만 년 전까지 6400만 년간 지속한 고생대 중기 시대이다. 이 시기에는 양서류가 늪지대에서 번성하고, 바다에는 오늘날의 경골어류가 주류를 이루었다. 열대 습지가 발달하여 거대한 숲을 이루었으며,

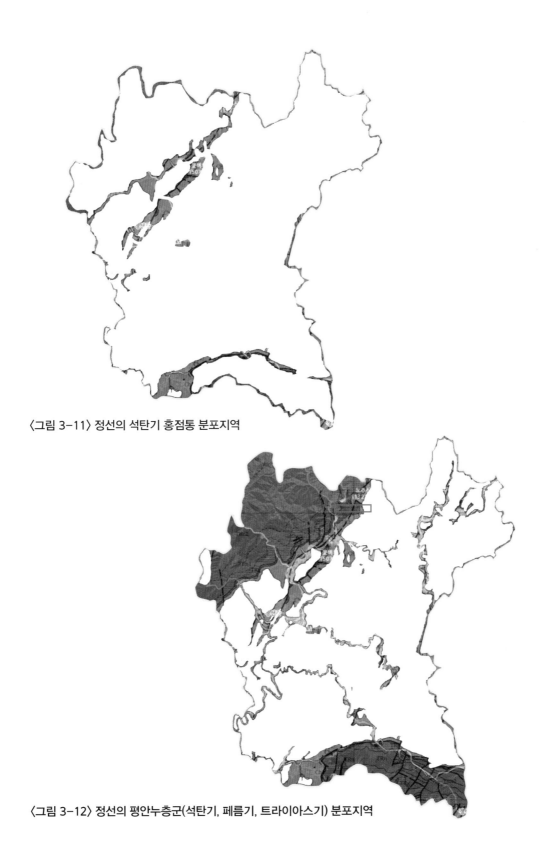

〈그림 3-11〉 정선의 석탄기 홍점통 분포지역

〈그림 3-12〉 정선의 평안누층군(석탄기, 페름기, 트라이아스기) 분포지역

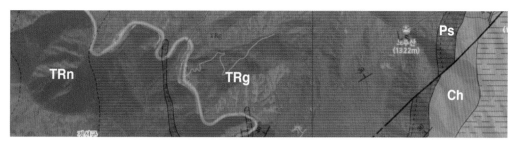

〈그림 3-13〉 '그림 3-12'의 적색 사각형 지역

도마뱀, 뱀 등의 파충류, 악어 크기의 양서류, 거대한 잠자리 등이 출현했다.

정선군의 고생대 석탄기 퇴적층은 지하 깊은 곳에 매몰된 석탄이 있으며, 지표로 드러난 퇴적암은 정선군 전체의 3%에도 미치지 못할 정도로 미약하다. 조선누층군과 평안누층군 사이의 경계를 이루는 형상으로 분포하는데(그림 3-11), 실루리아와 데본의 두 시대를 건너 오르도비스기의 퇴적암과 맞붙어 있다(그림 3-14).

지질 기호 'Ch'는 '석탄기의 홍점층군'이란 뜻이다. 주로 붉은색을 띠는 사암과 셰일 등이 대표적인 암석이다(그림 3-13).

페름기의 정선

석탄기의 다음 시기는 고생대의 마지막 시대인 페름기이다. '페름'은 이 시기의 지층이 잘 발달한 우랄산맥 서쪽에 있는 '페름' 지방의 지명에서 따온 것이다.

이 시기는 2억 9000만 년 전부터 2억 4800만 년 전까지 4200만 년간 지속한 고생대 중기 시대이다. 파충류가 번성했고, 포유류의 초기 조상이 등장했으며, 침엽수가 종자식물의 큰 비중을 차지하였다.

지표로 드러난 정선군의 고생대 페름기 퇴적암 역시 매우 소량이며, 홍점통과 트라이아스기 퇴적암 사이에 끼어 있다.

지질 기호 'Ps'는 '페름기의 사동층군'이란 뜻이다. 주로 흑색 셰일, 사암 등이 주류를 이루며 석회석, 무연탄 등도 끼어 있다(그림 3-13).

트라이아스기의 정선

페름기의 다음 시기는 중생대의 시작 시대인 트라이아스기이다. '트라이아스기'는 독일 라인강 하류의 고생대와 구별된 세 개의 화석지층에서 유래한 이름으로, 세 지층이 쌓여 있어 '삼첩기'라고도 부른다. 트라이아스기는 2억 4800만 년 전부터 2억 600만 년 전까지 4200만 년간 지속한 중생대 초기 시대이다. 이 시기에는 공룡과 악어, 거북이 등이 등장하였다.

중생대 트라이아스기의 퇴적암은 정선군 전체 면적의 약 20% 이상을 차지할 만큼 비중이 높다. 주로 정선군의 북서쪽인 북평면과 여량면, 남동쪽인 고한읍과 사북읍 일대에 분포하여 마치 대각선 방향으로 서로 마주 보는 형태로 분포한다(그림 3-12).

지질 기호 'TRn'의 'TR'은 트라이아스기를 'n'은 '녹암층군'이란 뜻이다. 녹색 사암과 회색 셰일 등이 대표적인 암석이다(그림 3-13).

지질 기호 'TRg'는 '트라이아스기의 고방산층군'이란 뜻이다. 주로 녹색 셰일과 사암과 녹색

〈그림 3-14〉 정선의 조선누층군·평안누층군 분포지역

석회암 등이 대표적 암석이다.

　우리나라에서는 고생대의 석탄기와 페름기, 중생대의 트라이아스기를 묶어 '평안누층군'으로 분류한다. 따라서 정선군에 분포하는 고생대 조선누층군과 평안누층군이 차지하는 암석의 비율은 80%를 넘는다(그림 3-14).

쥐라기의 정선

　트라이아스기의 다음 시대는 쥐라기이다. '쥐라'는 알프스의 쥐라산맥에서 유래한 지질시대 이름이다. 쥐라기는 2억 600만 년 전부터 1억 4400만 년 전까지 6200만 년간 지속된 중생대 중기로 공룡이 번성했던 시기이다.

　중생대 쥐라기에 해당하는 암석은 대보조산운동 때 관입한 임계화강암과 역암, 사암 등의

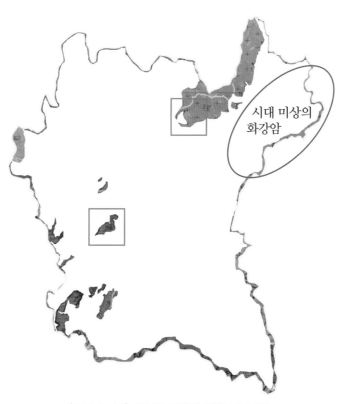

〈그림 3-15〉 정선의 쥐라기 지질 분포지역

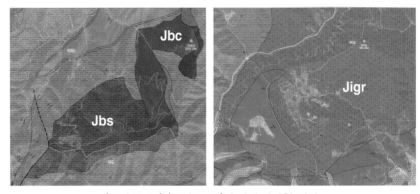
〈그림 3-16〉 '그림3-15'의 적색 사각형 지역

〈그림 3-17〉 임계면의 정선 대리석(정선정보공고 암석정원, 2014)
임계 화강암이 관입할 당시 변성 작용을 받은 것으로 추정됨. 위는 자연 상태에서 용식 받은 자연석, 아래는 절개한 가공석.

〈그림 3-18〉 조양강의 정선 쥐라기 역암(정선정보공고 지리답사반)

〈표 3-1〉 정선 암석의 족보

시대	기	지층	기호	대표 암석(지층 이름) 소재지
고생대	캄브리아기	장산규암층	CEj	영월군 상동읍 장산
		묘봉층	CEm	경상북도 봉화군 묘봉
		풍촌석회암층	CEp	정선군 화암면 호촌리(풍촌)
		화절층	CEw	영월군 신솔면 화절치
	오르도비스기	정선석회암층	Oj	정선군 정선읍
		막동석회암층	Omg	정선군 신동읍 방제리(막골)
		두무동층	Odu	영월군 신솔면 직동리(두무동)
	석탄기	홍점층군	Ch	
	페름기	사동층군	Ps	
중생대	트라이아스기	녹암층군	TRn	
		고방산층	TRg	
	쥐라기	반송층(사암)	Jbs	영월군 영월읍 연하리(반송)
		반송층(역암)	Jbc	
		임계화강암	Jigr	정선군 임계면
시대 미상		중봉산화강암	Jugr	정선군 임계면 도전리(중봉산)

퇴적암이 있다(그림 3-15). 이들 암석이 정선군 전체 면적에서 차지하는 비중은 적지만, 임계 화강암은 정선의 유일한 화성암이고 정선 역암은 천연기념물로 지정된 암석이라는 점에서 큰 의의가 있다(그림 3-17, 3-18).

　　지질 기호 'Jbs'의 'J'는 쥐라기를 'b'는 반송층, 's'는 사암(sand stone)을 의미한다. 즉 '쥐라기 반송층 중 사암'이란 뜻이다. 영월군 영월읍 연하리 '반송마을'의 암석을 대표로 하는 사암과 셰일이다. 지질 기호 'Jbc'의 'c'는 역암(conglomerate)이다. 지질 기호 'Jigr'은 '쥐라기의 임계 화강암(granite)'이란 뜻이다(그림 3-16).

백악기의 정선

　　쥐라기의 다음 시기는 중생대의 마지막 시대인 백악기이다. 정선에는 0.1% 미만의 석영 암 맥만이 존재하므로 이 책에서의 기술은 생략한다.

+++ 요약 +++
# 03 암석의 표본실, 정선!

정선에는 다양한 지질시대의 다양한 암석이 분포한다.

고생대 캄브리아기의 석회암이 정선군 전체 면적의 약 17% 정도를 차지하며, 대부분 화암면과 남면에 분포한다.

고생대 오르도비스기의 석회암은 정선군 전체 면적의 약 37%를 차지할 정도로 정선군에서 비중이 높다. 정선읍을 비롯한 정선군의 중앙부 대부분을 차지하고 있으며, 캄브리아기의 석회암을 에워싸는 형상으로 분포한다.

실루리아기와 데본기에 해당하는 지층은 존재하지 않는다.

정선군의 고생대 석탄기와 페름기의 퇴적층은 지하 깊은 곳에 매몰된 석탄이 있으며, 지표로 드러난 사암, 셰일 등의 퇴적암은 정선군 전체의 3%에도 미치지 못할 정도로 미약하다.

중생대 트라이아스기의 녹색 사암과 셰일 등 퇴적암은 정선군 전체 면적의 약 20% 이상을 차지할 만큼 비중이 높다. 주로 정선군의 북서쪽인 북평면과 여량면, 그리고 남동쪽인 고한읍과 사북읍 일대에 분포하여 마치 대각선 방향으로 서로 마주 보는 형태로 분포한다.

중생대 쥐라기에 해당하는 암석은 대보조산운동 때 관입한 임계화강암과 역암, 사암 등의 퇴적암이 있다. 정선군 전체 면적에서 차지하는 비중은 적지만, 임계화강암은 정선의 유일한 화성암이고 정선 역암은 천연기념물로 지정된 암석이라는 점에서 큰 의의가 있다.

+++ SUMMARY +++

03 Jeongseon, a showcase of diverse rock specimens!

Jeongseon is home to various rocks from different geological eras. In terms of the proportion of limestone from the Cambrian period, which is common during the Paleozoic era, Jeongseon County has the highest share nationwide, accounting for about 17% of the entire area of Jeongseon County. Most of it is distributed in Hwadam-myeon and Nam-myeon.

Limestone from the Ordovician period, also from the Paleozoic era, holds the highest proportion in Jeongseon County, accounting for about 37% of the entire area. It dominates the central part of Jeongseon County, including Jeongseon-eup, and is distributed in a surrounding pattern around the Cambrian limestone.

There are no strata corresponding to the Silurian and Devonian periods in Jeongseon County.

The Paleozoic coal deposits in Jeongseon County are buried deep underground, and sedimentary rocks such as sandstone and shale exposed at the surface are minimal, accounting for less than 3% of the entire Jeongseon County area.

Sedimentary rocks such as green sandstone and shale from the Triassic period in the Mesozoic era have a significant share, accounting for about 10% of the entire area of Jeongseon County. They are mainly distributed in the northwestern areas of Jeongseon County, such as Bukpyeong-myeon and Yeoryang-myeon, as well as in the southeastern areas like Gohan-eup and Sabuk-eup, forming a diagonal distribution pattern.

In terms of rocks from the Jurassic period in the Mesozoic era, there are intrusive rocks known as the "Daebo Movement" and sedimentary rocks such as andesite sandstone. Although they make up less than 18% of the entire area of Jeongseon County, the "Daebo-Granite" is the only intrusive rock in Jeongseon, and the "Jeongseon Conglomerate" is of significant importance as it has been designated as a natural monument.

04

정선으로 찾아온
삼엽충의 여정

대륙은 퍼즐 조각

3장에서 소개한 바와 같이 고생대 캄브리아기와 오르도비스기를 대표하는 생물은 당시 바다를 지배하던 삼엽충이다. 당시 적도 부근의 따뜻한 바다에서 서식하던 이들의 흔적이 정선의 석회암 산지 암반 속에서 그 모습을 드러내는 이유는 땅이 이동해 왔기 때문이다. 지진과 화산 활동에 대한 지식의 수준이 높아짐에 따라 대륙이 끊임없이 이동한다는 사실은 전문가가 아니더라도 모두 알고 있는 상식이 되었다.

정리하여 보면, 땅이 이동한다는 사실은 몇 가지 근거로 입증된다. 첫째는 대륙의 윤곽이 일치한다는 것이다. 아프리카 대륙과 남아메리카 대륙을 보면 의심할 여지 없이 그 윤곽이 정확하게 맞는다. 물론, 이 두 대륙뿐만 아니라 모든 대륙이 퍼즐 조각처럼 윤곽이 맞춰지기 때문에(그림 4-1) 대륙이 이동한다는 사실을 믿게 되는 출발점이 되는 것이다.

둘째, 각 대륙에 흩어져 분포하는 생물의 화석이 일치한다는 것이다(그림 4-2). '글로소프테리스'는 곤드와나 대륙(남아메리카, 아프리카, 남극, 인도, 오세아니아가 붙어 있었던 남쪽의 초대륙)에 널리 분포한 양치 종자류로 고생대 페름기에 번성했던 식물이다. 트라이아스기의

〈그림 4-1〉 퍼즐 조각처럼 윤곽이 일치하는 대륙

소형 초식 동물인 '리스트로사우루스', 석탄기에서 페름기까지 생존했던 수생 파충류인 '메소 사우루스' 등의 화석이 남아메리카, 아프리카, 인도, 남극, 오스트레일리아 대륙에서 모두 발견 된다는 것 또한 대륙 이동의 증거이다.

셋째, 산맥과 분포하는 암석이 일치하는 것이다. 고생대 초에 형성된 산지와 해성 퇴적암이 남극 대륙에서 오세아니아 대륙까지 연결되며, 중생대 초기의 암석이 남아메리카에서 아프리 카 대륙 남단을 지나 남극 대륙까지 이어진다. 또, 중생대 말에서 신생대에 걸쳐 형성된 신기 조산대인 안데스 산지가 남아메리카의 서부 해안 지대를 달려 남극 대륙까지 연결된다는 지질 학적인 증거가 있다.

넷째, 기후적 상황이 일치한다는 것이다. 남극을 중심으로 남아메리카의 남동부, 아프리카 의 중남부, 인도, 오세아니아 남부 등에는 빙하 퇴적물과 움직이는 얼음 속의 돌에 긁힌 암반 이 분포한다. 이는 3억 년 전 빙하가 곤드와나의 넓은 시역을 넒고 있었다는 증거로 이 대륙이 한때 극지방이었다는 것을 시사한다. 빙하 퇴적물은 '틸라이트'라는 빙하 퇴적암을 형성했고, 그 아래 단단한 기반암은 빙하 퇴적물에 의해 평행하게 긁힌 자국이 줄무늬 형태로 남아 있다.

다섯째, 고지자기를 측정하여 북극과 남극의 가상 이동 경로를 추적하여 본 결과, 실제로 대 륙이 이동했다는 것이다. '고지자기(古地磁氣, paleomagnetic)'란 과거 지질시대에 생성된 암

〈그림 4-2〉 각 대륙에 분포하는 고생대 생물의 화석

〈그림 4-3〉 각 대륙의 산지와 암석

빙하의 분포와 확장

〈그림 4-4〉 각 대륙에 분포하는 빙하의 흔적

〈그림 4-5〉 북극의 경로

〈그림 4-6〉 남극의 경로

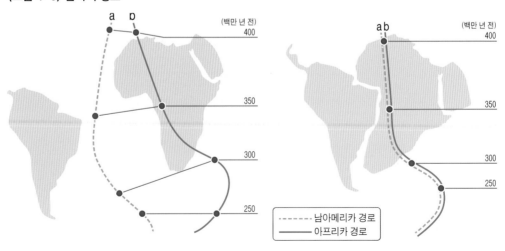

석에 있는 자연 잔류자기로 암석이 생성될 당시에 지닌 자성이 계속 유지된다는 것이다. 이를 측정한 결과, 북극 자극은 지난 22억 5000만 년 동안 북태평양을 가로질러 이동한 것으로 나타났다. 물론, 실제 움직인 것은 북극이 아니라 대륙이다. 남극은 고지자기 측정에서 하나가 아닌 두 개의 이동 경로가 나타났다. 남아메리카 암석은 아프리카 암석과는 다른 이동 경로를 나타내는데, 두 대륙을 붙여 보면 하나의 경로로 합쳐진다. 이는 두 대륙이 붙어 있다가 분리되었음을 말한다.

이합집산

지구 탄생 이래 땅은 서로 떨어졌다가 합쳐지고, 모였다가 흩어지기를 거듭하였다. 가장 최근에 지구의 모든 땅이 하나로 모인 시기는 약 2억 5000만 년 전으로 이때 하나로 모인 땅을 '판게아(Pangaea)'라고 부른다. 판게아를 둘러싼 해양은 '판탈라사(Panthalassa)'라고 한다.

이 당시 현재의 아시아에 해당하는 땅은 판게아 북부를 넓게 차지하고 있었으며(그림 4-7), 정선(적색 별로 표시)은 그 동쪽에 자리 잡고 있었다. 그러나 그림상의 위치는 추정일 뿐이다. 실제로 고지자기 측정에 의하면 정선 지역의 암석은 페름기 말에 평균 복각이 +19.4°로, 북위 10° 정도에 있었던 것으로 확인된다(KBS '한반도 30억 년의 비밀').

약 5000만 년 후, 지하의 뜨거운 용암이 판게아를 뚫고 '로라시아(Laurasia: 북아메리카, 유럽, 아시아)'와 '곤드와나(Gondwana: 아프리카, 남아메리카, 인도, 오세아니아, 남극)' 두 개의 대륙으로 나누었다. 중생대의 시작이다. 이후 약 1억 년 동안 대륙들은 계속해서 이동하고 분리되었다. 고지자기 측정 결과 정선 일대의 암석들은 이미 이 시기에 현재의 위치에 도달한 것으로 판명되었다.

이 시기에는 공룡이 등장하여 세상을 지배했으나 약 6500만 년 전에 대규모 소행성 충돌과 같은 대 재앙적 사건으로 멸종했다. 이 사건으로 중생대가 끝나고 신생대가 시작되었다. 신생대에도 대륙들은 계속 이동했다. 삼엽충을 품은 정선의 석회암은 현재 위치에 완전히 자리 잡고 있었지만, 지각판 운동과 대륙 이동은 계속되었다.

동해지각이 확장되며 한반도와 붙어 있던 일본 열도가 떨어져 나가 유라시아판의 가장자리로 밀려났다. 인도판은 유라시아판과 충돌함으로써 지구에서 가장 높은 히말라야산맥을 형성

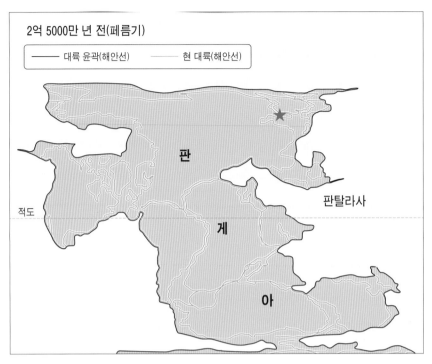

〈그림 4-7〉 고생대 페름기 정선(★)의 위치

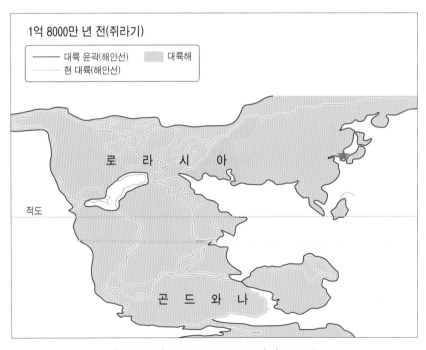

〈그림 4-8〉 중생대 쥐라기 정선(★)의 위치

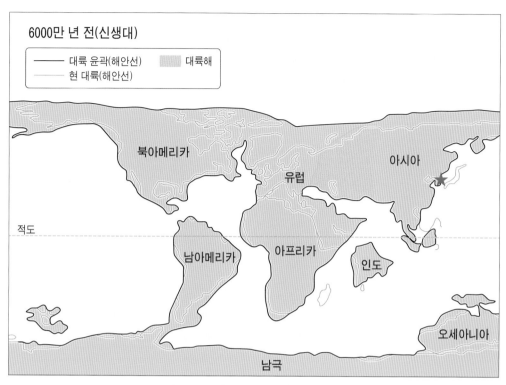

〈그림 4-9〉 신생대 정선(★)의 위치

했다. 아메리카 대륙과 유럽·아프리카 대륙이 멀어지면서 대서양이 확장되었다. 그래서 오늘날 대륙의 형상이 완성된 것이다.

땅은 또 다른 형상으로 계속 변화하고 있는데, 지진과 화산 활동이 대륙을 서서히 재배치하고 있다는 증거이다.

정선군 화암면의 산지를 이루는 석회암 속 삼엽충은 5억 4000만 년 전 적도 부근의 남반구 바다에서 탄생하였다. 그 후, 지구의 땅덩어리가 '이합집산(離合集散)'하는 과정에 편승하여 조금씩 북상하였고, 1억 5000만 년 전쯤에 현재의 위치에 자리잡게 된 것이다.

맨틀은 컨베이어벨트

정선의 석회암이 남반구에서 현재 위치로 도달하기까지 땅을 움직인 힘은 무엇일까? 이에 대한 답을 얻기 위해서는 지구의 속을 들여다봐야 한다. 〈그림 4-10〉과 같이 지구의 속은 5개의 층으로 이루어져 있으며, 중심으로 갈수록 밀도 높은 무거운 물질이 자리 잡고 있다. 가장 가벼운 지표의 암석권은 상대적으로 무거운 맨틀 위에서 마치 바다 위의 배처럼 떠다니는 형상이다.

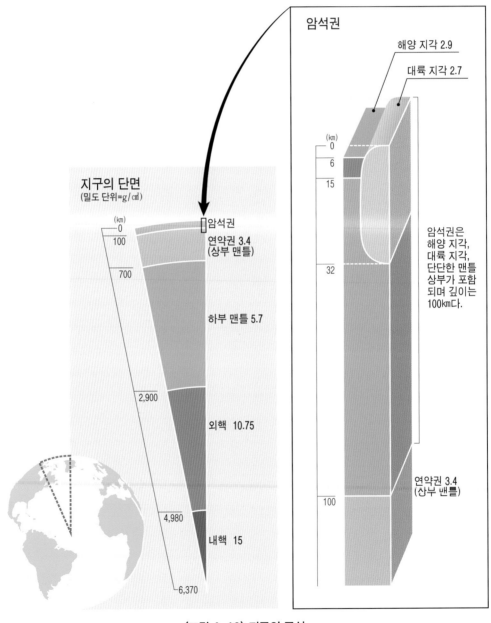

〈그림 4-10〉 지구의 구성

〈그림 4-11〉 서로 다른 방향으로 이동하는 아이슬란드

암석권은 비중 2.7의 대륙 지각과 비중 2.9의 해양 지각으로 구성되어 있다. 대륙 지각은 지구 총 질량의 약 1%, 지구 총 부피의 약 3%, 지구 표면의 약 29%를 차지한다. 수면보다 높은 땅의 조각들로, 지각 내에서 가장 높은 부분이다.

지구 표면의 약 70%를 차지하는 해양 지각은 두께가 약 10km 미만으로, 주로 현무암질 암석으로 구성되어 있으며, 그 위에 육지에서 씻겨 흘러온 퇴적물이 쌓여 있다.

이들 지구 최외곽을 이루는 암석권의 두 지각은 맨틀의 움직임에 따라 이동한다. 〈그림 4-12〉는 지각이 움직이는 유형을 나타낸 것이다.

a와 b는 두 해양 지각이 갈라지며 서로 다른 방향으로 이동하는 경우이다. 아이슬란드의 형성과 확장이 대표적인 사례이다(그림 4-11). 또 두 대륙 지각이 갈라지며 지판이 서로 다른 방향으로 이동하는 경우는 '동아프리카 지구대'가 대표적이다.

b와 c는 대륙 지각과 해양 지각이 마주치는 경계인데 이럴 경우, 상대적으로 무거운 해양 지각이 대륙 지각 밑으로 파고들며 소멸한다. 일본 열도가 대표적이다. 또 두 대륙 지각끼리 마주치는 곳에는 히말라야산맥이 있다.

해양과 대륙 지각이 서로 미끄러지며 어긋나는 경계도 있으며, 재난 영화에 소개된 샌안드레아스 단층 등이 해당한다.

결국, 적도에서 탄생한 삼엽충을 정선의 산지까지 이동시킨 컨베이어벨트는 '맨틀'인 셈이다.

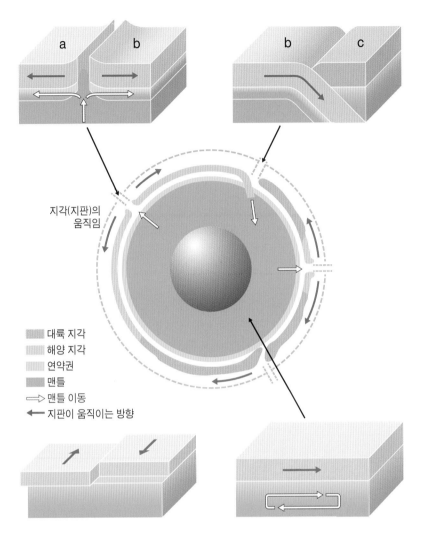

지각(지판)의
움직임

대륙 지각
해양 지각
연약권
맨틀
⟹ 맨틀 이동
← 지판이 움직이는 방향

〈그림 4-12〉 지각 이동의 유형

+++ 요약 +++
# 04 정선으로 찾아온 삼엽충의 여정

대륙이 끊임없이 이동한다는 사실은 전문가가 아니더라도 모두 알고 있는 상식이 되었다. 적도 부근의 따뜻한 바다에서 서식하던 삼엽충 등 바다 생물의 흔적이 정선의 석회암 산지 암반 속에서 그 모습을 드러내는 이유는 땅이 이동해 왔기 때문이다.

땅이 이동한다는 근거는 대륙의 윤곽이 일치한다는 것, 각 대륙에 흩어져 분포하는 생물의 화석이 일치한다는 것, 각 대륙의 산맥과 분포하는 암석이 일치한다는 것, 빙하의 확장과 분포 등 기후적 상황이 일치한다는 것, 고지자기를 측정하여 북극과 남극의 가상 이동 경로를 추적하여 본 결과, 실제로 대륙이 이동했다는 것 등이다.

지구 탄생 이래 땅은 서로 떨어졌다가 합쳐지고, 모였다가 흩어지기를 거듭하였는데, 고지자기 측정에 의하면 정선 지역의 암석은 페름기 말에 평균 복각이 +19.4˚로, 북위 10˚ 정도에 있었고, 1억 5000만 년 전쯤 현재의 위치에 도달한 것으로 예측된다.

정선의 석회암이 남반구에서 현재 위치로 도달하기까지 땅을 움직인 힘은 맨틀 대류이며, 따라서 맨틀은 적도의 삼엽충 무리를 정선으로 이동시킨 '컨베이어벨트'인 셈이다.

+++ SUMMARY +++

04 The journey of a trilobite to Jeongseon

The common knowledge that continents constantly move has become widely recognized, even among non-experts. The reason traces of marine life, such as trilobites that inhabited warm seas near the equator, are found in the limestone rocks of Jeongseon is because the land has shifted.

The evidence for continental drift includes the matching outlines of continents, the distribution of fossils scattered across continents, the correspondence of mountain ranges and rock formations, the similarity in climate patterns including glacial expansion and distribution, and the tracking of virtual paths of movement using paleomagnetism, which confirms actual continental movement.

Since the Earth's formation, landmasses have drifted apart, collided, and dispersed repeatedly. According to paleomagnetic measurements, the rocks in the Jeongseon area had an average paleolatitude of +19.4° during the late Permian, indicating they were located around 10° north latitude, reaching their current position approximately 150 million years ago.

The force behind the movement of Jeongseon's limestone from the southern hemisphere to its current location is attributed to mantle convection. Hence, the mantle acts as a "conveyor belt", transporting trilobite colonies from the equator to Jeongseon.

제2부

ㅇ ㅇ ㅇ ㅇ ㅇ ㅇ ㅇ ㅇ ㅇ ㅇ ㅇ
캄브리아 세계로부터

05

캄브리아
세계로부터

캄브리아기 바다에서 퇴적된 암석은 정선의 암석 중 형성 시기가 가장 오래된 것이다. 이 지층에 발달한 경관으로는 백복령 카르스트 지대, 화암동굴, 정선 소금강과 몰운대 그리고 민둥산(발구덕마을) 폴리에가 있다. 이들은 주로 '풍촌석회암층'과 '장산규암층'에 가해진 습곡·단층 등의 지반운동과 물에 의한 용식과 침식작용을 동시에 받으며 형성되었다. 즉, 지층이 솟아오르고(습곡), 깨지고(단층), 무너지고(함몰), 깎이고(침식), 녹으며(용식) 다듬어져 오늘날의 경치를 이룬 것이다.

물에 녹는 탄산염 암석들

탄산염(炭酸鹽) 암석에는 석회암과 백운암이 대표적이다. 정선의 캄브리아기 암석 중 대부분이 석회암이므로 캄브리아기의 암석이 만든 정선의 경관은 주로 석회암 지형이다.

석회암(limestone)은 탄산칼슘($CaCO_3$), 즉 방해석(calcite) 성분이 암석의 50% 이상인 암석을 지칭하며, 백운암(dolomite)은 탄산칼슘과 탄산마그네슘($MgCO_3$)이 같은 비율로 섞여

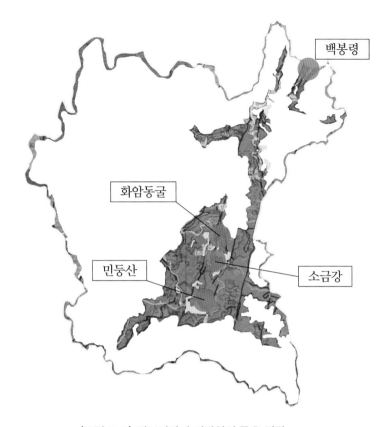

〈그림 5-1〉 캄브리아기 기반암의 주요 경관

〈그림 5-2〉 정선정보공고 암석정원의 방해석(calcite, CaCO₃)

있는 암석을 말한다. 독자들에게 '백운암'은 생소한 암석이겠으나, 이탈리아 북부(알프스)의 유명 관광지 '돌로미티'가 이 백운암을 기반암으로 하는 관광지라는 것을 알게 되면 암석에 대한 지식 한 가지가 더 느는 셈이다. 이탈리아의 돌로미티는 '돌로마이트(백운암)'가 형성한 지형 경관이다.

석회암(石灰巖: 회색 바위)과 백운암(白雲巖: 흰색 바위)의 주요 성분인 탄산칼슘($CaCO_3$)과 탄산마그네슘($MgCO_3$)은 약한 산성을 띤 빗물에도 쉽게 용해된다. 따라서 석회암과 백운암이 분포하는 지표면에는 용식이 진전되면서 깔때기 또는 접시 모양의 오목한 지형이, 지하에는 석회동굴이 형성된다.

마그네슘(Mg)이 칼슘(Ca)보다 산에 더 잘 용해되므로 카르스트 지형의 발달은 석회암보다 백운암 쪽에 우세하다(서무송, 2019). 그러나 탄산염 암석의 성분보다 카르스트 지형 발달에 더 큰 영향을 미치는 것은 지층과 암석의 구조, 즉 단열이나 절리 밀도 등 지층과 암석이 어느 정도 깨져 있느냐의 차이이다.

정선의 캄브리아기 지층 중에 백운암은 없으며, 오르도비스기의 지층 중에는 '막동석회암층'과 강릉과의 경계지역에 있는 '석병산석회암층'에 일부 분포한다.

석회암과 백운암 외에도 석고(gypsum)나 암염(rock salt)과 같은 증발암도 빗물에 잘 용해되지만, 정선의 경관 형성과는 큰 관련이 없다.

탄산염 암석이 녹으며 만든 경관

'카르스트'라는 지형의 명칭은 슬로베니아의 지방명에서 유래한 것이다. 석회암이나 백운암과 같은 탄산염 암석이 빗물이나 지하수 등에 녹는 용식작용으로 형성된 지형을 총칭한다.

카르스트 지형에서 가장 기본이 되는 오목 지형은 '돌리네(doline)'이다. 석회암이나 백운암의 지층 표면에 있는 암석 균열

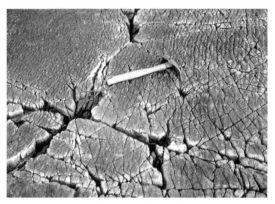

〈그림 5-3〉 백운암과 암석의 절리

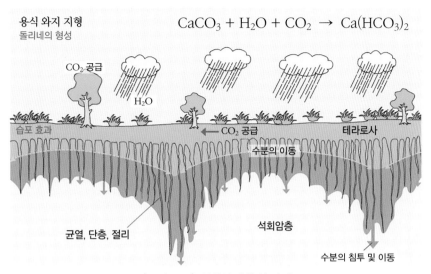

용식 와지 지형
돌리네의 형성

$$CaCO_3 + H_2O + CO_2 \rightarrow Ca(HCO_3)_2$$

CO₂ 공급

H₂O

습포 효과   ← CO₂ 공급   테라로사

수분의 이동

균열, 단층, 절리   석회암층

수분의 침투 및 이동

〈그림 5-4〉 석회암의 용식 과정

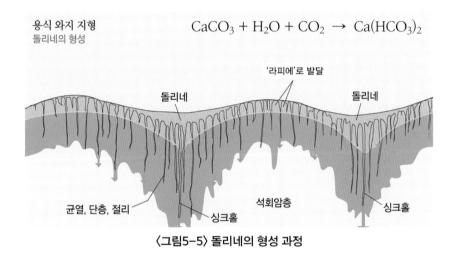

용식 와지 지형
돌리네의 형성

$$CaCO_3 + H_2O + CO_2 \rightarrow Ca(HCO_3)_2$$

'라피에'로 발달

돌리네   돌리네

균열, 단층, 절리   석회암층   싱크홀

싱크홀

〈그림5-5〉 돌리네의 형성 과정

(절리) 교차점을 중심으로(그림 5-3) 용식이 진전되면 석회 성분이 녹아 지하로 스며들며 암석의 체적이 감소한다. 그 결과 오목한 깔때기나 접시 모양 또는 굴뚝 형태의 수직굴이 형성되는데, 이를 돌리네라고 부른다.

강우 시 빗물이 석회암을 녹여 '싱크홀(sinkhole)'이라고 하는 지하로 연결된 큰 균열을 통해 배수되고, 그 결과 싱크홀을 중심으로 움푹 파인 웅덩이가 형성되는 것이다. 돌리네는 그 형태와 관계없이 이런 웅덩이를 총칭하는 학술 용어이다. 돌리네의 배수 구멍인 싱크홀 역시 카르스트 지형의 학술 용어이다. 요즘 도로 등에 생기는 땅 꺼짐 현상도 싱크홀이라고 표현하

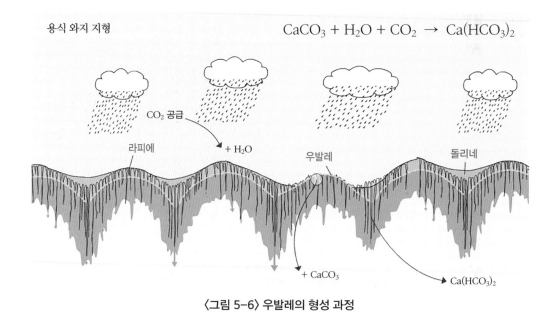

용식 와지 지형

$$CaCO_3 + H_2O + CO_2 \rightarrow Ca(HCO_3)_2$$

CO_2 공급

라피에

$+ H_2O$

우발레

돌리네

$+ CaCO_3$

$Ca(HCO_3)_2$

〈그림 5-6〉 우발레의 형성 과정

여 혼동을 일으키고 있는데, 카르스트 지형의 학술 용어와 구분하여 '땅 꺼짐 현상' 또는 '지면 함몰' 등의 구체적 용어로 표현해 주면 좋겠다.

돌리네가 2개 이상 연합된 오목지를 '우발레(uvale)'라고 한다. 그러나 연합 돌리네인 우발레는 형태만 봐서는 눈으로 직접 확인하는 것이 대부분 힘들다. 보통 눈으로 구분하기 어려운 돌리네들은 배수 구멍, 즉 싱크홀의 개수가 2개 이상이면 우발레라고 불렀다. 그러나 돌리네의 빗물을 배수시키는 싱크홀은 한 개의 돌리네에 여러 개일 수도 있어서 싱크홀의 개수를 따져서 우발레라고 단정할 수는 없다. 또, 단순히 규모가 크다고 두 개 이상의 돌리네가 연합되었다고도 단정할 수 없다. 따라서 "백복령 카르스트 지대에는 수십 개의 돌리네와 한 개의 우발레가 분포하고 있다."라고 하는 우발레 개수에 대한 구체적인 표현은 잘못된 것이다. "백복령 카르스트 지대에는 수십 개의 돌리네와 우발레 등 오목한 지형이 군락을 이루고 있다."라고 두리뭉실하게 표현하는 것이 더 정확한 진술인 것이다.

규모가 아주 커서 한눈으로 보기 어려운 분지 형태의 오목한 땅도 있는데, 이것을 '폴리에(polje)'라고 부른다. 필자의 부친인 서무송 교수는 우리나라에서 폴리에로 명명할 수 있는 용식 와지로는 정선의 '발구덕 폴리에', 평창의 '고마루 폴리에', '돈네미 폴리에' 그리고 삼척의 '여삼 폴리에' 등이 있다고 하였다.

폴리에는 보스니아의 언어로 농사를 짓는 '경지'라는 뜻이다. 서무송 교수는 큰 규모의 오목한 땅이 연합되어 한 덩어리로 볼 수 있을 때, 더불어 오목지 내부에 늘 흐르는 개울이 있어서 마을 입지가 가능하고, 연중 농경이 가능하다면 폴리에로 부르자고 하였다. 결국 폴리에가 규모나 단층이나 습곡 등 지각의 구조 운동이 영향을 미친 정도에 따라 구분된 용어가 아니므로 적절한 원칙을 정해 명명하는 것은 큰 문제가 없을 것으로 생각한다.

탄산염암이 녹은 용액이 다시 침전하여 만든 경관

석회암이나 백운암 등 탄산염 암석이 분포하는 지하에는 지반의 함몰과 지하수의 용식작용 등으로 형성된 수많은 지하 공간, 즉 공동(空洞)이 있다. 이 동굴을 '종유동(鐘乳洞)'이라고 하며 종유석과 석순 등 2차 퇴적물이 형성되어 있어 관광지로 개발되고 있다.

빗물이 석회암 지층으로 스며들어 석회암을 녹이면, 그 석회암 녹은 물이 곧 중탄산칼슘용액이 되는 것이고, 이 중탄산칼슘용액이 지층을 통과하여 지하 공동을 만나면 재침전할 수 있는 조건이 만들어지는 것이다. 즉, 동굴의 천장에서 한 방울의 중탄산칼슘용액(그림 5-8)이 떨어지면서 물과 이산화탄소는 공기 중으로 증발하고, 탄산칼슘 등의 성분이 천장에 묻어 나가

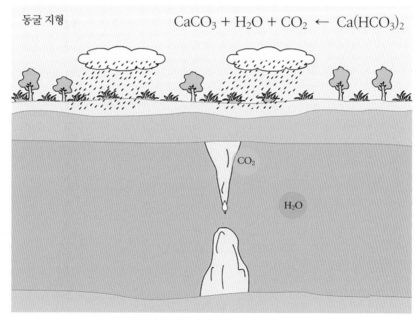

$$CaCO_3 + H_2O + CO_2 \leftarrow Ca(HCO_3)_2$$

〈그림 5-7〉 석회암의 재침전 과정

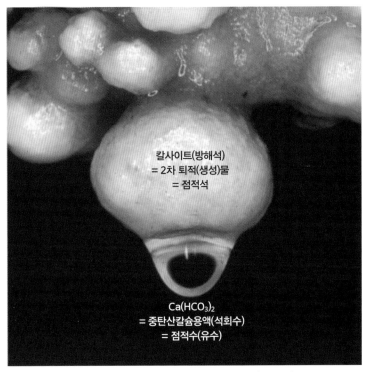

칼사이트(방해석)
= 2차 퇴적(생성)물
= 점적석

Ca(HCO₃)₂
= 중탄산칼슘용액(석회수)
= 점적수(유수)

〈그림 5-8〉 동굴 속의 중탄산칼슘용액(점적수)

며 점차 체적을 증가시키게 된다. 종유석, 석순, 유석 등 동굴 속의 모든 퇴적물을 일컬어 2차 퇴적물(생성물)이라고 부르는 것은 석회암이 1차 퇴적암이고, 이것이 녹은 석회수(중탄산칼슘용액)의 석회질 성분(칼사이트)이 동굴 속에서 다시 퇴적되어 형성되었다는 의미에서다.

물방울은 중력 방향으로 떨어지므로 천장에서 바닥을 향해 성장하는 것을 '종유석', 종유석과 마주 보며 바닥에서 천장을 향해 성장하는 것을 '석순'이라고 한다. 이들이 계속 성장하여 서로 붙게 되면, '석주'가 된다.

종유석과 석순에 공급되는 석회수의 물방울(중탄산칼슘용액)을 '점적수'라고도 한다. 점적수(點滴水)란 '한 방울씩 떨어지는 물방울'이란 뜻이다. 따라서 점적수가 형성한 종유석과 석순, 석주 등의 동굴 속 2차 퇴적물을 '점적석'이라고도 부른다. 석순은 종유석으로부터 중탄산칼슘용액을 공급받아 성장하는데, 지진 등의 지반 운동으로 지반이 움직이게 되면 석순은 성장을 멈추게 된다.

기타 다양한 동굴 속 환경에서 성장하는 신비로운 2차 퇴적물은 2부 7~9장의 화암동굴과 5부 K-KARST에서 자세히 소개하기로 한다.

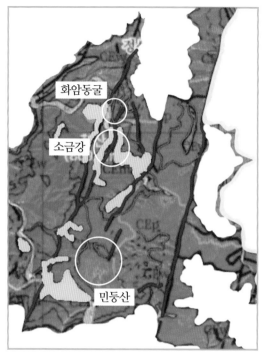

〈그림 5-9〉 캄브리아기 지층의 지질 구조선

캄브리아의 세계가 절경을 만든 비법

캄브리아기 암석이 분포하는 네 곳은 지형 경관이 수려하다. 이들의 공통된 첫 번째 특징은 북북동 남남서 방향의 주요 구조선을 따라 형성되어 있다는 것이다. 〈그림 5-9〉의 굵은 적색 실선은 캄브리아기 지층의 주요 구조선이다. 네 지역 모두 주요 구조선의 선상이나 구조선 사이에 위치한다. 둘째, '풍촌석회암층'과 '장산규암층', '묘봉층', '화절층' 등 캄브리아기 네 지층이 서로 접하는 지질경계선에 발달한다는 것이다. 〈그림 5-9〉의 가는 적색 실선은 캄브리아기 지층의 경계선이다. 결국, 화려한 경관은 지질 구조가 복잡한 곳, 즉 기반암이 뒤섞여 있고 그로 인해 지층이 많이 깨져 있는 곳에 잘 형성된다는 결론이다.

05 캄브리아 세계로부터

캄브리아기 바다에서 퇴적된 암석은 정선의 암석 중 형성 시기가 가장 오래된 지층이다. 이 지층에 발달한 경관으로는 백복령 카르스트 지대, 화암동굴, 정선 소금강과 몰운대 그리고 발구덕마을(민둥산) 폴리에가 있다. 이들은 주로 '풍촌석회암층'과 '장산규암층'에 가해진 습곡·단층 등의 지반운동과 물에 의한 용식과 침식작용을 동시에 받으며 형성되었다.

정선의 캄브리아기 암석 중 대부분이 석회암이므로 캄브리아기의 암석이 만든 정선의 경관은 주로 카르스트 지형이다. '카르스트'라는 지형의 명칭은 슬로베니아의 지방명에서 유래한 것이다. 석회암이나 백운암과 같은 탄산염 암석이 빗물이나 지하수 등에 녹는 '용식작용'으로 형성된 지형을 총칭한다.

카르스트 지형에서 가장 기본이 되는 오목 지형은 '돌리네(doline)'이며, 돌리네가 2개 이상 연합된 오목지를 '우발레(uvale)'라고 한다. 백복령 카르스트 지대에는 돌리네와 우발레가 군락을 이루고 있다. 규모가 아주 커서 한 눈으로 보기 어려운 분지 형태의 오목한 땅도 있는데, 이것을 '폴리에'라고 부른다. 정선의 발구덕마을은 우리나라를 대표하는 폴리에이다.

석회암이나 백운암 등 탄산염 암석이 분포하는 지하에는 지반의 함몰과 지하수의 용식작용 등으로 형성된 수많은 지하 공간, 즉 공동(空洞)이 있다. 이 동굴을 '종유동(鐘乳洞)'이라고 하며 화암동굴은 종유석과 석순 등 2차 퇴적물이 잘 발달하고 있어 관광지로 개발되었다.

+++ SUMMARY +++

05 From the Cambrian World

The rocks deposited in the Cambrian seas are the oldest strata in Jeongseon. Among the landscapes developed in this stratum, there are the Baekbokryeong karst region, Hwaam Cave, Grim Bawi and Molundae, and Mindeungsan (Balgudog) "polje". These landscapes were primarily formed by both tectonic movements such as faults and folds in the "Pungchon Limestone Formation" and "Jangsan Quartzite Formatio", as well as erosion and dissolution by water.

Since more than 90% of Jeongseon's Cambrian rocks are limestone, the landscapes in Jeongseon created by Cambrian rocks are mainly karst topography. The term "karst" for this type of terrain originated from a regional name in Slovenia. It refers to terrains formed by the dissolution action, such as rainwater or groundwater, on carbonate rocks like limestone or dolomite.

The most basic landform in karst terrain is a depression called "doline", and when two or more dolines unite, they are called "uvale". In the Baekbokryeong karst region, dolines and uvales are clustered together. There are also large, flat-bottomed depressions that are challenging to see at a glance, and these are called "polje". The Balgudog village in Jeongseon is a representative polje in South Korea.

In the underground where carbonate rocks like limestone and dolomite are distributed, there are numerous underground spaces formed by processes such as dissolution and groundwater corrosion, collectively referred to as "caves". Hwaam Cave, known as a "stalactite cave", features well-developed stalactites and stalagmites, making it a popular tourist attraction.

06

벼랑 끝에 모인
돌리네 군락

백봉령 카르스트 지대는 정선군 임계면 직원리 일대에 발달한 돌리네 군락지이다. 임계면 직원리 일대는 석회암이 중심을 이루는 정선의 다른 지역과는 달리, 석회암이 화강암으로 둘러싸인 가운데에 마치 치근(이의 뿌리)처럼 분포한다. 따라서 지질 구조상으로는 대규모의 카

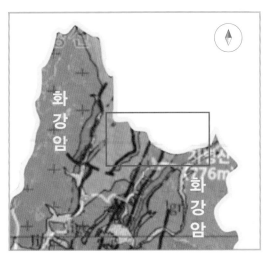

〈그림 6-1〉 백복령 카르스트 지대의 위치와 범위

르스트 지형이 발달하기 어려울 것 같으나, 이곳에는 100여 기 이상의 돌리네가 군집하여 카르스트 지형의 진수를 보여주는 곳이다.

백두대간 분수령과 비대칭 사면

백복령은 정선군에서 강릉시로 넘어가는 고개로 대관령과 같은 백두대간의 분수령에 해당하는 고갯길이다. '분수령'이란 '물을 가르는 고개(능선)'라는 뜻으로 '백두대간 분수령'은 우리나라의 물줄기를 동서로 나누는 경계라는 의미이다. 결국, 이 분수계를 경계로 A 쪽으로 떨어

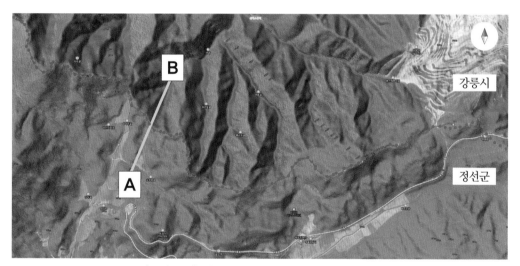

〈그림 6-2〉 백복령 일대의 분수계 – 3차원 지형도

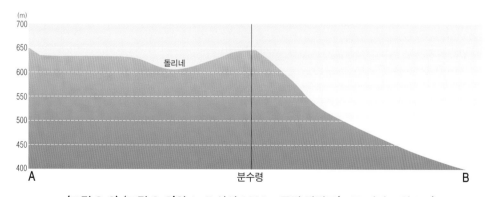

〈그림 6-3〉 '그림 6-2'의 A-B 사이 1000m 구간 단면도(고도:거리 = 약 2:1)

지는 빗물은 한강으로 흘러들어 서해로 유입하고, B 쪽으로 떨어지는 빗물은 주수천을 통해 동해로 유입한다.

이와 같은 비대칭 사면의 형성은 1장에서 기술한 바와 같이 신생대 3기 이후 진행된 동해지각의 형성과 확장에 따른 결과이다. 즉, '백두대간 분수령'은 동해지각의 미는 힘(횡압력)을 받아 융기한 땅의 정점이다. 동해지각이 미는 힘으로 인해 동해 쪽으로는 급경사의 사면이 형성되고, 그 정점인 '백두대간 분수령'의 서쪽은 고원과 완사면이 된 것이다. 따라서 〈그림 6-2〉의 A-B 단면은 〈그림 6-3〉과 같은 비대칭 사면을 이룬다.

돌리네는 탄산염암(석회암)의 전유물

백복령 일대의 지질 현황을 보면(그림 6-4), 지질도의 좌측은 'Osb(O_오르도비스기, sb_석병산)', 즉 고생대 오르도비스기의 '석병산석회암층'으로 암회색 석회암과 백운암(돌로마이트)이 주요 암석이다. 〈그림 6-5, 6-6〉의 지도 좌측 돌리네 16기가 이 지층 위에 발달한다. 이 지층 가운데를 가르며 대상으로 분포하는 'Ch'는 고생대 석탄기의 '홍점층'으로 주로 사암과 셰일이다. 이들은 탄산염 암석이 아니므로 이 지층에서는 돌리네가 형성되지 않는다(그림 6-5, 6-6).

'CEp'는 고생대 캄브리아기의 '풍촌석회암층'으로 어두운 회색 석회암이 주류를 이루고, 지도의 중앙부와 우측에 27기의 돌리네가 발달한다(그림 6-5, 6-6). 이 '풍촌석회암층' 사이에 끼어 있는 'Ow'는 고생대 오르도비스기의 '원평층'으로 주로 사암과 셰일이다. 이 지층 역시, 비 탄산염암으로 돌리네는 형성되지 않는다(그림 6-5, 6-6). 지질도의 가장 오른쪽 'Igr'은 형성된 지질시대를 알 수 없는 '우백질화강암'으로 역시 비 탄산염암이므로 돌리네는 형성되지 않는다.

결론적으로 백복령 카르스트 지대는 지질적으로 석회암을 중심으로 한 탄산염암의 분포는 협소하나, 고원과 급사면이 만나는 지형적 조건이 우수하여 형성된 피복 카르스트(흙으로 덮여 있는) 지역이다. 여기에 더하여 다양한 암석이 뒤섞여 있는 복잡한 지질 구조와 융기 등 구조 운동의 결과 발생한 단층선의 밀집도가 높아 용식작용의 최적 조건이 제시된 곳이라 할 수 있다.

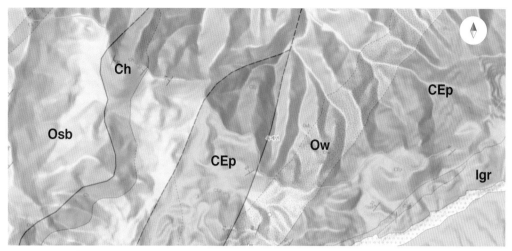

〈그림 6-4〉 백복령 카르스트 지대의 지질 현황(그림 6-1의 청색 사각형 지역)

〈그림 6-5〉 지형도에 표시한 백복령 일대의 확인 돌리네 43기

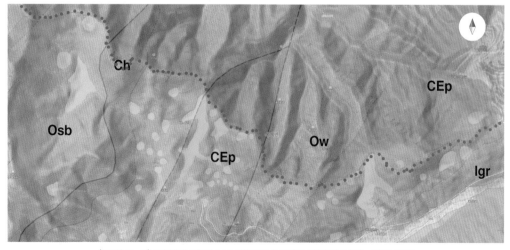

〈그림 6-6〉 백복령 카르스트 지대의 돌리네 분포와 지형·지질 현황

<table>
<tr><td colspan="7" align="center">〈표 6-1〉 백복령 카르스트 지대의 위치별 돌리네 수(확인한 돌리네만 분류함)</td></tr>
</table>

지층기호	Osb	Ch	CEp	Ow	Igr	계
대표암석	석회암	사암	석회암	사암	화강암	
임계고원	16	0	27	0	0	43
강릉사면	0	0	0	0	0	0

돌리네가 벼랑 끝에 몰려 있는 이유

임계면 직원리 일대는 우리나라를 동서로 나누는 백두대간의 분수령을 따라 강릉시와의 경계를 이루는 고원이며, 강릉시 쪽으로 급경사의 사면과 가파른 골짜기가 발달한다. 평탄하거나 완만한 사면의 임계고원은 수분의 저장에 유리하고, 강릉 쪽 급사면은 수분의 배수에 유리하다. 이러한 지형 조건은 주로 석회암이 물에 녹으며 형성되는 카르스트 지형 발달에는 필수

〈그림 6-7〉 위성 이미지에 표시한 백복령 일대의 돌리네 57기

급경사의 사면이 잘 나타나도록 지도의 위를 남쪽으로 설정한 것이며, 지도와 영상에 따라 돌리네의 형상과 위치는 왜곡돼 보일 수 있다.

조건이다.

즉, 돌리네가 잘 형성되기 위해서는 지표에서 일정 기간 수분이 머물러 있어야 하는 '습포 효과'가 중요한데, '습포 효과'란 돌리네를 덮고 있는 토양층이 젖어 있어서 마치 물수건을 덮어 놓은 듯한 효과를 나타내야 한다는 뜻이다. 이러한 '습포 효과'가 있어야 석회암의 탄산칼슘 성분이 서서히 녹아 오목한 돌리네를 만들 수 있다. 아울러 수분의 순환을 원활하게 하는 '배수 효과'도 중요하다. 석회암을 녹인 물(중탄산칼슘용액)이 원활하게 지하로 빠져나가야만 기반 암의 체적이 감소하며 돌리네가 확장될 수 있기 때문이다.

겨울철 강설량이 많은 우리나라 다우지 중 하나인 임계면 직원리 일대 고원은 수분 저장의 기후·지형적 조건이 좋고, 급경사의 사면과 마주하여 지표와 지하로 배수되는 지형적 조건도 좋다. 결국, 백복령 카르스트 지대는 돌리네가 발달하기에 필수 조건인 '습포 효과'와 '배수 효과'가 모두 뛰어난 땅인 것이다. 백복령 카르스트 지대의 돌리네 군락이 임계고원 끝자락인 직원리 벼랑에 형성된 이유이다.

꼭꼭 숨은 돌리네를 찾아라

백복령 일대의 돌리네 군락은 과거 어느 시점에 만들어진 지형이 아니라, 현재에도 활발한 용식작용으로 지형 변화가 끊임없이 일어나고 있는 지역이다. 지하로 연결된 새로운 구멍(싱크홀)이 생기고, 이를 중심으로 돌리네가 확장되는 현상이 계속 진행되고 있다. 결국, 지형 변화의 모습도 관찰이 가능한 현재 진행형의 동적인 경관이다.

백복령 일대는 1970년대 필자가 중·고등학교 시절부터 부친인 서무송 교수를 따라 수차례 답사한 곳이다. 1984년에는 군 복무 중 휴가 기간을 이용해 돌리네 분포와 서대굴 조사를 위한 탐사 활동에 참여했을 정도로 어린 시절부터 애착을 가진 곳이다(그림 6-8, 6-9).

1995년에는 그 당시까지 현장 조사를 통해 파악한 돌리네의 위치와 규모를 대축척 지도상에 표시하고, 부친의 저서 『한국의 석회암 지형』(서무송)의 첫 단원에 수록하였다. 그 당시까지 직접 답사를 통해, 너무 작아서 지형도상에 표시될 수 없었던 돌리네를 포함하여 눈으로 확인한 와지는 모두 37기였으며, 이후 6기를 추가하여 43기로 확대 표시하였다. 지금은 위성 영상의 보급으로 실제 답사가 어려운 지역의 돌리네를 추적할 수 있게 되면서 이 책의 위성 영상

〈그림 6-8〉 필자의 백복령 카르스트 지형 조사 장면(1983)

에 표기한 돌리네는 모두 57곳이 되었다. 강원 고생대 국가지질공원 홈페이지에는 130기의 돌리네를 거론하고 있으나 실제 눈으로 확인하고 그 위치를 지도상에 표기했는지는 의문이다. 이곳 돌리네의 규모와 위치를 확정하기 위한 구체적인 학술 조사와 시노화·도시와 작입을 제안한다. 필자는 지도에 등고선으로 표현할 수 없는 돌리네와 식생으로 덮여 알아볼 수 없는 돌리네를 모두 찾아내면 150여 기가 훨씬 넘을 것으로 생각하고 있다. 아울러 다양한 유형의 지표 카르스트 지형이 발굴되어 학술적·교육적 가치가 한층 높아질 것으로 확신한다.

강릉으로 열린 정선의 동굴

　지형적 특성으로 볼 때 임계면 직원리의 지하에는 수많은 동굴이 형성되어 있을 것이다. 이미 알려진 동굴로는 서대굴, 남대굴, 석화동굴이 있는데, 동굴의 입구가 강릉시 땅이어서 강릉시 소재의 동굴이 되었다. 그러나 동굴 내부의 많은 공간은 정선군의 지하일 것이다. 이들 동굴을 비롯해 아직 땅속에 감추어진 많은 공동(동굴 공간)에는 지하수가 풍부하게 공급되는 이 지역의 특성을 반영하여 동굴퇴적물이 화려하게 형성되어 있을 것으로 추정된다.

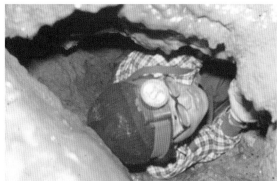

〈그림 6-9〉 필자의 이 지역 동굴 탐사 장면(1984)
서대굴의 입구(상), 석화동굴의 key hole과 건열 구조 조사(하)

국토 학습실로 리모델링

임계면 직원리는 수많은 돌리네가 군집해 있고, 이와 관련된 각종 카르스트 지형이 발달하는 곳이다. 아울러 이곳은 국토 형상의 척추에 해당하는 백두대간의 중심부이며, 동·서 분수령이 되는 곳이다. 우리 국토와 관련된 여러 가지 내용을 이렇게 좁은 지역에서 함축하고 있는 곳은 학생들을 위한 학습공간으로 조성해야 한다.

최소한의 벌목과 탐방로 설치, 자연 친화적이며 안전한 전망대의 설치 등 간략한 설비 구축을 통해 '개발과 보존', '국토의 속성과 가치의 이해' 등을 표방한 '자연 학습 야외교실 구축'을 관계자에게 요청한다.

현재 이곳은 백두대간의 생태 보존을 위해 일부 벌목이 제한되어 있다. 인생과 비유하면, 예술적 재능이 뛰어난 사람을 공부가 가장 중요하다고 강요하며 공부에만 집중하도록 하여, 그 재능을 발휘하지 못하도록 막는 셈이다. 하루빨리 '자연 학습원'으로 개방하여 주기를 바란다.

학생들이 우리나라의 척추가 되는 백두대간과 분수령을 걸으며 국토를 느끼고, 돌리네, 우발레의 오목한 땅과 그들 사이에 펼쳐지는 카렌(라피에), 용식 능선(cockpit)과 구릉(hum) 등(그림 6-10)을 직접 보고 체험할 수 있도록, 이곳을 '개발'이 아니라 '개방'이라는 관점에서 열어 줄 것을 기대한다.

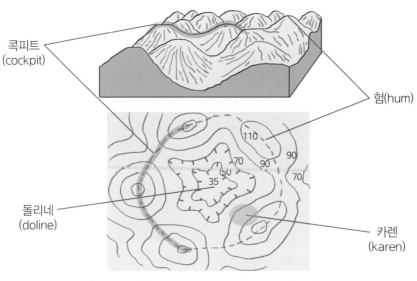

〈그림 6-10〉 백복령 카르스트 지대의 지형 (학습) 요소

〈그림 6-11〉경상국립대학교 사범대학 지리교육과 지형답사(2023. 3.)

겨울이지만 나무숲에 가려 돌리네 관찰이 어렵다.

〈그림 6-12〉백복령 카르스트 지대의 돌리네와 싱크홀(여름)

여름에는 숲과 풀이 우거져 더욱 관찰이 어렵다.

+++ 요약 +++
# 06 벼랑 끝에 모인 돌리네 군락

백복령 카르스트 지대, 즉 임계면 직원리 일대는 석회암이 화강암으로 둘러싸인 가운데에 마치 치근(이의 뿌리)처럼 분포한다. 따라서 지질 구조상으로는 대규모의 카르스트 지형이 발달하기에는 어려울 것 같으나, 이곳에는 100여 기 이상의 돌리네가 군집하여 카르스트 지형의 진수를 보여 주는 곳이다.

겨울철 강설량이 많은 우리나라 다우지 중 하나인 임계면 직원리 일대 고원은 수분 저장의 기후·지형적 조건이 좋고, 급경사의 사면과 마주하여 지표와 지하로 배수되는 지형적 조건도 좋다. 따라서 지질적으로 석회암을 중심으로 한 탄산염암의 분포는 협소하나, 고원과 급사면이 만나는 지형적 조건이 우수하여 형성된 피복 카르스트(흙으로 덮여 있는) 지역이다.

백복령 일대의 돌리네 군락에는 적어도 100여 개가 넘는 돌리네가 분포할 것으로 여겨진다. 이 돌리네들은 과거 어느 시점에 만들어진 지형이 아니라, 현재에도 활발한 용식작용으로 지형 변화가 일어나고 있다. 지하로 연결된 새로운 구멍(싱크홀)이 생기고, 이를 중심으로 돌리네가 확장되는 현상이 계속 진행되고 있다는 것이다. 결국, 지형 변화의 모습도 관찰이 가능한 현재 진행형의 동적인 경관이다.

필자는 이 지역에 최소한의 벌목과 탐방로 설치, 자연 친화적이며 안전한 전망대의 설치 등 간략한 설비 구축을 통해 '개발과 보존', '국토의 속성과 가치의 이해' 등을 표방한 '자연 학습 야외교실 구축'을 관계자에게 요청한다.

+++ SUMMARY +++

06 A cluster of dolines at the edge of a cliff

The Baekbokryeong Karst region, specifically the area around Imgyemeon-giccweonri, is characterized by limestone surrounded by granite, distributed like tooth roots. Geologically, while it might seem difficult for large-scale karst terrain to develop due to this structure, this area boasts over 100 dolines clustered together, showcasing the essence of karst topography.

Imgye plateau, one of the major highlands in South Korea with heavy winter snowfall, benefits from favorable climatic and geomorphological conditions for water retention. Its steep slopes facing the valley ensure efficient surface and subsurface drainage. Although the distribution of carbonate rocks, mainly limestone, is limited geologically, the conjunction of the plateau and steep slopes creates an ideal condition for the formation of covered karst landscapes.

It is estimated that at least 100 dolines are scattered across the Baekbokryeong area. These dolines are not relics of the past but are actively evolving due to ongoing karst processes. New sinkholes are forming underground, leading to the continuous expansion of dolines around them. Consequently, the present dynamic landscape showcases observable changes in topography.

The author proposes minimal intervention in the area, advocating for the establishment of basic facilities such as limited logging, trails, and the construction of environmentally friendly and safe observation decks. This initiative aims to promote both development and conservation, as well as foster an understanding of the land's attributes and values through the creation of a "Nature Learning Outdoor Classroom".

07

캄브리아 세계로 향하는
터널

화암동굴은 정선군 중·동부 지역에 위치한다. 정선에서 유일하게 국민관광단지로 개발되어 많은 탐방객이 찾는 종유동이다.

인공 터널을 포함한 동굴 구간은 '풍촌석회암층'을 중심에 두고 캄브리아기 바다에서 퇴적된 세 지층이 나란히 배열되어 있다. 이들 세 지층을 관통하는 통로를 뚫어, 천연 동굴 두 곳과 일제 강점기의 광산을 연결하여 완성한 관광 동굴이다. 총연장 약 1.8km로 입구는 과거의 광산 통로를 확장·연장한 상층부에 설정하고, 출구는 천연 동굴의 대광장을 연결하는 터널을 통해 하층부에 설정했다(그림 7-4, 7-5). 석회암 지층의 함몰과 용식작용으로 형성된 천연 동굴은 두 곳으로, 출구 쪽 대광장에 2차 생성물이 집중적으로 발달한다.

다양한 지층을 넘나드는 지하 세계

화암동굴 총연장 1.8km 구간의 세 지층 중에는 석회암과 같은 탄산염암도 있지만, 사암이나 셰일 같은 비 탄산염암도 존재한다. 따라서 동굴을 가로지르는 지질 경계(단열)도 뚜렷하게

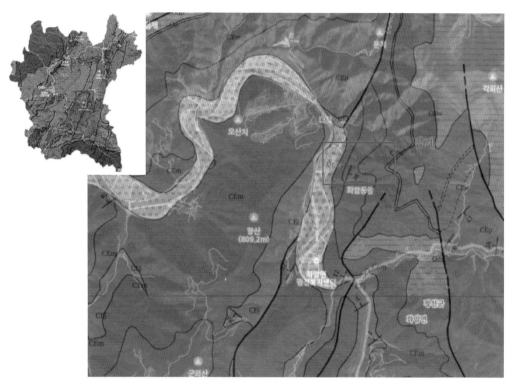

〈그림 7-1〉 화암동굴의 위치와 지질 현황

〈그림 7-2〉 개발 이전의 화암동굴 입구(1982)

왼쪽 두 번째가 부친 서무송 교수, 다섯 번째(중앙)가 필자이다.

〈그림 7-3〉 위성 이미지(상)와 드론 사진(하)으로 본 화암동굴 일대의 지형

보이며, 암석의 균열(절리) 밀도도 높게 나타난다.

〈그림 7-4〉에서 지질 기호 'Qr'은 '신생대 4기 충적층'이란 뜻이다. 화암동굴의 주차장과 매표소가 위치한 곳으로 주로 자갈, 모래, 흙 등이 뒤섞여 있는 하천 퇴적층이다.

동굴 출구 일부 구간의 지질 기호 'CEm'은 '캄브리아기 묘봉층'으로 '짙은 갈색의 셰일'이 주를 이루는 암석층이다. 셰일은 비 탄산염암으로 지하에 천연 동굴이 형성되기는 어려우나 이 지층 중에 끼어 있는 일부 석회암 지층에서 소규모의 용식 동굴이 형성될 수 있다.

동굴 입구로부터 일부 구간과 출구 쪽 대광장이 위치한 곳의 지질 기호 'CEp'는 '캄브리아기의 풍촌석회암층'으로 화암동굴의 핵심 경관이 나타나는 지층이다.

동굴 가장 안쪽의 지질 기호 'CEw'는 '캄브리아기의 화절층'으로 회색 석회암과 녹색 셰일, 흑색 점판암 등이 뒤섞여 있는 지층이다. 이 지층 역시 탄산염암과 비 탄산염암이 함께 섞여 있는데, 석회암이 분포하는 지층에서 용식 동굴이 형성될 수 있다. 광산 갱도 가장 깊은 곳에 형성된 상부 천연 동굴이 바로 이 '화절층'에 끼어 있는 석회암층에서 함몰과 용식작용이 함께 일어나 형성된 것이다(그림 7-4).

화암동굴의 동쪽 끝부분의 지질 기호 'Od'는 '오르도비스기의 동점규암층'으로 인공적으로 연장한 터널 구간 중에 이 지층이 포함되는지는 알 수 없다.

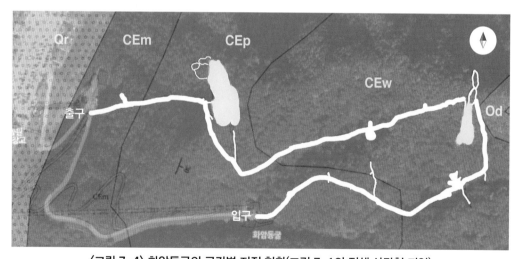

〈그림 7-4〉 화암동굴의 구간별 지질 현황(그림 7-1의 적색 사각형 지역)
안내도를 바탕으로 한 예측도로 배경 지도에 따라 예측도가 왜곡되어 보일 수 있다.
고도 변화는 반영하지 않았으며 인공 터널의 폭은 확대하여 표현하였다.

인공 터널의 주인공은 금?

화암동굴은 천연 동굴 두 곳을 제외하면 대부분 인공 터널로 이루어져 있다. 따라서 화암동굴의 관리와 운영을 맡은 '정선군시설관리공단'에서는 터널 구간의 활용을 위해 다양한 테마 공간을 조성하고 관광객 유치에 노력하고 있다.

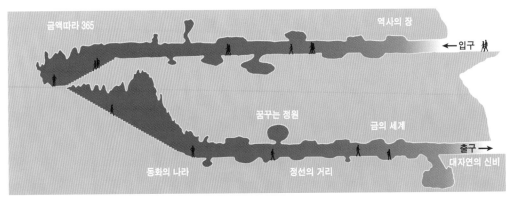

〈그림 7-5〉 화암동굴 관람 통로상의 테마 공간 위치도

〈그림 7-6〉 화암동굴 관람 통로상의 테마 공간(2016)

상부 터널 515m 구간에는 '역사의 장'이란 주제로 금광맥의 발견에서 과거의 금 채취 모습 등을 재현한 조형물 등을 배치하였다. 일제 강점기 수탈의 역사를 교육하는 것을 기저로 꾸며져 있다. 상·하부 터널 90m의 고도 차이를 연결하는 365계단 구간은 '금맥 따라 365'란 주제로 천연 동굴과 인공 동굴을 조화롭게 연결하였다.

하부 터널은 구간을 나누어 '동화의 나라', '꿈꾸는 정원', '정선의 거리', '금의 세계' 등 주제를 설정하고 주제와 관련된 내용의 조형물 등을 설치하였다(그림 7-5). 이렇듯 동굴 내부의 인공 터널 구간에는 여러 가지 테마 공간을 조성하였지만, 사실 그 중심 소재와 내용은 모두 금과 관련되어 있어서 단조로우며, 반복되는 느낌을 받는다.

캄브리아의 세계로 향하는 터널

필자는 화암동굴의 관광 개발 과정에서 일제 강점기 광산과 천연 동굴을 연결하기 위해 뚫은 인공 터널은 그 설치 목적과 관계없이 인간이 땅속으로 들어가서 지하의 세계를 볼 수 있는 인공 시설이라는 데 큰 의의가 있다고 생각한다.

특히, 화암동굴의 탐방 구간에는 고생대 캄브리아기에 바다에서 형성된 세 개의 지층을 통과하는 지질적 이벤트가 펼쳐진다. 이미 소개한 바와 같이 '풍촌석회암층'과 같은 오롯이 석회암으로만 구성된 지층이 있는가 하면, '묘봉층'이나 '화절층'과 같이 셰일이나 사암 등 비 탄산염암이 뒤섞여 있는 지층이 함께 나타난다. 따라서 필자는 인공 터널의 일부 구간에서 고생대

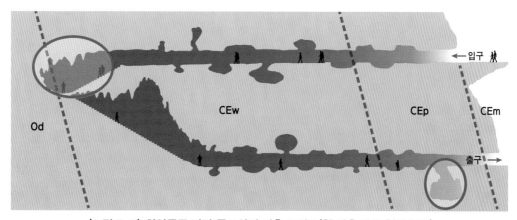

〈그림 7-7〉 화암동굴 관람 통로상의 지층 모식도(원 안은 주요 천연 동굴)

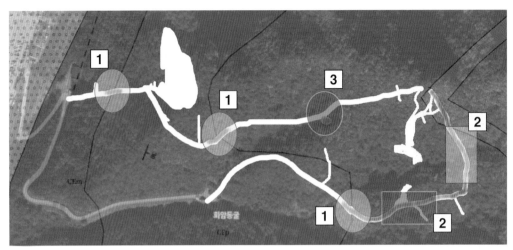

〈그림 7-8〉 화암동굴 관람 통로상의 탐구 공간 제안

캄브리아기의 바다 환경을 재현하는 공간 구성을 제안하고자 한다. 아울러 이 시기에 퇴적된 암석들을 탐방로상에서 찾고, 당시의 퇴적 환경과 지층의 변화 과정을 이해하는 공간의 설정도 제안한다(그림 7-8). 이를 통해 과학적 흥미를 높이는 탐구의 장으로 이 인공 터널 구간의 의의가 한층 격상되기를 바란다.

〈그림 7-8〉은 필자가 화암동굴의 인공 터널 구간에서 제안하고자 하는 몇 가지 추가 시설의 위치다.

〈그림 7-8〉의 **1**은 인공 터널 구간 중 비교적 큰 균열(단열)이 터널을 가로지르는 곳이다. 이곳의 공통된 특징은 균열을 중심으로 암석의 변화가 보이고, 지하수가 흘러나와 물방울이 떨어지며, 낙석의 위험이 커서 이를 방지하기 위한 그물망이 이미 설치되어 있다(그림 7-9). '금광맥' 역시 암석의 균열을 따라 형성되어 있다. 이곳에는 균열 전체를 조망할 수 있도록 조명과 안내판 설치를 제안한다.

암석 지층에 생긴 비교적 굵은 균열을 보통 '단층'이라고 하는데, 이는 '지층(암석)이 끊겼다'라는 뜻이다. 이 지층의 굵은 균열은 지하수가 이동하는 통로이며, 아울러 가스와 광물의 이동에도 영향을 준다. 따라서 균열은 새로운 광물과 귀금속의 형성에도 큰 영향을 미친다.

또한 암석 지층의 균열은 경치를 만드는 뼈대 역할을 하기도 한다. 암석의 구조를 물리적 또는 화학적으로 느슨하게 변화시키는 풍화 작용과 느슨해진 암석을 깎아 내는 침식작용은 대부분 균열을 중심으로 시작되기 때문이다. 인공 건축물은 균열이 많을수록 부실한 건축물이 되

〈그림 7-9〉 화암동굴의 상부 터널(2016)

터널 천장의 그물망 등 설비는 낙석 방지를 위한 것이다. 낙석의 위험이 있는 곳은 암석층의 균열 밀도가 높은 곳이다.

〈그림 7-10〉 화암동굴 터널 구간의 지층 변화(2024) - 1 구간 제안

화암동굴의 인공 터널 구간에서는 지층과 암석의 변화를 관찰하기 쉽다.

지만, 자연이 만든 경치는 균열이 많을수록 절경을 이루는 것이다. 석회동굴 속 종유석, 석순 등의 2차 퇴적물들도 모두 암석의 균열을 따라 형성된 것이다. 따라서 기반암의 균열 밀도가 높은 동굴일수록 동굴 경관이 화려하게 장식된다. 암석의 균열은 그 규모나 연속성의 여부에 따라 구조선, 단층선, 절리 등으로 분리하여 부르기도 한다.

아울러 이 구간 터널에서는 '화절층'에 해당하는 석회암과 셰일, 점판암을 비롯한 다양한 암석들을 암석 절개면에서 볼 수 있다(그림 7-10). 이들 다양한 암석을 관찰할 수 있도록 서로 다른 암석의 절개면에 해당 암석을 소개하고, 관찰과 간단한 실험을 할 수 있는 설비의 설치를 제안한다. 실제 지층으로 들어가서 다양한 암석을 볼 수 있는 장소가 마땅치 않은 우리나라의 현실에서 이와 같은 공간의 설치는 큰 의미가 있다.

〈그림 7-8〉의 ☒ 구간 터널에는 암석 절개면에 고생대 캄브리아기와 오르도비스기의 바다 환경을 표현하는 홀로그램 영상을 제작하여 투영하는 설비의 설치를 제안한다. 아울러 이어지는 암석 절개면에는 고생대 두 시기의 바다 생물들을 화석의 형태로 조각하여 새겨 넣고 3장에

〈그림 7-11〉 화암동굴에 최근 설치한 그래픽 터널(2024)
이 시설은 최근에 설치한 것으로, 필자가 본문에서 제안한 ☒ 터널 구간은 이 설비에서 실현할 수 있다. 그래픽을 고생대의 바다 환경으로 바꾸고, 기계실 나무 벽면에 정선 고생대 분포 지도를 제작·배치할 수 있다.

〈그림 7-12〉 화암동굴 하부 터널의 '꿈꾸는 정원'(2016)

절개면에서 퇴적 지층의 모습과 습곡 등의 구조가 잘 나타난다.

서 필자가 제시한 두 시기 지층에 해당하는 정선의 분포지역을 함께 암반 위에 조각하여 새길 것을 추가로 제안한다(그림 3-5, 3-8).

　〈그림 7-8〉의 ③ 구간은 현재 '꿈꾸는 정원'이라는 제목으로 간략한 조명을 통해 암석 절개 면을 장식하고 있으나 사실은 조금 조악하고, 오히려 조명 설치로 인해 공간의 분위기가 가벼워 보이는 느낌을 받는다. 실제로 이 지하 공간은 퇴적암 지층과 습곡, 단층 등의 모습이 뚜렷하 게 보이는 학습장이다. 필자는 진흙 속에 파묻혀 있는 보석 같은 곳이라고 평가한다. 밝은 조 명과 자세한 설명을 담은 안내판 제작을 제안한다.

+++ 요약 +++

07 캄브리아 세계로 향하는 터널

화암동굴은 정선에서 유일하게 국민관광단지로 개발되어 많은 탐방객이 찾는 석회동굴이다.

인공 터널을 포함한 동굴 구간은 '풍촌석회암층'을 중심에 두고 캄브리아기 바다에서 퇴적된 세 지층이 나란히 배열되어 있다. 총연장 1.8km 구간의 세 지층 중에는 석회암과 같은 탄산염암도 있지만, 사암이나 셰일 같은 비 탄산염암도 존재한다. 따라서 동굴을 가로지르는 지질 경계(단열)도 뚜렷하게 보이며, 암석의 균열(절리) 밀도도 높게 나타난다.

화암동굴은 천연 동굴 두 곳을 제외하면 대부분 인공 터널로 이루어져 있다. 따라서 화암동굴의 관리와 운영을 맡은 '정선군시설관리공단'에서는 터널 구간의 활용을 위해 다양한 테마 공간을 조성하고, 관광객 유치에 노력하고 있다.

필자는 인공 터널의 일부 구간에서 고생대 캄브리아기의 바다 환경을 재현하는 공간 구성을 제안하고자 한다. 아울러 이 시기에 퇴적된 암석들을 탐방로상에서 찾고, 당시의 퇴적 환경과 지층의 변화 과정을 이해하는 공간의 설정도 제안한다. 이를 통해 과학적 흥미를 높이는 탐구의 장으로 이 인공 터널 구간의 의의가 한층 격상되기를 바란다.

+++ SUMMARY +++

07 Tunnel to the World of Cambria

The Whaam cave is the only limestone cave developed for tourism in Jeongseon, attracting many visitors. The cave section, including the artificial tunnel, features three layers deposited from the Cambrian sea, centered around the 'Pungchon Limestone Formation.' Among the total 1.8km section of the three layers, there are both carbonate rocks like limestone and non-carbonate rocks like sandstone and shale. Therefore, distinct geological boundaries (faults) are clearly visible within the cave, and there is also a high density of rock fractures (joints).

Except for two natural caves, most of the cave consists of artificial tunnels. Therefore, the 'Jeongseon County Facility Management Corporation,' responsible for the management and operation of the lava cave, is making efforts to create various themed spaces and attract tourists by utilizing the tunnel section.

The author proposes creating spaces within some sections of the artificial tunnel to replicate the marine environment of the Cambrian period. Additionally, suggesting setting up spaces on the exploration route to find rocks deposited during that period and understand the changes in the depositional environment and geological layers. Through this, the author hopes to elevate the significance of this artificial tunnel section as a place for scientific inquiry and to increase scientific interest.

08

캄브리아 세계에서 만난
쥐라기 주인

화암동굴 일대는 고생대 캄브리아기에 형성된 퇴적암 지대이다. 동굴 탐방로를 따라 첫 하강 계단을 내려오면 상부 천연 동굴의 작은 광장 벽면에 공룡 모습의 암석이 보인다. 석회암 원석이 차별적인 용식작용을 받아 형성된 것이다. 즉, 공룡상의 윤곽은 석회암 덩어리 중에 순도 높은 석회질이 끼어 있던 부분이고, 이것이 물에 녹아 빠져나간 것이다.

공룡은 중생대 쥐라기 가장 번성했으므로 캄브리아의 세계와는 관련이 없지만, 어두운 동굴 환경에서 탐방객에게 호기심을 불러일으키기 좋은 소재가 된 것 같다.

태고의 신비를 간직한 동굴!

'태고의 신비를 간직한 동굴!'이란 표현은 특정 동굴의 소개와 관련되어 적절한 표현이라고 생각한다. 그렇다면 "석회동굴은 그 형성 시기가 얼마나 오래되었을까?"라는 질문에는 동굴학자라고 할지라도 답하기가 어려울 수밖에 없다. 동굴마다 모두 다르기 때문이다. 우리나라에서 관광 개발된 동굴들을 소개하는 매체, 즉 온라인 커뮤니티 또는 안내 책자, 설명 표지판 등

〈그림 8-1〉 상부 천연 동굴 내 차별 용식에 의해 형성된 '공룡상'

대부분의 홍보물에서 그 생성의 역사를 4~6억 년 전으로 설명하고 있다. 어떤 사람의 나이를 물을 때, 인류 출현 시기로 거슬러 올라가 '약 200만 살'이라고 답하는 격이다. 이미 소개한 바와 같이 고생대 초기 캄브리아기의 시작은 5억 4000만 년 전으로 아직 석회암이 형성되지도 않았을 때이다. 이때로부터 동굴 생성의 역사를 설정하는 것은 오래될수록 신비할 것이라는 과도한 신비주의적 발상에서 나온 것이다. 바다 생물의 유해 등이 거대한 석회암 덩어리가 되고, 이 거대한 석회암 덩어리가 육지로 올라오고, 서서히 이동하고, 현재의 자리에 자리 잡은 후에도 수차례의 지각운동을 받으며 또 이동하고, 뒤틀리고 휘어지는 작용을 반복했다. 이 과정을 겪는 시간이 전체의 99%에 이를 것이다. 또 형성 시기가 오래된 석회동굴은 2차 생성물들로 공동이 모두 메꾸어져서 다시 암석 속으로 환원되었을 것이다. 결국, 현재 우리가 볼 수 있는 석회동굴은 그 형성 시기가 30만 년을 넘지 못할 것으로 생각한다.

여러 가지 퇴적 환경을 고려하여, 현재 우리나라의 기후와 지형 조건이라면 100년에 약 2mm 두께의 퇴적량을 추정한다(서무송). 단순히 종유석, 석순 등이 100년에 2mm 성장한다는 뜻이 아니라, 동굴 속의 모든 퇴적상이 2mm 두께로 동굴 공간을 채워간다는 뜻이다. 이렇게 되면, 종유석과 석순은 이보다 훨씬 빠른 속도로 성장할 것이다. 그러나 종유석, 석순 등 동

〈예 1〉

4억 년의 신비를 들여다 볼 수 있는 ○○굴은 우리나라의 대표적 동굴의 하나로
도 수도장 등으로 이용되어 왔다고 전한다. 예전에는 나룻배를 타고 폭 130m인
다.
동굴의 발달방향은 북동에서 남서방향이며 1966년 발견되었다. 1969년 6월 4일
개되었다. ○○굴은 전형적인 석회동굴로 여러 층으로 이루어진 다층구조를 보이
향으로 통로가 발달해 있다. 총 주굴의 길이는 약 950m, 지굴의 길이는 약 2,438m
되어 일반인에게 공개되어있다. ○○굴 내에는 종유관, 종유석, 석순, 석주, 동굴신

〈예 2〉

약 4억 5천만년 동안 생성되어 온 석회암 자연동
굴로서 면적은 18,210평, 현재 개방된 길이는 1.7
km, 입구 높이 50m, 폭 5m이다. 지하수가 많이
흘러들어 다양한 형태의 종유석과 석순이 잘 발
달되어 있으며 지하궁전을 연상케 하는 장년기의
동굴 지형을 이루고 있다.

〈예 3〉

태고 자연을 간직한 아름다운 숲속 국내 최고의 대굴

1662년 허목선생이 저술한 『척주지』에 최초 기록이 존재하는 ○○굴은 약 5억 3천만년 전에
생성된 석회암 동굴로 우리나라에서 가장 규모가 큰 석회암 동굴입니다.

동굴내부에는 미녀상, 마리아상, 도깨비방망이, 옥좌대 등 여러 모양의 종류석, 석순, 석주가 웅장
하게 잘 발달되어 있습니다.

〈그림 8-2〉 주요 개발 동굴의 소개 글

굴 속 2차 퇴적물의 생성 연대를 개별적으로 측정한다는 것은 불가능하다. 동굴 속 퇴적물의
성장 속도는 지표로부터 석회암 지층을 통과하여 동굴로 공급되는 중탄산칼슘용액의 양에 따
라 다르기 때문이다. 또 퇴적물의 상태가 가늘고 긴지, 굵고 짧은지, 수중 환경인지, 호수 주변
인지, 지하수의 삼출량 많은지 적은지, 기후 변화와 폭우나 태풍 또는 인간의 간섭으로 생긴
지표 상태의 변화로 동굴 속 물흐름의 변화가 생겼는지, 지진 등의 지각 변동이 있었는지 등등
의 변수가 수없이 많기 때문이다. 따라서 수분 순환이 잘 이루어지는 보통의 우리나라 석회동
굴에서는 100년에 약 2mm 두께의 퇴적량을 추정한 것이다. 그렇다면 1만 년에 20cm, 10만
년에는 동굴 속 모든 퇴적물이 2m 두께로 성장하여 동굴 공간을 가득 메꿀 것이다. 따라서 동
굴의 생성 연대는 "신생대 4기 이후 활발하게 진행된 용식작용과 2차 생성물 퇴적작용으로 형
성되었다."라고 표현하는 것이 가장 합리적이고 과학적인 진술이다. 꼭 생성 연대를 수치로 표
현하고 싶다면 "10만 년 이상의 세월을 지나 현재도 성장하고 있는 살아 있는 동굴이다."라고
표현했으면 좋겠다.

석회동굴 경관의 3대 분류

동굴의 형성 과정에서 발생한 붕괴와 관련된 지형, 동굴의 확장 과정에서 형성된 용식 지형, 그리고 동굴의 공간을 채워가는 2차 생성물과 관련된 지형 등 보통의 석회암 동굴에서 볼 수 있는 경관은 크게 세 가지로 분류할 수 있다.

첫째, 동굴의 형성 과정에서 발생한 붕괴와 관련된 지형으로는 절리 밀도가 높은 석회암 지층의 암석 파편이 지하 공동(동굴 공간)의 천장과 벽면에서 떨어져 나와 형성된 '너덜경(돌무더기)'이 있다. 이들 돌무더기를 모체로 하여 큰 규모의 석순이나 유석이 형성되기도 한다. 화암동굴 대광장의 중앙 분수대에 큰 규모의 너덜경이 형성되어 있다.

둘째, 동굴의 확장 과정에서 형성된 용식 지형은 석회암 지층 중에 '석회질(칼사이트)' 성분의 농도가 짙은 부분이나 지층 중에 균열(절리) 밀도가 높은 부분을 중심으로 진행되는 차별적인 용식작용으로 형성된 석회암 원석 지형을 말한다. 화암동굴의 상부 천연 동굴에 주로 나타나는 경관이다.

이들 지형의 형성 과정은 $CaCO_3 + H_2O + CO_2 \rightarrow Ca(HCO_3)_2$의 화학식으로 나타낼 수 있다.

셋째, 동굴의 공간을 채워가는 2차 생성물과 관련된 지형은 동굴 내부의 천장에서 떨어지는 물방울, 벽면과 바닥을 항구적 또는 간헐적으로 흐르는 물줄기, 고여 있는 작은 호수들, 안개 상태로 존재하는 습기 등 다양한 형태로 석회동굴 내부에 존재하는 '중탄산칼슘용액 $[Ca(HCO_3)_2]$'이 재침전하며 형성되는 퇴적물 경관을 총칭한다. 화암동굴에서는 대광장에 집

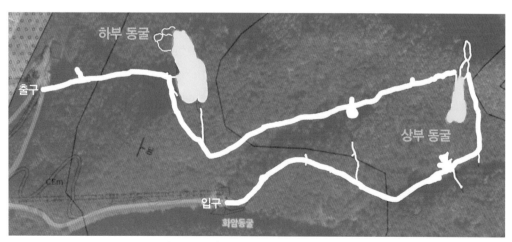

〈그림 8-3〉 화암동굴의 천연 동굴 구간

중적으로 발달한다. 이들 지형의 형성 과정은 $Ca(HCO_3)_2 \rightarrow CaCO_3+H_2O+CO_2$의 화학식으로 나타낼 수 있다.

첫째와 둘째 지형들의 발달로 동굴 공간은 넓어지며, 세 번째 경관들의 발달로 동굴 공간은 축소된다.

〈그림 8-3〉의 상·하부 동굴은 화암동굴 내부에 있는 주요 천연 동굴 구간이다. 지하의 암반층이 붕괴하고 차별적인 용식작용과 지하수면이 하강하면서 확장된 지하 공간에 석회암 지층을 통과하여 도달한 빗물의 영향으로 2차 퇴적물이 생성과 성장을 이어가는 종유동이다.

녹고 남은 불순한 석회암 경관

상부 동굴의 계단 초입에서 탐방객을 맞이하는 것은 '용식 주머니'이다. 종(鐘)의 내부 모습과 닮았다고 하여 '종호(鍾壺)', '벨홀(bell-hole)'이라고도 부른다. 석순 '양석(남근석)'에 대해 이 용식 포켓을 '음석(negative stalagmite)'이라고 부르기도 한다. 이 용식 주머니는 주로 동굴의 천장이나 오버행(overhang) 벽면에 형성되는 특이한 지형이다(그림 8-4).

보통 지표에서는 '포트홀'이라는 단지 모양의 암석 지형이 폭포수가 떨어지는 계곡의 바닥에 형성되는 것이 일반적이다. 계곡 바닥의 자갈이 폭포수 아래에서 소용돌이치며 기반암을 갈아내는 작용으로 형성된다(그림 8-5). 석회동굴에서도 동굴 내 급류가 흐르는 곳에는 같은 작용으로 인해 '포트홀(pothole)'이 형성되기는 하지만, 천장이나 오버행의 벽면에서 비슷한 형태로 만들어지는 벨홀과는 형성 프로세스가 다르다.

이는 천장이나 오버행의 벽면에 주머니의 형태로 끼어 있던 순도 높은 '석회질(칼사이트)'이 녹아 빠지며(차별적 용식작용) 형성된 것이다. 즉, 석회암 지층 중의 '칼사이트' 주머니가 불순물질이 많이 끼어 있는 석회암과의 경계면에서 용식작용이 일어나 쉽게 제거되었기 때문이다 (그림 8-6). 따라서 벨홀의 중심부에서 말단부, 그리고 오버행인 경우 벽면까지 칼사이트 성분이 녹아 흘러나온 흔적이 나타난다(그림 8-4). 신기한 것은 천장에 형성된 '벨홀'의 내부가 마치 어떤 도구를 이용해 갈아놓은 듯 매끄러운데 이것은 암석의 경계면에 들어가 있던 수분이 오랜 시간 석회질 성분을 녹였기 때문으로 생각된다.

지표에서는 인간이 고개를 90도로 꺾어서 볼 수 있는 경치가 하늘 외에는 별로 없다. 그러나

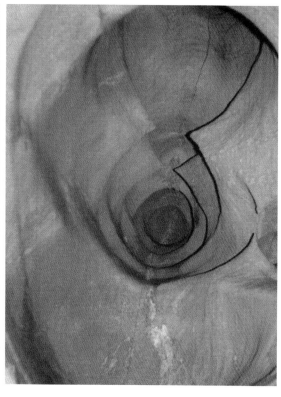

〈그림 8-4〉 상부 동굴의 용식 포켓(벨홀, 좌)과
단양 고수동굴의 전형적인 형태(우)

〈그림 8-5〉 설악산 십이선녀탕 일대의 포트홀(좌)과
삼척 환선굴의 포트홀(우)

석회암
지층

순수한 백색의
석회질(칼사이
트) 성분이 뭉
친 부분

공동(동굴 공간)

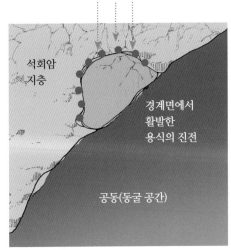

석회암 지층을 통과하여 스며들어 간 물

석회암
지층

경계면에서
활발한
용식의 진전

공동(동굴 공간)

석회암 지층을 통과하여 스며들어 간 물

석회암
지층

용식의 진전에 따라 경계면은 더 매끄러워짐

느슨해진 알맹이가 중력으로 떨어짐 → 벨홀 형성

공동(동굴 공간)

〈그림 8-6〉 벨홀의 형성 과정

〈그림 8-7〉 상부 동굴 하강 계단에서 바라본 천장

〈그림 8-8〉 상부 동굴의 호랑이와 강아지상(차별 용식)

동굴에서는 고개를 90도로 꺾어 천장을 바라볼 때 새롭고 경이로운 경관이 더 많이 보인다. 동굴을 탐방할 때는 전면보다는 고개를 들어 천장 쪽을 둘러볼 것을 권장한다. '벨홀'을 통과하여 두 번째 하강 계단을 내려오다 잠시 멈추어 천장을 올려보면, 거대한 자연의 조각품을 볼 수 있다. 석회암의 차별 용식으로 형성된 뼈 또는 벌집 모양 천장 모습이다(그림 8-7).

정면에서 감상했던 경치가 각도와 위치를 달리하여 보면 그 모습이 전혀 다르게 보인다. 동굴 탐방 중에는 다양한 경관을 다각도에서 다양한 모습으로 감상해 볼 것을 권한다.

보통 석회암 중에 순도 높은 석회질 성분이 작은 덩어리 상태로 끼어 있을 때, 이 석회질 성분이 빨리 녹아 제거된다. 그래서 석회암 중에는 마치 벌레가 파먹은 듯하여 '충식 석회암'이라고 부르는 석회암 종류도 있다.

화암동굴 상부 천연 동굴의 입구에서부터 차례로 볼 수 있는 호랑이상, 강아지상(그림 8-8), 공룡상(그림 8-1) 등이 대체로 석회암 덩어리에 끼어 있던 순수 석회질 성분이 녹아서 제거되었기 때문에 생긴 형상이다.

녹아서 재탄생한 순수한 석회암 경관

상부 동굴의 긴 하강 계단을 내려오는 중에 석회암의 벽면 곳곳에서 마주하는 2차 퇴적물은 주로 산석이 형성한 소규모 퇴적물이다. 산석(霰石: 싸라기눈 같은 돌, 아라고나이트)은 고압의 환경에서 형성된 것으로 백색의 투명하고 순도 높은 방해석($CaCO_3$)이다. 큰 석회암 덩어리

 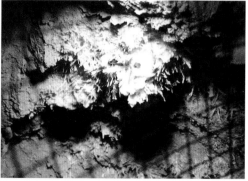

〈그림 8-9〉 하부 동굴 광장 천장에 있는 산석이 절리 틈으로 배어 나온 모습(좌), 상부 동굴 입구 부근에 있는 바늘 모양의 산석 퇴적물(우)

〈그림 8-10〉 화암동굴 상부 터널의 시멘트 도장에서 시멘트에 포함된 순도 높은 석회질이 지층에서 흘러 나온 지하수에 녹아 배어 나온 모습

〈그림 8-11〉 화암동굴 상부 천연 동굴 첫 하강 계단 끝의 아라고나이트 석회질이 벽면에 배어 나온 모습

〈그림 8-12〉 아라고나이트 니들(좌)과 헬릭타이트(우)

〈그림 8-13〉 하부 터널로 연결되는 365 계단상 여러 곳에서 관찰되는 산석과 곡석

에 끼어 있던 작은 산석 덩어리가 지층을 통과하는 지하수에 의해 녹고, 녹은 산석의 중탄산칼슘용액[Ca(HCO$_3$)$_2$]은 모세 혈관과 같은 암반의 절리 틈으로 배어 나와 2차 퇴적물을 만든다.

〈그림 8-9〉의 좌측 사진과 같이 산석이 녹은 용액(중탄산칼슘용액)이 절리 틈으로 배어 나온 모습은 마치 백색 가루가 묻은 것처럼 보인다. 그러나 실제로는 깨진 유리처럼 거칠고 날카롭다. 이 산석이 동굴 벽에서 배어 나와 형성한 가장 흔한 퇴적물은 아라고나이트 니들 (aragonite needle: 바늘 모양의 퇴적물)이다. 동굴 내의 밀폐된 공간에서 주로 발견되는 퇴적물인데, 습도가 높은 동굴의 대기에 녹아 있는 CaCO$_3$ 성분이 마치 서릿발처럼 첨가증식(붙어 가며 점점 커짐)된 것이다(그림 8-9, 우). 동굴 속의 작은 공간에 응축되어 있던 수증기(중탄산

칼슘용액)가 대기 중에 존재하는 미립자, 먼지 등의 결정핵 주위에 모이면서 형성된다.

이러한 퇴적물은 바늘처럼 곧게 뻗은 것도 있지만, 일부는 심하게 뒤틀어지고 구부러진 곡석(曲石, helictite)의 형태로도 나타난다(그림 8-12). 곡석(헬릭타이트)은 동굴 속에서 볼 수 있는 흔한 퇴적물로 여러 가지 생성 원인이 있으나 대체로 동굴의 안개 속 물 분자에 함유된 석회질의 첨가증식으로 형성되는 것이 일반적이다.

〈그림 8-10〉은 화암동굴 입구의 인공 터널 일부 구간에 누수와 낙석을 방지하기 위한 시멘트 도장에서 시멘트에 포함된 석회질 성분이 배어 나온 모습이다. 이는 아라고나이트 니들뿐 아니라 동굴 속 2차 퇴적물의 생성 원리를 설명하는 좋은 사료가 된다.

아라고나이트 석회질이 배어 나온 모습을 촬영한 〈그림 8-11〉의 아랫부분을 보면, 녹색의 이끼류가 보인다. 관광 개발된 동굴의 곳곳에서 이와 같은 이끼류가 발견되는데, 이는 조명 빛에 의해 생긴 것으로, 천연 동굴의 환경오염 요소 중 가장 시급히 해결해야 할 요인으로 생각한다.

동굴 지하수의 비밀을 담은 석회 병풍

상부 동굴의 마지막 광장에서 365계단으로 내려오기 직전, 좁은 통로의 왼쪽의 암벽에는 '스캘럽(scallop)'이라는 큰 규모의 연흔이 마치 거대한 병풍처럼 남아 있다. 이는 보통의 동굴에서 찾아보기 어려운, 지하수 흐름의 흔적을 남긴 화석 지형(오랜 과거에 형성된 지형)이다.

동굴 속을 흐르는 지하수가 동굴 공간에 가득 차 있거나, 혹은 그 지하수가 급류일 때 물이 흘러가는 방향으로 인편구조(물고기의 비늘구조)를 남긴 모습이다.

이는 지하수가 흘러가며 기반암을 침식하고, 용식하여 형성한 지형이다. 보통 지표에서 형성되는 연흔은 바닷가나 하천의 모래나 진흙 위에 형성되는데, 바닷가의 파도나 하천의 흐름이 약할 때 형성된다. 사암이나 셰일 등의 암석에 나타나는 연흔 역시 과거 시대에 잔잔한 물가에서 물 흐름의 흔적이 남은 것이다. 이에 대해 동굴 속의 스캘럽은 동굴 속을 흐르는 물에 의해 기반암이 깎여서 형성되어야 하므로 주로 급류가 흘렀던 곳에 형성된다. 가리비처럼 물결 모양으로 파인 오목한 형태의 무늬에서 경사가 급한 쪽이 지하수가 흐르던 상류이다. 따라서 과거 동굴 지하수가 흘러간 방향과 동굴의 발달 방향에 단서를 주는 경관이기도 하다.

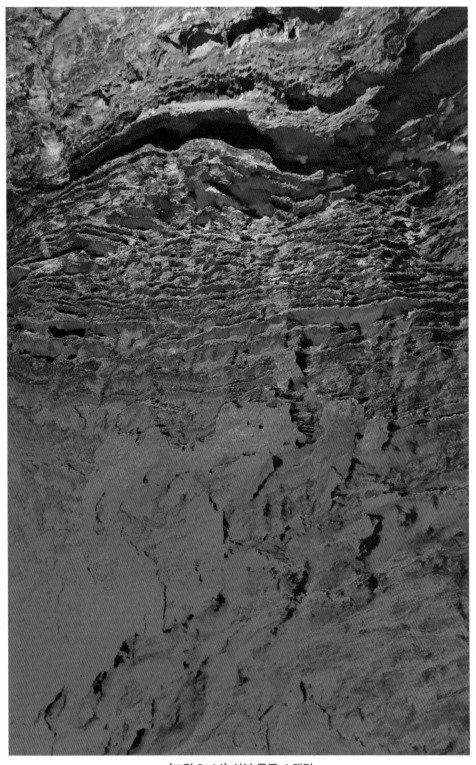

〈그림 8-14〉 상부 동굴 스캘럽

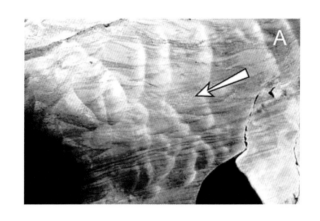

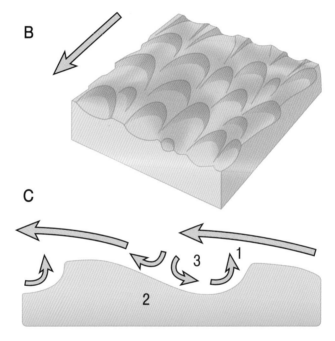

A : 석회동굴의 스캘럽(화살표는 물 흐름 방향)

B : 스캘럽의 일반적인 인편구조

C . 1-지하수 흐름이 분리, 2-동굴 벽면에서 재굴절, 3- 역방향으로 회전하며 침식과 용식

〈그림 8-15〉 스캘럽의 형성 과정

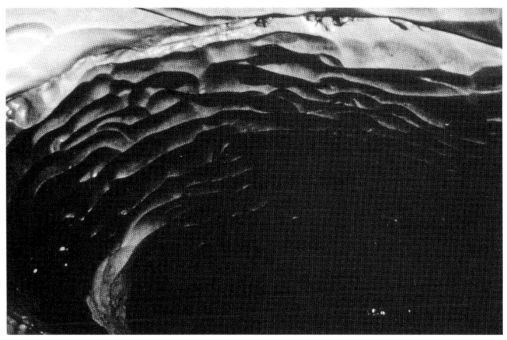

〈그림 8-16〉 화암동굴 인근 각희산 자락의 절골동굴에 형성된 스캘럽

    화암동굴에서는 상부 천연 동굴과 하부 천연 동굴 두 곳의 벽면에서 볼 수 있으며, 화암동굴에 인접한 절골동굴에는 천장을 포함한 동굴 내부 일부 통로에서 잘 발달하여 스캘럽의 전형을 보여준다.

+++ 요약 +++

08 캄브리아 세계에서 만난 쥐라기 주인

 현재 우리가 볼 수 있는 석회동굴은 그 형성 시기가 30만 년 내외일 것으로 생각한다. 여러 가지 퇴적 환경을 고려하여, 현재 우리나라의 기후와 지형 조건이라면 100년에 약 2mm 두께의 퇴적량을 추정할 수 있다고 한다. 동굴 속의 모든 퇴적상이 2mm 두께로 동굴 공간을 채워간다는 뜻이다.

 석회동굴의 경관은 동굴의 형성 과정에서 발생한 붕괴와 관련된 지형, 동굴의 확장 과정에서 형성된 용식 지형, 그리고 동굴의 공간을 채워가는 2차 생성물과 관련된 지형 등 세 가지로 분류할 수 있다.

 상부 천연 동굴의 '벨홀'은 석회암 지층 중의 '칼사이트' 주머니가 불순물질이 많이 끼어 있는 석회암과의 경계면에서 용식작용이 일어나 쉽게 제거되기 때문에 생기는 지형이다. 또 동굴의 입구에서부터 차례로 볼 수 있는 호랑이상, 강아지상, 공룡상 등도 대체로 석회암 덩어리에 끼어 있던 순수 석회질 성분이 녹아서 제거되었기 때문에 생긴 형상이다.

 산석과 곡석은 동굴 속의 작은 공간에 응축되어 있던 석회질을 함유한 수증기가 대기 중에 존재하는 미립자, 먼지 등의 결정핵 주위에 모이면서 형성된다.

 상부 동굴의 마지막 광장에서 365계단으로 내려오기 직전, 좁은 통로의 왼쪽의 암벽에는 '스캘럽'이라는 큰 규모의 연흔이 마치 거대한 병풍처럼 남아 있다. 이는 보통의 동굴에서 찾아보기 어려운 지하수 흐름의 흔적을 남긴 화석 지형이다.

+++ SUMMARY +++

08 Encountering traces of Jurassic giants
in the Cambrian world

It is believed that the limestone caves we can currently see were formed just over from 300,000 years ago. Taking into account various depositional environments, considering the current climate and geographical conditions in our country, we estimate a deposition rate of approximately 2mm thickness per 100 years. This means that all the deposits inside the cave gradually fill the cave space with a thickness of 2mm.

The landscape of limestone caves can be classified into three categories: terrain related to collapses occurring during the formation process of the cave, karst terrain formed during the expansion process of the cave, and terrain related to secondary formations filling the cave space.

The "Bell Hole" of the upper natural cave is a terrain formed because the boundary surface between the limestone pocket of the "$CaCO_3$" layer, which contains a lot of impurities, and the limestone easily undergoes dissolution and removal due to the erosion action.

Furthermore, shapes such as which can be seen in sequence from the entrance of the cave, are generally formed due to the dissolution of pure limestone components embedded in limestone.

Aragonite and Helictite are formed when water vapor containing limestone condensed in small spaces inside the cave gathers around nuclei such as particles and dust present in the atmosphere.

Just before descending the 365 steps at the last square of the upper cave, on the left side of the narrow passage, there remains a large-scale formation called "Scallop" on the cliff, resembling a giant screen. This is a fossil formation that leaves traces of underground water flow, which is rarely found in ordinary caves.

09
생동하는
지하의 그림바위

하부 동굴은 화암동굴의 전 구간 중 가장 규모가 큰 천연 석회동굴이다. '대자연의 신비'라는 주제로 개발된 약 900평의 단일 광장으로 천장과 벽면을 따라 2차 퇴적물이 즐비하게 성장하고 있는 현재 진행형의 살아 있는 동굴이다. 보통의 개발 동굴들은 동굴 속의 좁은 통로를 통과하여, 2차 퇴적물로 채워진 작은 공간 몇 곳을 탐험하듯이 관람하도록 구성되어 있다. 그러나 화암동굴은 거대한 단일 공간에 벽면을 따라 2차 퇴적물들이 마치 작품이 전시된 것과 같은 모습으로 형성되어 있다. '화암동굴(그림바위동굴)'이라는 이름에 걸맞은 갤러리의 형태이다. 신이 만든 자연의 작품을 지하의 커다란 동굴 갤러리에 전시한 것이다.

정선군에서는 관광객들이 이 퇴적물들을 근접 관람할 수 있도록 392m의 난간 탐방로를 구축하고, 오색 찬란한 조명도 설치하여 지하 암흑세계에서 살아 숨 쉬는 바위 그림들의 갤러리를 더욱 화려하게 꾸몄다.

동굴 내부 광장의 중앙에는 주로 천장 붕괴로 형성된 암석 파편이 쌓여 있다. 이미 소개한 바와 같이 이 동굴 속 너덜경은 지진 등의 지반 운동으로 형성된 것이며, 이와 같은 붕괴로 인해 동굴 공간은 확장된다. 동굴 공간의 규모가 클수록 종유석, 석순 등 2차 퇴적물이 성장할 수 있는 공간이 확보되는 것이므로, 동굴 속 2차 퇴적물도 더 웅장한 모습이 되는 것이다.

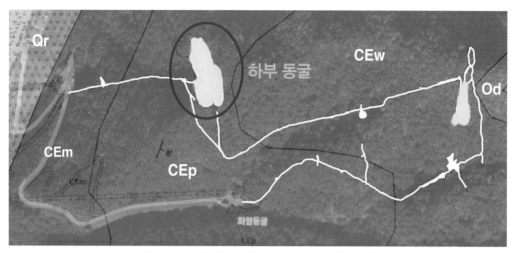

〈그림 9-1〉 화암동굴의 하부 천연 동굴 '대자연의 신비'

이 광장 중앙에는 마치 화랑의 중앙 공간에 꽃장식을 하듯 인공적으로 분수대를 설치하여 다소 허전하게 보일 수 있는 공간을 채우는 오브제 역할을 하도록 꾸몄다(그림 9-2).

화암동굴의 내부에서 수분 순환이 활발하게 이루어지고 종유석과 석순 등 2차 생성물이 끊임없이 성장하는 환경에 비추어볼 때, 이와 같은 분수대의 설치는 공간을 채우는 효과뿐 아니라 생동하는 동굴 이미지를 상징하는 시설로 적절하다고 생각한다.

이 책에서 화암동굴 2차 퇴적물에 대한 소개는 탐방로를 따라 전개되는 경관의 순서대로 하고자 한다.

화암동굴의 하부 터널 구간을 지나서 좁은 탐방로를 통과하면 '대자연의 신비'라는 천연 동굴로 들어서게 된다. 믿을 수 없을 만큼 거대한 지하 광장과 물을 내뿜는 중앙의 분수대, 그리고 오색 찬란한 조명을 받으며 자신의 존재를 뽐내는 듯한 대형 석주와 석순이 눈앞에 등장한다. 이들 대형 석주에 대해서는 탐방로상의 세 번째 전망대에서 설명하겠으나, 우선 이곳에서 천장의 단열과 석주와 관련성을 한번 훑어보고 지나가기를 권한다. 천장의 굵은 단열을 따라가면 대형 석주와 마주하게 되고, 이 석주에서 남북으로 가로지르는 또 다른 굵은 단열을 볼 수 있게 된다(그림 9-3). 이렇게 큰 석주가 형성되려면 많은 양의 중탄산칼슘용액이 동굴의 천장 등에서 삼출되어야 하는데, 지표에서 석회암 지층으로 스며 들어간 수분이 동굴 속으로 연결되는 통로가 바로 단열이다. 따라서 굵은 단열의 교차점은 예외 없이 큰 규모의 석순과 석주가 형성된다. 즉, 종유석과 석순을 비롯한 동굴 속 2차 퇴적물은 대부분 석회암 지층의 균열을

〈그림 9-2〉 중앙 광장 돌무더기 위의 인공 분수

〈그림 9-3〉 '대자연의 신비' 입구에서 본 천장의 균열과 대형 석주열

따라 배어 나온 중탄산칼슘용액에 의해 형성되는 것이므로, 균열이 확연하고, 그 밀도가 높을 수록 동굴 속의 2차 퇴적물이 잘 형성된다는 것이다.

삼차원으로 흐르는 돌(유석)

〈그림 9-5〉의 전망대 1은 '대자연의 신비' 탐방로 중 가장 높은 위치다. 이곳에서 볼 수 있는 삼차원의 대형 유석은 화암동굴의 대표적 경관 중 하나이다. 유석(流石, flowstone)의 전체적 형상은 석순 약 80%, 종유석 약 20% 비율의 석주이며, 이 석주의 체적이 증가함에 따라 벽에 붙어 유석으로 성장한 초대형 2차 퇴적물이다. 처음부터 중탄산칼슘용액이 벽면을 타고 흐르며 체적이 증가한 순수한 유석은 아니지만, 좌측면의 물결 모양과 우측면의 종유석 열이 커튼 형으로 붙어 가는 모습으로 보아 전체적으로 거대한 유석이라고 해도 무방하다.

아파트 9층 높이의 이 거대한 3차원의 퇴적상에서는 다양한 2차 퇴적물의 형태를 볼 수 있을 뿐만 아니라 지각 운동의 흔적도 여실하게 관찰할 수 있다.

이렇게 큰 규모의 2차 퇴적물이 형성되기 위해서는 엄청나게 많은 양의 중탄산칼슘용액이

〈그림 9-5〉 전망대 1, 2에서 바라보는 곳들

공급되어야 한다. 그 중탄산칼슘용액의 공급처는 천장 단열의 우측 끝부분이다. 지상에서 공급된 빗물이 집중적으로 모이는 곳이다.

관찰 시점 **1-❶**은 화암동굴의 남쪽 한계에 해당하는 지질경계선이다(그림 9-6, 9-7). 이 굵은 단열을 경계로 대형 유석의 좌측으로는 2차 퇴적물의 흔적이 전혀 보이지 않으며, 우측으로는 벽면을 따라 2차 퇴적물이 즐비하게 전개되어 있다(그림 9-13). 이와 같은 사실이 동굴의 남쪽 경계면은 '비탄산염 암석'이라는 추측을 하게 한다. 따라서 필자는 고생대 캄브리아기의 두 지층인 '풍촌석회암층'과 '화절층'의 지질 경계로 생각하고 있다. 그러나 눈으로만 보고 추정한 것으로, 사실 학인을 위한 정밀한 지질 조사를 제안한다.

관찰 시점 **1-❷**의 청색 점선(그림 9-7) 부분은 거대한 석순이 천장 끝부분까지 성장하고 종유석과 만난 석주이다. 석주의 형성 이후 많은 양의 점적수가 석주의 벽면을 타고 흐르면서 석회질(칼사이트)이 첨가되며 체적이 증가한 것이다.

즉, 강우 후에는 〈그림 9-8〉의 굵은 단열(굵은 적색 점선)의 오른쪽 끝부분 위에서 물(중탄산칼슘용액)이 집중적으로 적색 화살표 방향으로 떨어진다. 떨어지는 물방울(점적수, 중탄산칼슘용액)의 빈도가 높을수록 석순의 체적이 종유석보다 커지고, 빈도가 낮을수록 종유석의 체적이 석순보다 커진다(그림 9-9). 따라서 석순의 비율이 90%가 넘는 이 유석은 천장에서의 낙수 현상이 매우 빠른 속도로 이루어졌음을 알 수 있다.

〈그림 9-11〉은 이 대형 석주의 형성 과정을 추론하여 그린 것이다. 그 과정을 단계별로 살펴보면, 첫 단계는 지진 등의 충격으로 인해 천장과 벽면이 암석 파편이 떨어져 나와 동굴 바

〈그림 9-6〉 관찰 시점 1의 삼차원 석주 및 유석, 커튼형 종유석 열

〈그림 9-7〉 관찰 시점 1의 주요 관찰 포인트

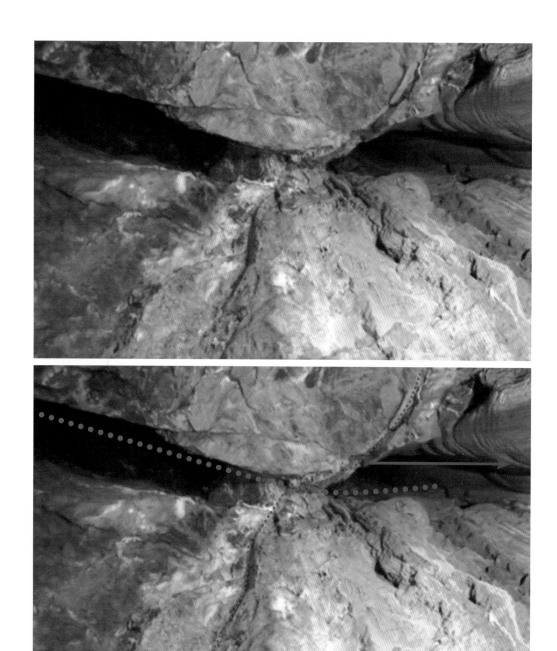

〈그림 9-8〉 관찰 시점 1-❶의 단열과 낙수 지점(상)
1-❶의 주요 단열과 낙수 방향(하)

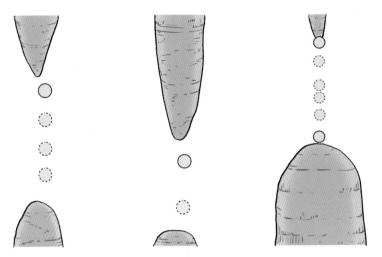

〈그림 9-9〉 점적수의 빈도에 따른 종유석과 석순의 성장

닥에 쌓인다. 둘째, 이를 돌무더기를 모체로 하여 천장에서 빠르게 떨어지는 점적수가 중탄산칼슘용액을 공급하고 암석 파편들 위에는 2차 퇴적물이 매끄럽게 뒤덮어(그림 9-10) 한 덩어리의 석순을 만든다. 셋째, 점적수가 빠른 속도를 지속하며 떨어져 내려 천장에는 작은 종유석이, 유석의 벽면 턱이 진 곳에는 새로운 석순이 성장한다. 넷째, 점적수가 지속적으로 공급됨에 따라 유석의 벽면에는 새로운 종유석, 석순이 생기며 3차원의 동굴퇴적물이 된다.

관찰 시점 '1-❷'의 노란색 원(그림 9-7) 부분은 대형 유석의 벽면에 붙어 있는 부처상의 작은 석순이다. 이 석순의 천장에는 짝이 되는 종유석이 있으며(노란색 점선) 현재에도 끊임없이 점적수를 공급하고 있다. 점적수가 높은 곳에서 떨어져 내려 이 석순을 가격하므로, 석순의 끝부분이 뭉툭해진 평정 석순의 형태로 발달한다.

관찰 시점 '1-❷'의 하늘색 원(그림 9-7) 부분은 대형 유석의 벽면에 붙어 있는 또 다른 석순인데, 밑 부분이 문어 바위이다. 문어 바위 배후를 보면 작은 단열이 보이는데 이 단열에서 중탄산칼슘용액의 삼투수가 흘러나와 탄산칼슘이 침적하며 형성된 것이다. 우측으로 붙어 있는 커튼 형태의 종유석 열도 같은 작용으로 형성된 것으로 여겨진다.

관찰 시점 '1-❷'의 연두색 원(그림 9-7) 부분은 지진으로 인해 2차 생성물의 약한 표면 부분이 떨어져 나온 것이다. 2차 생성물이 깨지며 비틀어져서 떨어져 나온 모습인데, 윗부분과 아랫부분의 퍼즐을 맞추어 보면 여실하게 드러난다. 이 단열을 주변 암석의 단열과 연결하여 보면 같은 시기에 지각 운동을 받은 것으로 생각되며, 그 시기는 깨진 암석 위에 새롭게 퇴적

2차 퇴적물

석회암 원석

〈그림 9-10〉 정선정보공고 암석정원에 있는 동굴퇴적물(유석)의 겉(상)과 속(하)

된 2차 생성물의 두께로 볼 때 최근 1만 년 전 내외인 것으로 판단된다(그림 9-12).

　관찰 시점 '1-❸'은 필자가 개인적으로 '그림바위 동굴'이란 이미지에 잘 어울린다고 생각하는 공간이다. 이 '그림바위'의 특징은 다른 동굴과는 달리 천장보다 벽면의 다층 균열에서 순도 높은 아라고나이트 석회질이 삼투되어 나온다는 것이다. 따라서 벽면에 마치 그림처럼 전개된

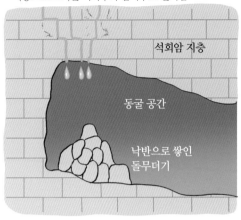

지층으로 스며든 지하수가 점적수로 떨어짐

석회암 지층

동굴 공간

낙반으로 쌓인
돌무더기

동굴 공간에 낙반으로 돌무더기가 쌓이고, 그 위로
점적수가 떨어진다.

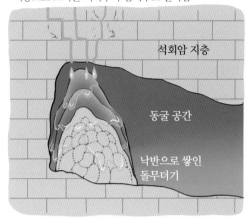

지층으로 스며든 지하수가 점적수로 떨어짐

석회암 지층

동굴 공간

낙반으로 쌓인
돌무더기

점적수에 의해 만들어진 2차 생성물이 돌무더기를
덮으며 큰 석순이 된다. 이후 벽면과 붙어 유석으로
변형된다.

거대한 유석이 형성된 후에도 천장과 벽면에서 점적수가
공급되어 3차원의 경관을 형성한다.

〈그림 9-11〉 대형 유석의 형성 과정(관찰 시점 1-❷)

〈그림 9-12〉 대형 유석 전면의 단열

순백색의 아라고나이트 폭포와 종유석 그리고 종유석의 열과 문어 바위, 순백색의 유석, 산석, 곡석 등이 배열되어 있다. 사실 이 구간은 화암동굴에서 소외된 곳인데, 아마도 보는 이에 따라서 관심 정도가 달랐기 때문일 것으로 생각한다. 관찰을 위한 전망대와 조명 설치를 제안한다. 또 하나하나의 그림바위에 디지털 액자 틀을 끼우는 방안도 고안할 필요가 있다.

짝을 잃은 석순의 운명

전망대 **2**에서는(그림 9-5) 2차 퇴적물의 생성 흔적이 전혀 보이지 않으나, 화암동굴 일대에서 일어난 지각 운동, 즉 동굴의 형성과 확장 또 동굴 확장에 따른 2차 퇴적물의 변화 등을 심도 있게 관찰할 수 있는 구간이다. 이미 소개한 바와 같이 석회암 지역의 지하 동굴은 석회암 지층의 균열을 따라 진행되는 용식작용과 지각 운동 등으로 발생한 동굴 공간의 붕괴 등으로 확장된다.

관찰 시점 '**2-❶**'은 화암동굴의 남쪽 한계 지질경계선에서 무너져 내린 벽과 천장의 모습이다(그림 9-5, 9-14). 화암동굴 '대자연의 신비'에서 가장 높은 곳임을 고려해 보면, 동굴 내부에서 지각 운동을 받은 시기가 가장 이른 시기인 것으로 여겨지며, 이때 발생한 암석 파편이 대형 유석의 기초가 된 것으로 생각된다. 즉, 동굴 남동쪽 끝부분에 쌓인 암석 파편들 위에 중

〈그림 9-13〉 대형 유석 우측 관찰 시점 1-❸

〈그림 9-14〉 동굴 남쪽 벽, 관찰 시점 2-❶

탄산칼슘용액이 떨어지며 2차 퇴적물이 덮어지고(그림 9-10) 현재의 대형 석주로 성장한 것이다(그림 9-6, 9-14의 초록색 사각형). 이 남쪽 한계에서 천장을 보면, 지질 경계를 확연하게 볼 수 있다(그림 9-14의 점선). 여기에서 왼쪽으로는 천장에서 배어 나온 순백색의 아라고나이트 석회질 성분이 마치 흰색 가루를 뿌려 놓은 듯 천장을 덮고 있다(그림 9-14의 적색 화살표). 동굴 천장을 이루는 지층은 '풍촌석회암지층'이며, 이 지층 중에 순도 높은 아라고나이트 성분이 많이 끼어 있다는 뜻이다.

관찰 시점 '2-❷'는 놀랍고 신기한 단층의 모습이다(그림 9-5, 9-15). 인간이 땅속으로 들어가서 자연 상태의 단층 모습을 볼 수 있는 국내의 유일한 장소일 것이다. 단층(斷層)이란 '지층이 잘렸다'는 뜻이다. 두부모를 잘라 놓은 듯이 위와 아래의 지층이 떨어져 있는 모습을 땅속에 들어가서 볼 수 있다는 것은 경이로운 일이다. 학생들이 이 장소에 온다면 오랜 시간 머무르며 감상하고, 자연에 대한 경외심과 탐구심을 갖는 계기로 삼기를 바란다.

관찰 시점 '2-❸'은 지반 운동의 결과로 짝을 잃고 생장을 멈춘 석순이다(그림 9-5, 9-16). 따라서 이 석순은 많은 부분이 부식되고, 모양도 변형되었다. 석회동굴 속의 모든 석순은 짝이 되는 종유석이 있다. 종유석에서 중탄산칼슘용액, 즉 점적수를 공급해 주어야 만들어질 수 있는 2차 퇴적물이기 때문이다. 그래서 짝이 없는 석순은 존재할 수 없다. 따라서 지진 등의 동굴

〈그림 9-15〉화암동굴 남쪽 지질 경계에 형성된 단층 2-❷

〈그림 9-16〉죽은 석순과 표면에 형성된 문밀크 2-❸

내 충격으로 인해 종유석 또는 석순의 위치가 틀어진다면 석순은 점적수를 공급받지 못하게 되므로 성장을 멈추게 된다. 살아서 성장하던 석순이 성장을 멈추고 마르며 썩게 되는 것이다. 메마르고 부식된 동굴 내 2차 퇴적물의 표면에는 '문밀크(moonmilk)'라는 백색 가루 물질이 생성된다. 문밀크는 스위스에서 처음 명명된 용어로 'gnome(가루)'을 뜻하는 'mon'을 '달'을 뜻하는 독일어의 'mond'로 잘못 이해하고, 영어 'moon'으로 썼다고 한다. 따라서 문밀크라는 용어상의 큰 의미는 없다. 메마른 동굴 속 2차 퇴적물(성장을 멈춘)에 붙어사는 세균과 곰팡이의 중간적 성질을 가진 방선균류이다. 특기할 만한 것은 이 문밀크가 지혈과 탈수작용, 그리고 감기 치료에 효과가 있다고 알려져 과거 유럽의 의학자들이 이것을 채취하기 위해 동굴을 찾아다녔다는 일설이 있다. 동굴 탐방을 하다 보면 기관지 등이 상쾌해지는 느낌을 받을 때가 종종 있는데, 아마도 이 문밀크의 영향인 것으로 생각된다.

Dripstone Avengers

전망대 3은 '대자연의 신비' 탐방로 중 가장 핵심적인 장소이다. 이 광장의 형성과 확장을 의미하는 동굴 내 너덜겅이 잘 보이며, 화암동굴을 대표하는 3기의 특징적인 석주와 석순이 각기 자신의 자태를 뽐내는 모습도 근접하여 볼 수 있다. 그야말로 그림바위 동굴의 비주얼 담당이다. 아울러 그 배후 공간을 장식하고 있는 작고 아기자기한 종유석의 무리도 볼거리와 생각거리를 동시에 제공한다.

관찰 시점 3-❶은 대형 석주열의 주변을 에워싸고 있는 돌무더기이다. 이 석회암의 파편들은 지각 운동으로 천장과 벽면에서 떨어져 나온 것으로 '대자연의 신비' 광장 바닥 전체에 쌓여 있다. 이 광장의 천장은 남서쪽에서 북동쪽으로 기울어진 상태이며, 울퉁불퉁하게 깨진 모습이 확연하게 보인다. 바닥의 각진 돌무더기는 북쪽보다 남쪽에 더 많이 쌓여 있어서 바닥의 경사는 남쪽에서 북쪽으로 심하게 기울어진 형상이다. 이곳에서 천장의 균열과 바닥의 암석 파편 조각으로 퍼즐 맞추기를 해 보는 것도 재미있는 학습 놀이가 될 것이다. 〈그림 9-18〉은 화암동굴의 공동과 너덜겅의 형성 과정을 모델화하여 그린 그림이다.

석회암은 바다에서 퇴적된 암석으로 퇴적 후 육지로 올라오고, 또 육화된 뒤에도 대륙 이동 등 크고 다양한 변화 과정을 겪었다. 따라서 다른 암석에 비해 절리(암석의 균열) 밀도가 높다. 높은 절리 밀도는 물을 잘 투과시키는 암석 구조라는 뜻이다. 여기에 석회암의 주요 성분인 탄산칼슘($CaCO_3$)은 탄산에 의해 화학적으로 분해되는, 즉 잘 녹는 광물이다. 공기 중 이산화탄소를 공급받은 빗물이 이 석회암 지층으로 스며들어 통과할 때, 탄산칼슘은 빠르게 분해되며 녹아 없어진다. 이렇게 되면 암석 조직이 쉽게 무너져 지층에는 틈이 생기게 되고, 자연스러운

〈그림 9-17〉 전망대 3, 4에서 바라보는 곳들

수직절리

수평절리

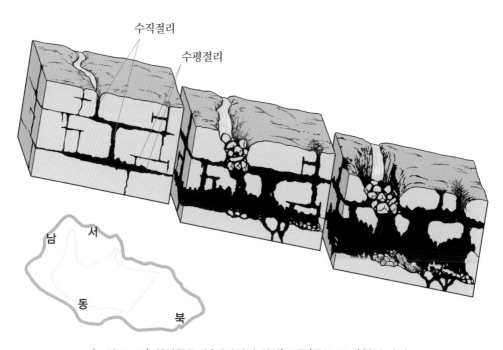

남 서

동

북

〈그림 9-18〉 화암동굴의 '대자연의 신비' 공동(동굴 공간)형성 과정

붕괴가 발생한다. 여기에 약해진 지층은 지반의 미세한 흔들림에도 쉽게 붕괴한다. 이와 같은 용식작용과 지반의 붕괴 현상이 수차례 반복되며 오늘날의 광장이 형성된 것이다.

관찰 시점 '3-❷'는 화암동굴을 대표하는 대형 퇴적물 3기다. 필자는 화암동굴 개발 이전에 미개발 상태의 화암동굴을 탐험하였다. 그 당시 이 세 퇴적물을 마주했을 때의 경이로웠던 감정을 아직도 잊지 못하고 있다. 당시 수십 곳의 동굴 탐험 경험이 있는 필자의 눈에는 어느 동굴의 퇴적물보다 이 3기의 석주·석순이 가장 인상 깊었다. 필자가 가장 많이 들어가 본 동굴 역시 화암동굴인데, 이 퇴적물을 마주할 때의 느낌은 매번 첫 대면과 같다. 필자는 이 3기의 대표적 퇴적물에 'Dripstone Avengers'라는 별칭을 붙이고 각각 특징에 맞는 이름도 부여했다. 탐방로를 따라 첫 번째 석주는 '폭포 석주(Fall column)' 두 번째 석순은 '쌍탑 석순(twin towers stalagmite)', 세 번째 석주는 '삼일 석주(trinity column)'이다. 이미 소개한 바와 같이 이 대형 퇴적물 3기의 천장에는 큰 균열이 동서로 남북으로 교차하고 있어 대량으로 점적수를 공급받을 수 있는 구조적 기반을 갖추고 있다. 그러나 이 세 기의 퇴적물은 종유석과 석순의 비율도 각기 다르고, 또 표면 형태도 다르다. 〈그림 9-19〉는 3개의 점적석(dripstone)에 종유석과 석순을 구분하여 표시한 것이다. 적색 점선은 종유석 부분을, 청색 실선은 석순 부분을 표시한 것이다. 물론 석순의 표면에는 울퉁불퉁한 석순 표면을 타고 흘러내린 점적수(유수)에 의해 커튼형 종유석이 감싸고 있는 부분도 있지만, 그 기저는 석순이므로 전체적으로 석순에 해당한다. 청색 실선은 석순에서 돌무더기를 기반으로 한 2차 퇴적상을 제외한 순수 석순 부분만 표시한 것이다. 이를 보면, 탐방로상의 첫(사진의 우측 첫) 번째 석주는 종유석의 비율이 석순보다 높으며, 석순을 감싸고 있는 커튼형 종유석도 중간 석순에 비하여 긴 편이다. 이에 대해 중앙의 석순은 디스크형으로 성장한 두 쌍둥이 석순이 거의 전부를 차지한다. 세 번째 석주(좌측)는 종유석과 석순의 비율이 거의 비슷하으며, 석순의 표면을 감싸고 있는 커튼형 종유석의 길이도 중앙 석순보다 길다. 이는 세 점적석이 많은 양의 중탄산칼슘용액(점적수)을 공급받을 수 있는 조건은 같지만, 용액이 떨어지는 빈도(속도)는 각기 다르다는 것을 뜻한다.

탐방로상의 첫 번째 석주(사진의 우측 첫), '폭포 석주'는 커튼형 종유석의 무리가 마치 절벽에서 물줄기가 떨어져 내리는 폭포 모습이다. 종유석의 비율이 석순보다 높은 석주다. 이는 종유석에서 석순을 향해 떨어지는 중탄산칼슘용액 방울의 빈도(속도)가 중앙 석순보다 낮았다는 뜻이다(그림 9-9). 물방울(중탄산칼슘용액)이 떨어지는 속도가 느리면 종유석의 성장 속도가 빠른데, 이는 종유석 끝에 물방울(중탄산칼슘용액)이 맺혀있는 시간이 길어지기 때문이다. 물

〈그림 9-19〉 대형 퇴적물 3기의 종유석과 석순 비율(형성 과정)

방울이 맺혀있는 시간이 길면 그만큼 중탄산칼슘용액에 포함된 탄산칼슘 성분이 침전될 수 있는 여건이 좋아진다.

탐방로상의 두 번째 대형 퇴적물은 거대한 디스크형 석순 2개가 합쳐진 '쌍탑 석순'이다. 종유석에서 석순으로 공급하는 중탄산칼슘용액이 떨어지는 속도가 빠르면(낙하 빈도가 높으면) 물방울이 종유석에 붙어 있는 시간이 짧아지므로 종유석의 성장은 더디게 된다. 반면 석순에 떨어지는 중탄산칼슘용액의 양은 많아지므로 석순은 빠르게 성장하게 된다. 아울러 천장과 바닥의 고도차가 큰 경우에는 물방울에 가속도가 붙어 석순의 윗부분을 세차게 가격함으로써 석순의 모양도 윗부분이 평평한 형태를 취하게 되고 결국, 디스크형으로 성장한다. 디스크형 석

〈그림 9-20〉 폭포 석주

〈그림 9-21〉 쌍탑 석순

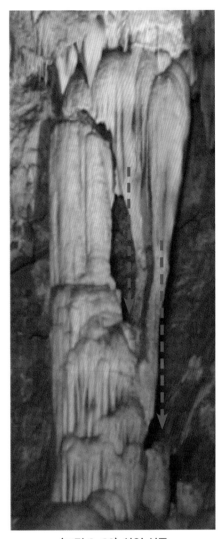

<그림 9-22> 삼일 석주

순 각 마디의 형성은 계절별, 연도별, 기간별로 발생한 강수량의 주기성에 따른 것으로 생각된다. 석순 벽에 형성된 커튼형 열상 종유석은 빠른 속도로 떨어진 점적수가 석순의 위를 흐르다가 경사진 석순 벽에 새로운 물방울로 맺히면서 형성한 유석 종유석이다. 중앙에 형성된 석순은 이와 같은 원인으로 두 가닥으로 자라 올라오던 디스크형 쌍둥이 석순이 붙으며 형성되었다. 이 석주의 표면에 형성된 커튼형 종유석 길이가 짧은 것은, 그만큼 양옆의 석주보다 퇴적 속도가 빨랐다는 것을 의미한다.

세 번째 퇴적물은 석주 세 가닥이 하나로 합쳐진 '삼위일체 석주'이다. 세 석주가 완전히 봉합된 상태는 아니지만, 일단 하나로 뭉쳐졌다. 이 석주는 종유석 비율이 석순과 비슷한데 이는 종유석에서 떨어지는 점적수의 낙하 속도가 오른쪽 두 퇴적물의 중간 수준이었기 때문이다.

결론적으로, 이 3기의 석주는 동굴 내 큰 균열(단열)이 교차하는 지점에 형성되어 다량의 점적수가 공급될 수 있는 구조적 특징을 가지고 있다. 이 중 중탄산칼슘용액이 종유석에서 석순을 향해 한 방울씩 떨어지는 속도가 '삼일 석주'는 중간 수준이고, 중앙의 '쌍탑 석순'은 빨랐으며, 우측의 '폭포 석주'는 상대적으로 느렸다. 따라서 세 석주는 각기 종유석과 석순의 비율도 다르고, 석주를 감싸고 있는 표면 형태도 다르게 나타나는 것이다.

이 석주 3기의 또 다른 특징은 방해석($CaCO_3$)보다 아라고나이트의 성분이 퇴적물 전체에서 차지하는 비중이 높다는 것이다. 이미 소개한 바와 같이 아라고나이트는 일반적인 방해석과는 달리 순백색의 날카로운 바늘 모양의 구조를 가진 조금 더 단단하고 비중이 높은 탄산염 광물이다(그림 9-23).

따라서 아라고나이트를 주성분으로 형성된 이 3기의 퇴적물은 모두 순백색이 주류를 이루

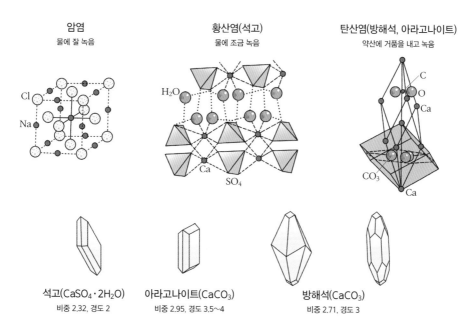

암염
물에 잘 녹음

황산염(석고)
물에 조금 녹음

탄산염(방해석, 아라고나이트)
약산에 거품을 내고 녹음

석고(CaSO₄·2H₂O)
비중 2.32, 경도 2

아라고나이트(CaCO₃)
비중 2.95, 경도 3.5~4

방해석(CaCO₃)
비중 2.71, 경도 3

〈그림 9-23〉 암염, 석고, 방해석의 성분 구성과 결정 형태

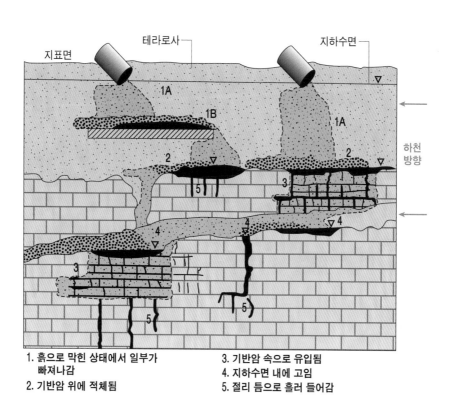

1. 흙으로 막힌 상태에서 일부가 빠져나감
2. 기반암 위에 적체됨
3. 기반암 속으로 유입됨
4. 지하수면 내에 고임
5. 절리 틈으로 흘러 들어감

〈그림 9-24〉 석회암 지층의 토양 유입

〈그림 9-25〉 관찰 시점 3-2 대형 석주열

며 표면의 상태가 보이는 것은 매끄럽고 부
드럽지만, 실제 촉감은 매우 단단하고 거칠
다. 관찰 시점 **1-❷**에서 소개한 대형 유석의
경우에는 방해석 성분이 주류를 이루어 유석
의 표면색이 전체적으로 노란색을 띠고 있는
것과 비교된다.

〈그림 9-26〉 종유석의 도관

물론, 이 대형 세 점적석의 표면 일부에는
황토색이 진하게 드러나 있다. 동굴 속 2차
퇴적물의 색이 황토색을 띠는 것은 대부분 지표에서 흘러들어 온 석회암의 풍화 토양인 '테라
로사'의 영향이다. 석회암의 토양화 과정에서는 주요 성분인 탄산칼슘이 녹아 빠져나가고 잔
류한 광물 중 철의 비중이 상대적으로 높게 나타난다. 따라서 철이 산화되어 붉은색의 토양이
형성되는데, 이를 '테라로사'라고 한다. 스페인어로 '테라'는 '토양', '로사'는 '붉다'라는 뜻이다.
관찰 시점 **1-❷** 대형 유석의 경우에는 지표면에서 공급되는 석회암의 풍화토양 '테라로사'의
영향을 많이 받아 전체적으로 황토색이 짙으며, 관찰 시점 **3-❷**의 석주열은 지표면에 형성된
토양의 영향 없이 암석층을 통과한 빗물이 순수 아라고나이트 지층을 지나면서 동굴 내부에
도달한 중탄산칼슘용액이 형성한 것이다. 이 순백색의 중탄산칼슘용액의 공급은 수만 년 동안
연속되며, 이와 같은 대규모의 점적석을 만든 것이다. 이 세 퇴적물에서 부분적으로 보이는 붉
은 색과 그 주변의 작은 종유석 표면이 붉게 보이는 것(그림 9-25의 적색 화살표)은 '테라로사'
의 영향이다. 최근 동굴 주변의 기후 변화나 지하수의 체계가 바뀌면서 지표의 토양 일부가 집
중적으로 흘러들어 왔을 것으로 짐작된다.

토양이나 유기물 등이 지층을 통과하여 중탄산칼슘용액에 섞여 종유석에 도달하면 종유석
의 중심 도관인 '종유관'을 막게 된다. 종유석이 자라는데 절대적인 역할을 하는 혈관이 막히는
격이다. 종유석에 중탄산칼슘용액을 공급하는 도관이 막히면, 중심 도관으로의 점적수 공급은
중단되고, 도관의 주변으로 넘쳐흐르며 종유석은 방추형의 형태로 변형되거나, 뒤틀리며 구
부러져 자라게 된다. 〈그림 9-25〉의 세 번째 석주에 표시된 녹색 점선 부분은 이렇게 변형된
모습이다. 세 번째 석주의 오른쪽 부분은 현수상 종유석이 두 종유석을 연결하고 이 두 가닥
의 종유석이 상대 석순에 도달한 복합 석주이다. 그러나 종유석과 석순이 마주친 부분을 중심
으로 보면 종유석의 가장 윗부분과는 달리 검붉은색으로 오염되어 있다. 이는 순백색의 종유

〈그림 9-27〉 대형 점적석 배후의 종유석 무리 3-❸

〈그림 9-28〉 첫 번째 석주와 주변 종유석의 훼손

석이 일정 기간 성장한 뒤, 지표의 지형 변화로 테라로사 등이 흘러들어와(그림 9-24) 이 종유석 일부를 검붉게 착색시키고, 중심 도관을 막아 점적수의 방향을 뒤틀어지게 한 것으로 판단된다. 이 종유석이 뒤틀어지기 전까지 성장해 오던 짝 석순은 성장을 멈추고, 부식이 진행되는 상태인 것이다(그림 9-22, 오른쪽 화살표 아래 석순). 그러나 〈그림 9-22〉의 왼쪽 화살표 종유석의 상태 석순은 성장이 멈춘 뒤에도 중심 석주에서 흘러내린 중탄산칼슘용액의 영향을 받아 계속 체적을 증가시키는 것으로 보인다.

관찰 시점 3-❸에서는 'Dripstone Avengers'의 웅장한 자태에 가려져 소외된 듯 보이는 작은 종유석이 무리 지어 성장하고 있다. 동굴 천장의 경사를 따라 거미줄처럼 연결된 균열로 흘러온 점적수가 큰 균열과 만나 다량의 중탄산칼슘용액을 대형 퇴적물 3기에 쏟아부은 뒤 넘쳐 흐른 중탄산칼슘용액을 마지막 한 방울까지 종유석으로 재탄생시킨 경관이다. 그러나 이곳은 화암동굴에서 가장 훼손 상태가 심한 곳이다. 훼손되지 않았다면 유백색의 중형 종유석 무리가 공간을 화려하게 장식하고 있었을 것이다.

2차 퇴적물의 심각한 훼손은 첫 번째 석주인 '폭포 석주'의 커튼형 종유석 바깥쪽과 이 석주 오른쪽 주변 천장에 형성된 작은 종유석 무리에서 확연하게 드러난다.

이는 사람들이 망치 등의 둔기로 훼손시킨 것으로 보이며, 이곳이 집중적으로 훼손된 이유는 아마도 도굴과 운반에 적당한 크기였기 때문인 것으로 추정된다. 언제 훼손되었는지는 알 수 없으나 무지한 사람들의 눈에는 보석처럼 보였을 것이고, 너도나도 앞다투어 잘라서 가져간 것 같다. 훼손된 것은 잘려나간 모습이 그대로 보이는 종유석뿐만이 아닐 것이다. 바닥에서 자란 석순이 어느 정도 남아 있는지 실태 조사가 필요할 것이다. 앞서 종유석 성장 속도에 대한 언급이 있었지만, 종유석이 2cm 성장하는 데 천 년이 걸린다고 가정하면, 50cm짜리 종유석을 망치로 깬다고 했을 때 2만 5천 년 자연의 역사를 한순간에 파괴하는 셈이다. 얼마나 무지한 행동인지를 주지할 필요가 있다. 이렇게 훼손된 경관을 복원하는 것은 그리 어려운 작업은 아닐 것이다. 원형을 복원하면 수백 년, 수천 년, 수만 년 뒤에는 자연의 모습으로 인공 복원 부분을 완벽하게 치유할 것이다. 그러나 필자는 훼손 경관을 그대로 두고, 안내 표지를 설치하여 자연의 소중함을 탐방객들에게 인식시키고, 보존의 필요성에 대해 생각해 볼 기회를 제공하는 것도 좋은 복원방안이라는 생각이 든다. 살아 생동하는 자연경관의 새싹이 잘려나간 황당한 기분을 동굴을 찾는 탐방객들이 느껴 보는 것도 좋은 경험과 교훈이 될 것이기 때문이다.

〈그림 9-29〉 전망대 4-❶, ❷

〈그림 9-30〉 4-❶ 서로 짝이 되는 종유석과 석순

견우와 직녀

전망대 **4**는(그림 9-17) 동굴퇴적물의 생성 원리에 대한 학습과 정리 활동을 할 수 있는 '교육의 장'으로 활용할 수 있다. 동굴의 천장과 바닥에 배열된 종유석과 석순이 교과서의 정형화된 삽화처럼 펼쳐져 있으며, 천장에는 아라고나이트 종유관이 각자의 환경에 맞추어 태동을 준비하고 있는 모습을 볼 수 있다. 또한, 그림바위 동굴의 역사와 비밀을 간직한 병풍이 광장의 한 면을 장식하고 있다.

관찰 시점 **4-❶**에서는 그림바위 동굴의 동쪽 벽면을 따라 전개된 크고 작은 종유석과 석순들을 자세히 관찰할 수 있다.

우선, 이곳에서는 종유석과 짝이 되는 석순, 석순과 짝이 되는 종유석 찾기의 관찰 활동을 제안한다.

이미 5장에서 소개한 바와 같이, 지표에서 석회암 지층으로 스며든 빗물이 지층의 균열을 따라 동굴 천장에 도달한 한 방울의 석회질 물방울이 '점적수(중탄산칼슘용액)'다(그림 5-8). 이 점적수가 동굴 천장에 종유석을 만들고, 떨어져 바닥에는 석순을 만든다(그림 5-7).

중탄산칼슘용액이 공급되기 시작하면 천장에서는 빨대와 같은 종유관이 형성되고, 이 종유관은 바닥을 향해 점점 체적이 증가하여 큰 종유석으로 성장한다. 수직으로(중력 방향으로) 떨어진 중탄산칼슘용액은 바닥에서 석순을 만들고 천장을 향해 체적을 증가해 큰 석순으로 성장한다. 이들은 지각 변동이 없는 한, 7월 7석 날 견우와 직녀가 만나듯 필연적으로 만나게 되어 있는데, 종유석과 석순이 만나면 그 순간 석주(돌기둥)가 되는 것이다. 이들 종유석과 석순, 석주는 중탄산칼슘용액이 한 방울씩 떨어지며 이산화탄소와 물을 대기 중으로 증발시키고, 탄산칼슘을 쌓아 올려 만든 돌이다. 따라서 동굴 천장에서 떨어지는 중탄산칼슘용액을 '점적수'라고 하고, 점적수에 의해 형성되는 종유석과 석순, 석주를 '점적석'이라고 한다(그림 5-7).

점적석인 종유석과 석순은 반드시 상대되는 짝

〈그림 9-31〉 4-❶ 방추형 종유석

이 있으나, 지각 변동이 발생하면 서로 결별하게 된다. 또 지표와 지하의 수리 현상 변화로 인해 중탄산칼슘용액의 공급이 중단되면 성장이 멈춰져 서로 만나지 못하게 된다. 그러나 이런 특별한 사변이 발생하지 않는 한, 이들은 '견우와 직녀'같이 언젠가는 만나게 되는 운명이다. 혹, 짝을 잃고 홀로 서 있는 석순이 있는지 찾아보는 것도 흥미로운 활동일 것이다.

다음으로 이 장소에서, 서로 짝이 되는 종유석과 석순의 길이와 체적을 비교하는 관찰 활동을 제안한다.

이미 소개한 바와 같이 물방울이 떨어지는 속도(점적의 빈도)에 따라 느리면 종유석이 길어지고, 빠르면 석순이 길고 뚱뚱해진다. 또한, 물방울이 떨어지는 종유석과 이를 받는 석순 사이의 거리가 멀면, 떨어지는 물방울에 가속도가 붙어 석순을 세차게 가격함으로써 석순의 윗부분이 뭉툭해진 형태가 된다. 종유석과 석순의 체적과 형태를 보고, 형성 과정을 추정해 보는 것도 재미있는 탐구 활동이 될 것이다.

세 번째는 종유석과 석순의 색깔과 형태를 비교하는 관찰 활동을 제안한다.

중탄산칼슘용액이 어떤 지층을 통과해 천장에 도달했느냐에 따라 종유석과 석순의 빛깔과 형태가 달라진다. 빗물이 석회암 지층을 통과하는 과정에 순수한 백색의 방해석이나 아라고나이트 지층을 지나쳐 천장에 도달하면, 순백색의 종유석과 석순이 형성된다. 그러나 지표에서 석회암의 풍화 토양인 테라로사가 함께 쓸려 들어 오면, 종유석과 석순이 붉게 착색된다. 또한, 테라로사가 종유석의 중심 도관(종유관)을 막게 되어 종유석은 방추형의 형태로 변형되거나 방향을 틀어 기형으로 성장하게 된다. 이곳에서 종유석과 짝이 되는 석순의 빛깔도 분류해 보고, 또 방추형 종유석과 기형 종유석이 있는지 살펴보는 것도 흥미 있는 활동이 될 것이다.

관찰 시점 **4-❷**는 고개를 꺾어 천장을 주시하는 탐방이다. 먼저 시야에 확연히 들어오는 것은, 천장의 균열을 따라 배어 나온 순백색의 아라고나이트 퇴적물이다. 필자는 이 천장을 '아라고나이트 그리드(aragonite grid)'라는 별칭으로 부르고 있다.

이미 수치례 소개한 바와 같이 '아라고나이트'는 주로 순백색으로 방해석(칼사이트)보다 단단하고 비중이 높은 광물이다. 그런 이유에서 동굴 속에서는 주로 바늘 모양의 침상 퇴적물이 형성되거나, 심하게 구부러져 성장하는 곡석이 되는 경우가 많다. 천장의 격자 상 퇴적물을 자세히 살펴보면 바늘 모양의 침상 퇴적물과 곡석 등이 보인다. 육안 관찰이 어렵다면, 핸드폰을 활용하여 자세히 관찰할 것을 권한다. 천장에서 아라고나이트 퇴적물이 형성된 격자상의 선은 곧 지층의 균열(절리)이다.

〈그림 9-32〉 4-❷ 아라고나이트 그리드

〈그림 9-33〉 인공 터널의 균열에서 생긴 종유관 열(좌, 상부 터널 구간), 천연 동굴의 절리 틈에 생긴 종유관의 열(우, 평창 백룡동굴)

〈그림 9-33〉의 좌측 사진은 인공 터널에 생긴 이음새 부분의 직선균열에서 시멘트의 석회 성분이 배어 나와 생긴 종유관(초기 종유석) 열이다. 이 종유관이 붉은색을 띠는 것은 터널 공사에 사용한 철근이 산화되어 착색된 것이다. 좌측 사진은 평창군 소재 백룡동굴에서 촬영한 것인데, 석회암 지층의 직선균열(절리)을 따라 석회암에 포함된 순도 높은 석회질(칼사이트) 성분이 배어 나와 생긴 종유관 열이다. 이렇듯 균열은 수분 이동의 통로이며 동굴퇴적물이 형성되는 출발점이다.

〈그림 9-34〉 4-❷ 아라고나이트 종유관의 무리

〈그림 9-35〉 제주시 한림읍 협재 소재 황금굴(1982)

용암동굴의 조개껍질 모래에 의한 종유석과 용암 종유석이 공존하고 있다.

이 아라고나이트 그리드의 옆에는 모세혈관 같은 지층의 틈새로 배어 나온 아라고나이트 산석과 곡석, 그리고 가냘픈 종유석(관)이 비 오듯이 쏟아져 내리는 천장을 볼 수 있다. '동굴 스파이크(cave spike)' 형태의 종유석 무리가 천장에 매달려있는 것이다(그림 9-34). 필자가 1982.12~1983.1까지 부친과 함께 탐사한 제주도 협재 동굴군의 황금굴(현재는 보존을 위해 폐쇄한 상태임)에서 보았던 종유관 무리와 비슷한 모습이다(그림 9-35).

제주도의 협재 동굴군은 필자의 부친인 서무송 교수가 "2차원의 위종유동굴에 관한 동굴미지형학적 연구"라는 제목으로 국내·외의 학술지에 게재하고 발표한 동굴이다. 내용을 간략히 요약하면, 화산지역에 형성되는 동굴은 용암이 분출하여 흐르면서 겉과 속의 냉각 속도 차이에 의해 형성된다. 따라서 종유석이나 석순과 같은 동굴퇴적물은 형성될 수 없다. 물론 용암이 지하에서 식어가는 과정에 종유석이나 석순과 비슷한 형태의 암석이 동굴 천장 등에 형성되기는 하지만(그림 9-35), 석회암 동굴에 형성되는 2차 퇴적물과는 근본이 다르다. 그러나 제주도의 협재리 일대에는 용암동굴 위에 두꺼운 조개껍데기 모래가 쌓여 있다. 이 조개껍데기가 빗물에 녹아서 지하의 용암동굴로 유입되고, 그 석회 물질이 가냘픈 종유석과 석순을 형성했다(그림 9-35).

그래서 '위종유동(위장된 종유석 동굴)'이라고 명명한 것이다. 이 위종유동에 형성된 종유석과 석순이 대체로 가냘프고, 체적이 작은 상태인 것은, 종유석과 석순을 살찌우는 석회질이 지표에 퇴적된 조개껍데기 모래에 국한되어 있어 공급량이 적기 때문이다. 이 '동굴 스파이크' 역시 가냘픈 종유관 무리와 미세한 아라고나이트 산석과 곡석으로 이루어져 있는데, 천장의 암석층에서 삼출하는 중탄산칼슘용액의 공급이 충분하지 않았기 때문으로 여겨진다.

관찰 시점 **4-❸**은 7장에서 이미 자세하게 소개한 '스캘럽'이다. 상부 천연 동굴과 마찬가지로 이곳의 스캘럽도 표면 부식이 많이 진행된 상태이다(그림 9-36). 화암동굴과 근접한 절골동굴은 지질·지형적 변화로 인해 지표에서 유입되는 빗물이 차단된 소위 '죽은 동굴'이다. 내부는 매우 건조하여 2차 생성물이 형성되기 어려운 환경이다. 그러나 이곳에 형성된 '스캘럽'은 이 동굴이 과거에 매우 많은 양의 지하수가 유입되어 세차게 흘렀다는 증거가 되는 지형이다. 메마르고 건조해진 절골동굴의 스캘럽은 부식되지 않은 상태로 있는 것으로 보아 스캘럽 표면의 부식은 건조한 상태보다 습윤한 상태에서 더 잘 진행되는 것으로 여겨진다.

〈그림 9-36〉 4-❸ 과거의 연흔 '스캘럽'

+++ 요약 +++
# 09 생동하는 지하의 그림바위

하부 동굴은 화암동굴의 전 구간 중 가장 규모가 큰 천연 석회동굴이다. '대자연의 신비'라는 주제로 개발된 약 900평의 단일 광장으로 천장과 벽면을 따라 2차 퇴적물이 즐비하게 성장하고 있는 현재 진행형의 살아 있는 동굴이다.

전망대 1에서 볼 수 있는 경관은 삼차원의 대형 유석으로 거대한 3차원의 퇴적상에서는 다양한 2차 퇴적물의 형태를 볼 수 있을 뿐만 아니라 지각 운동의 흔적도 여실하게 관찰할 수 있다.

전망대 2에서 볼 수 있는 대표적 경관은 지반 운동의 결과로 짝을 잃고, 생장을 멈춘 석순이다. 지진 등의 동굴 내 충격으로 인해 종유석 또는 석순의 위치가 틀어진다면 석순은 점적수를 공급받지 못하게 되므로 성장을 멈추게 된다. 메마르고, 부식된 동굴 내 2차 퇴적물의 표면에는 문밀크라는 백색 가루 물질이 생성된다.

전망대 3은 가장 핵심적인 장소이다. 필자는 3개의 대표 퇴적물에 'Dripstone Avengers'라는 별칭을 붙이고 각각 특징에 맞는 이름도 부여했다. 탐방로를 따라 첫 번째 석주는 '폭포 석주' 두 번째 석순은 '쌍탑 석순', 세 번째 석주는 '삼일 석주'이다. 이 대형 퇴적물의 천장에는 큰 균열이 동서로, 남북으로 교차하고 있어 대량으로 점적수를 공급받을 수 있는 구조적 기반을 갖추고 있다.

전망대 4는 동굴퇴적물의 생성 원리에 대한 학습과 정리 활동을 할 수 있는 '교육의 장'으로 활용할 수 있다. 동굴의 천장과 바닥에 배열된 종유석과 석순이 교과서의 정형화된 삽화처럼 펼쳐져 있다.

09 The lively rock paintings underground

This cave is the largest natural limestone cave among all sections of the cave. Developed under the theme of 'Mysteries of Nature', it spans an area of about 3,000 square meters, featuring a single chamber where secondary deposits extensively cover the ceiling and walls, creating a living cave where ongoing growth is observed.

The scenery from Observation Deck 1 showcases a three-dimensional display of large flowstone, allowing visitors to observe various forms of secondary deposits along with discernible traces of geological movement.

A prominent sight from Observation Deck 2 is the stalactites, formed as a result of ground movements, now suspended without further growth. If the position of stalactites or stalagmites shifts due to internal cave shocks like earthquakes, they cease to receive drip supply and cease to grow. On the surfaces of desiccated and eroded secondary deposits within the cave, a white powdery substance known as 'moonmilk' is generated.

Observation Deck 3 holds the most significant features. I've bestowed the nickname 'Dripstone Avengers' upon three representative deposits and assigned them fitting names accordingly. Along the exploration path, the first stalactite is named 'Waterfall column', the second stalagmite is 'Twin Tower Stalagmite', and the third stalactite is 'trinity column'. The large cracks intersecting east-west and north-south on the ceiling of these large deposits provide a structural foundation capable of receiving a massive drip supply.

Observation Deck 4 can be utilized as an 'educational platform' for learning and summarizing the principles behind cave deposit formation. Stalactites and stalagmites arrayed on the ceiling and floor of the cave resemble standardized illustrations in textbooks, offering insights into the mechanisms of cave deposits.

10
미동하는
지상의 그림바위

화암(畵岩) – 그림바위 동네

조양강 지류인 어천(동대천)의 중·상류 유역에는 '정선 소금강'이라 불리는 경치 좋은 협곡지대가 있다. 하천의 양안에는 수십 미터에 이르는 절벽이 교대로 모습을 드러낸다.

정선의 캄브리아기 지층 중에는 곳곳에 장산규암이 조금씩 끼어 있는데, 캄브리아기 지층이 대부분을 차지하는 화암면에는 화암리와 몰운리 사이에 대상(帶狀)으로 분포한다. 이 구간에서 어천은 장산규암의 중심을 가르며 흐르고 있어, 정선의 다른 하천 유역과는 차별되는 풍경을 연출한다.

정선을 여행하다 보면, 특별한 경관 중의 하나가 하천 주변에 나타나는 잿빛 암반이 드러난 절벽이다. 주민들은 이 절벽을 '뼝대'라고 부르는데, 대부분이 〈그림 10-2〉와 같은 모습이다. 우리나라에서는 강원 남부와 충북 북동부, 경북 북부 등 석회암이 분포하는 지역에서만 볼 수 있는 경관이다. 우리나라 전체에서 보면 이런 뼝대는 독특한 자연경관이지만, 대부분이 석회암으로 구성된 정선에서는 어디서나 접할 수 있는 경치이다. 그런데 이곳 어천 유역은 정선 지질에서 매우 적은 비중을 차지하는 규암이 분포하고 있으니, 오히려 다른 지역과 차별되는 뼝

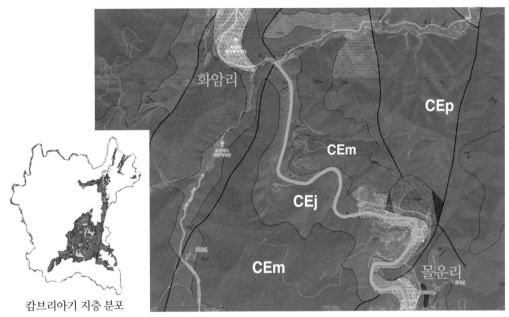

캄브리아기 지층 분포

〈그림 10-1〉 장산규암을 관통하는 하천(어천) 구간

대의 모습(그림 10-3)이 나타난다.

　그래서 그런지 이 구간을 '정선 소금강'이라고 부른다. 그러나 금강산이나 강릉 소금강산 일대는 중생대에 관입한 화강암 지역으로, 이곳 어천 주변의 경관과는 그 근본부터 다르다. 이곳에 '정선 소금강'이라는 별칭을 부여하게 된 유래는 잘 모르겠으나, 이곳만이 지닌 독특한 경치를 연관성이 없는 유명 산지의 딸림으로 축소한 듯하여 쓸쓸한 느낌이다. 한라산과 설악산의 경관을 서로 비교할 수 없듯이 금강산 골짜기나 소금강과는 비교할 수 없는 암석 경관이다. '화암(畵岩)', 즉 '그림바위'라는 예쁘고 의미 있는 이름으로만 불렀으면 하는 바람이다.

그림바위의 실체

　그림바위 동네, 화암면의 지질을 보면 거의 모든 지역이 고생대 캄브리아기에 형성된 퇴적암층으로 구성되어 있다.

　이미 3장에서 소개한 대로, 지질도의 기호 'CE'는 '캄브리아기'를 의미한다. 지질 구성은 '그림바위'길 구간을 흐르는 어천을 중심에 둔 장산규암층(CEj)을 묘봉층(CEm, 녹색 셰일)이 감

148

〈그림 10-2〉 동강 유역 병방치의 석회암 절벽

〈그림 10-3〉 어천 유역의 규암 절벽

싸고, 이를 다시 풍촌석회암(CEp)이 감싸는 형상으로 분포한다. 퇴적 당시와 관련지어 추론하면, 캄브리아기의 바닷가 모래밭에서 사암(장산규암)이, 펄에서 셰일(묘봉층)이, 바다에서 석회암이 형성되었고, 지각의 움직임에 따라 수차례 지층에 묻히고, 드러나기를 반복하며 현재

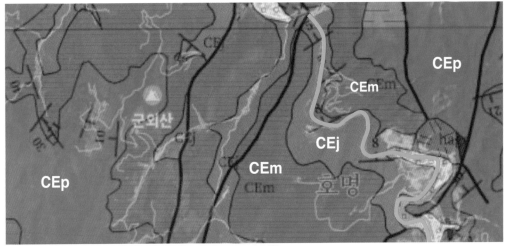

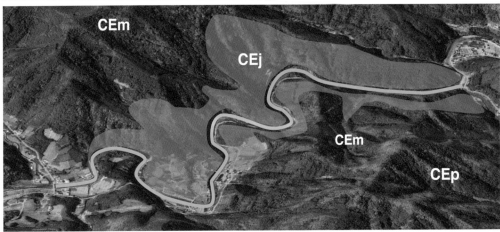

〈그림 10-4〉 그림바위길 주변의 지질 현황

〈그림 10-5〉 백색 규암(좌)과 홍색 규암(우)

에 이른 것이다. 그림바위를 이루고 있는 암석은 규암(硅巖)으로 매우 단단한 암석이다. 주요 성분이 SiO_2(규소)로 이루어져 규암이라고 부르는데, 규소는 곧 석영이다. '석영'이라는 용어는 낯설게 느껴지겠지만, '수정'이라고 하면 친근감이 들 것이다. 석영과 수정이 같은 의미의 용어는 아니지만, 그 성분은 규소로 같다는 뜻이다. 규암은 빤짝빤짝 윤택이 나고 손으로 만지면 매끄러운 느낌이 난다. 그래서 순수한 우리 말로는 '차돌(찰진 돌)'이라고 한다.

차돌 길 10리

어천 유역 규암 지대에 놓인 4km 구간의 도로(하천의 유로를 따라 5km)를 따라 전개되는 절경에는 화표주, 차돌 뼝대, 테일러스, 한치 하안단구, 한치 계곡, 몰운대 등이 있다. 모두 차돌과 어천이 주역이 되어 만든 작품으로, 지각의 흔들림과 변화무쌍했던 기후도 함께 힘을 보탰다. 결국 암석, 하천, 기후, 지반운동의 '합작품'이라 할 수 있다.

이 차돌 길을 따라가는 탐방로는 사계절 모두 색다른 아름다움을 느낄 수 있는 곳이다. '진달래의 청초한 아름다움과 함께하는 차돌 연분홍길, 무성한 녹음 속으로 빠져드는 차돌 녹색길, 색동 옷을 입은 황홀한 차돌 단풍길, 그리고 하얀 눈의 조명에 더욱 빛나는 수정 거울 길'이 계절별로 펼쳐진다.

차돌 길 답사

많은 대학의 지리학(교육)과 학생들은 재학 중에 꼭 한 번은 정선을 찾는다. 정기 답사코스에서 빠질 수 없는 곳이기 때문이다. 그만큼 정선은 우리나라의 자연지리학(교육) 분야에서 연구할 내용과 가르칠 내용이 많은, '교과서와 같은 땅'이라는 뜻이다.

경상국립대학교 사범대학 지리교육과의 기근도 교수는 미래 학교 현장에서 지리를 가르칠 사범대학 학생들을 이끌고 4년에 한 번씩 정선을 찾는다. 기근도 교수의 정선 답사코스에는 학생들에게 이 길을 걷도록 하는 것이 늘 포함되어 있는데, 풍광의 아름다움과 더불어 다양한 공부 거리가 있기 때문이다. 대표적으로 이 길에서는 확실하게 드러나는 암석에 따른 지형의

<그림 10-6> 어천 유역 장산규암의 주요 경관

차이와 기후 변화 영향에 따른 지형의 변화를 현장에서 확인할 수 있다. 그러나 차돌 길은 보행로가 없이 좁고 구부러져 있어서 교통안전에 유의해야 한다.

장산규암의 화풍(畵風)

암석은 크게 화성암, 퇴적암, 변성암으로 나뉘는데, 규암은 퇴적암인 사암이 열과 압력에 의해 변형(광역변성작용)된 변성암이다. 간략히 설명하면, 사암 속의 모래 알갱이가 열과 압력에 의해 변한 것이다. 사암(sand stone)은 말 그대로 '모래'가 뭉쳐진 암석이다. 따라서 사암을 구성하고 있는 모래 알갱이들 사이에는 틈이 많다. 그래서 손으로 비비면 까끌까끌한 느낌이 난다. 그러나 사암이 압력을 받아 모래 입자 사이의 공극이 줄어 더 치밀해지고, 더 단단해진 변

〈그림 10-7〉 여름 차돌 길

〈그림 10-8〉 가을 차돌 길

성암인 규암은 매끈매끈하다. 이렇게 단단한 규암이 기반암으로 이루어진 지역은 넓은 평야가 형성되기 어렵고, 대부분 산지를 이루는 경우가 많다.

아울러 이 돌을 깨면 날카롭게 깨지기 때문에 뗀석기 시대의 돌칼, 돌도끼 등도 이 규암으로 만들었다고 한다. 인류가 처음 사용한 도구의 원료가 규암이니, 인류에겐 더욱 의미 있는 암석이다.

결론적으로, 장산규암은 고생대 캄브리아기에 퇴적된 사암이 지층에 파묻혀 열과 압력을 받으며 더 단단해진 암석이다. 따라서 퇴적과 변성 과정에서 형성된 수평 균열(층리 또는 절리)이 뚜렷하게 보이며, 암석의 색은 주로 옅은 갈색을 띤다.

징신규암을 관통하는 어천 5km 구간에 전개된 수직의 암벽과 돌기둥, 작은 바위, 골짜기, 너덜겅 등 소위 '그림바위'들의 화풍(특징)을 다음 10가지로 정리해 보았다.

1. 쉽게 변하지 않도록 강한 재질을 사용한다.
2. 그림은 뚜렷한 수평의 선과 얇은 수직의 선을 사용하여 씨줄과 날줄로 표현한다(그림 10-9, 10-10, 10-11).
3. 곡선보다는 육면체 형태의 블록으로 떼어 내 입체적으로 표현한다.
4. 블록으로 떼어 낼 때 사용하는 도구는 겨울철의 얼음이며, 마무리 정리는 여름철의 폭우를 이용한다.
5. 표면색은 주변과의 조화를 위해 옅은 갈색과 녹색을 주로 사용하며, 햇빛에 빤짝이는 재료를 섞는다.
6. 돌과 물과 나무를 적절히 섞어 배치함으로써 그림 전체의 조화를 강조한다.
7. '2'를 표현하는 과정에 씨줄과 날줄의 간격이 넓으면 큰 규모의 화폭에 담고, 간격이 좁으면 작은 규모나 기둥 형태로 제작한다. 너무 많이 갈라져 있으면 더 잘게 부수어 원추 모양의 너덜겅으로 쌓아놓는다.
8. '1'의 항목을 시행하기 위해 작품 활동은 주로 1만 5000년 전쯤 주로 진행하였는데, 그 시기는 매우 춥고 긴 겨울과 서늘하고 짧은 여름이 있었던 최후 빙기였다.
9. 남쪽 끝에 있는 작품에는 벼랑의 정상과 물가의 암반을 깎아 너럭바위를 만들어 탐방객이 휴식을 취하며 물아일체를 경험할 수 있도록 배려하였다.
10. 현재에도 아주 느리게 다듬고 씻어 내는 작업을 지속하고 있다.

〈그림 10-9〉 그림바위길의 장산규암 암벽

암석의 절리

절리에 빗물이 침투

동결로 부피 팽창

암벽에서
블록이 떨어져 나옴

동파(frost shattering) 과정

〈그림 10-10〉 장산규암의 절리와 풍화(그림바위길)

156

〈그림 10-11〉 장산규암 암벽의 층리, 풍화, 식생(그림바위길)

화풍에 대한 자연지리학적 해석은,

1. 규암의 단단한 특성을 말한다.

2. 암반에 보이는 선명한 수평 균열(그림 10-9, 10-10)은 층리이거나 암석이 지층에 파묻힌 상태에서 압력을 받은 흔적이다. 이를 가로지르는 상대적으로 얇고, 짧은 수직 절리와 미세한 균열은 지표로 노출되는 과정에 두꺼운 지층이 누르고 있던 하중이 제거(지층을 누르고 있던 압력이 없어짐)되며 형성된 것이다. 아울러 태백 산지의 융기 과정에 발생한 지반의 흔들림도 큰 영향을 주었다.

3. '2'의 수평·수직 절리는 아무리 단단한 암석이라 할지라도 블록 상태로 잘 떨어지게 하는 이유가 된다는 뜻이다(그림 10-11의 적색 원).

4. 암석 파편이 암반에서 떨어져 나오게 하는 도구는 '결빙과 융해'로 그 과정은, 절리 틈에 들어간 수분이 팽창과 수축(얼면서 체적이 증가하고, 녹는 일)을 반복하면서 암석의 절리 틈이 더욱 벌어지고, 이로 인해 암석의 결합이 느슨해지며 떨어져 나오는 것이다(그림 10-10의 ①). 여름철의 폭우는 암석 파편 조각을 씻어 내는 역할을 한다.

5. 옅은 갈색은 장산규암 본래의 색이며, 암벽이 녹색으로 보이는 것은 바위옷, 즉 이끼가 낀 것이다(그림 10-10의 ②). 사실 석회암에는 선태류 등의 바위옷이 정착하기 어려워 암벽 그대로 노출된 것에 비하면, 이곳 규암 절벽은 오히려 이 지역에서는 특별한 현상인 것이다. '햇빛에 반짝이는 재료'라는 것은 규암의 주요 성분인 '석영'을 말한다.

6. 암벽의 곳곳에 보이는 소나무 등의 나무들은 너럭바위 형태로 떨어져 나가 암반 위에 토양화가 진행되어 식생이 안착한 것이다. 규암은 토양화가 이루어지기 어려운 암석으로, 비교적 평탄한 암반 위에는 아주 얇은 토양층이 형성된다. 따라서 큰 활엽수는 정착이 어렵고, 척박한 환경에 잘 적응하는 소나무나 싸리나무와 같은 관목류가 자리를 잡는다(그림 10-11의 화살표).

7. 암반에 나타난 수평·수직 절리의 밀도가 낮으면 풍화(암석의 결합 구조가 느슨해지는 현상)와 침식에 강하여 큰 규모의 암벽이 유지되고, 절리의 밀도가 높으면 암반이 쉽게 붕괴하여 암벽 규모가 작아지거나, 완전히 파쇄되어 암석 파편이 골짜기에 쌓인 테일러스를 형성한다. 결국, 암벽의 규모는 절리 밀도와 반비례 한다.

8. 약 1만 5천 년 전을 전후로 한 최후빙하기에 정선 지역은 툰드라의 환경이었을 것으로 추측하고 있다. 빙하의 흔적이 보이지 않기 때문이다. 따라서 길고 추운 겨울과 짧고 서늘한 여름의 두 계절만 존재한 것으로 알려져 있다. 당시의 환경을 추론하면, 하천은 거의 말라 있었고, 식생은 아주 빈약했으며, 긴 겨울 동안 깨진 암석은 짧은 여름 동안 사면으로 흘러 골짜기에 쌓였다.

9. 수평 절리가 넓게 발달한 암반으로, 넓은 판 모양으로 위 암반이 떨어져나간 경우는 넓고 평탄한 테라스가 발달한다. 몰운대는 암벽의 꼭대기에 발달한 테라스이며, 한치 계곡은 골짜기 양안에 형성된 테라스이다. 또한, 한치마을의 하안단구는 지반의 움직임에 따라 몇 단의 너럭바위가 형성된 다층 테라스인 것이다.

10. 정선 지역은 현재에도 간헐적으로 융기하는 지역이며, 또 다른 지역보다 겨울철 기온이 낮고, 강설량이 많아서 동파 현상이 잘 나타나는 지역이다. 따라서 이곳 '그림바위'도 아주 조금씩 미세하게 지형이 변화하고 있다.

차돌로 블록 쌓기-화표주

　화표주는 '그림바위길'의 북쪽 초입에 대문처럼 서 있는 장산규암으로 이루어진 쌍둥이 돌 기둥이다(그림 10-12). '화표주(華表柱)'라는 것은 무덤의 봉분 양쪽에 세워 놓는 망주석과 같 은 의미이다. 갈색 규암으로 이루어진 돌기둥들의 표면에는 뚜렷한 수평·수직 절리가 보인다. 그림바위길 곳곳에 있는 화표주와 비슷한 돌기둥들을 보면(그림 10-13), 젠가 놀이를 하고 싶 어지는 충동이 생긴다. 이미 몇 개의 블록은 빠진 상태로 몇 개를 더 빼면 와르르 무너져 사라 지거나, 반쪽만 남을 것 같다. 사실 지형은 그렇게 변화하는 것이다. 화표주 주변의 모든 암석 을 합쳐, 큰 덩어리 암반으로 상상해 보면 어떻게 지형이 변화했는지 추리해 볼 수 있다(그림 10-12).

〈그림 10-12〉 화표주의 지형 변화 전 상상도(상). 적색 격자는 절리임.

〈그림 10-13〉 그림바위길의 장산규암 돌기둥

　조선 시대 화가인 겸재 정선의 그림 중에 '화표주도(華表柱圖)'가 있다. 공교롭게도 화가의 이름이 '정선(鄭敾)'이라 이곳 '정선군(旌善郡)'과의 관련성을 생각해 볼 수도 있는데, 서울 출신인 정선은 정선군과는 관련이 없다. 그러나 정선의 그림 '화표주도'는 진경산수화의 논란 여부를 떠나서 이곳 정선의 화표주를 그린 것이라는 주장도 있는 것으로 알고 있다.

　필자도 그 의견에 한 표를 보태고 싶다. 이유는 우선 이렇게 생긴 다각형의 수직 돌기둥은 단단한 규암에서나 가능한 형태이기 때문이다. 우리나라에 흔한 화강암이라면 북한산 인수봉과 닮은 돔 형태의 암반이나, 혹은 설악산의 흔들바위와 같은 공 모양의 바위(토르, 핵석)가 기둥 위에 얹어있어야 한다. 정선의 그림 중에서 국보 217호인 '금강전도'는 실제로 돌산을 이루는 화강암 산지를 그린 것으로, 그 역시 화강암의 바위특성을 잘 알고 있음을 보여 준다. 따라서 정선의 그림 속 화표주는 화강암이 기반암인 지역은 아니다. 석회암 역시 이렇게 크고 독립적인 뭉툭한 돌기둥이 형성되기 어렵다. 암석의 곳곳에 석회질이 녹아 빠져 골다공증이 심해지고, 잘 무너지기 때문이다. 이 돌기둥이 규암임을 나타내는 또 다른 증거는 돌기둥의 중간중간 자리 잡은 소나무 등의 식생이다. 이미 소개한 바와 같이, 규암은 변성 과정에서 형성된 수

〈그림 10-14〉 겸재 정선의 화표주도(華表柱圖)

평 균열에서 암반이 블록으로 떨어져 나가는 특성이 있다. 그래서 이처럼 협소한 돌기둥에도 좁은 평탄면이 생기고, 얇게 덮은 토양 위에 식생이 정착하는 것이다.

둘째 이유는 배후에 보이는 뾰족한 산지 모습 때문이다. 이는 전형적인 석회암 산지의 모습이다. 산지의 모습은 기반암에 따라 조금씩 달리 나타나는데, 화강암 산지는 암반이 노출된 돌산의 형태이다. 편마암과 사암 등의 산지는 넓고 평활한 형태이다. 석회암 산지는 대체로 정상부가 뾰족해지는 특성을 보인다. 따라서 그림의 배후 산지는 석회암 산지이다. 이와 같은 내용을 종합하여 볼 때, 정선의 그림 속 화표주는 석회암 배후 산지가 있는 지역의 규암 돌기둥이어야 한다. 그처럼 규암과 석회암이 절묘하게 조화를 이루는 곳은 이곳 그림바위 골짜기가 유일하다. 따라서 필자는 겸재 정선의 그림 속 화표주는 정선 그림바위길의 화표주를 그린 것이라고 주장하고 싶다.

너덜과 뻥대

화표주에서 남쪽으로 도로를 따라 1.3km를 가면 '소금강 전망대'가 있다. 도로와 접한 사면에는 큰 규모의 너덜겅이, 하천(어천) 건너편에는 거대한 장산규암의 절벽이 장관을 이루고 있는 곳이다. 특별한 이름이 없는 이 경관을 필자는 오래전부터 '차돌 너덜', '차돌 뻥대'라고 불렀다. '뻥대'가 산산 조각나 그 암석 파편이 쌓인 것이 '너덜'이니, 겉보기에는 전혀 다른 모습이지만 알고 보면 형과 아우인 셈이다. 같은 암석으로 이루진 전혀 다른 경관이 서로 마주하고 있다는 것은 과학적 탐구심을 자극하기에 충분하다.

너덜겅이 형성되는 과정을 단계별로 상상해 보면, 하천(어천)이 유로를 잡은 초기에는 양쪽이 모두 거대한 규암 암벽으로, 하천은 그 중심을 가르며 협곡을 이루고 흘렀을 것이다. 물론 동쪽의 암벽은 서쪽의 암벽에 비해 많이 깨진 (절리의 밀도가 높은) 상태이다.

신생대 4기 들어 빙하기와 간빙기가 몇 차례 교대되었는데, 빙하기에는 절리 틈에 침투한 수분이 자주 얼면서 얼음 쐐기작용을 통해 암벽의 구조를 더욱 느슨하게 만들었을 것이다. 느슨해진 암반은 해빙기나, 또는 지진 등 지반이 흔들릴 때 무너져 내려 절벽 밑에 쌓였을 것이고, 이런 과정을 반복하며 원추 모양의 거대한 돌무더기를 만든 것이다. 이 '차돌 너덜'은 원추 모양의 너덜겅 몇 개 합쳐진 상태이다.

이렇게 생긴 너덜겅을 지형학에서는 '애추(崖錐, 테일러스)'라고 하는데, 이렇게 많은 양의 돌 부스러기를 만들기 위해서는 오랜 기간 매우 추운 환경이어야 한다. 따라서 최후빙하기였던 약 15,000년 전을 전후한 시기에 집중적으로 형성된 경관으로 알려져 있다. 그래서 이러한 지형은 현재의 기후 조건에서는 형성되기 어렵고, 이 일대가 매우 한랭하였던 과거에 만들어진 지형이라고 하여, '화석지형'이라고 부른다. 그러나 현재에도 겨울철 동안에는 아주 미미하게 이러한 작용이 일어난다. 그래서 아주 조금씩 테일러스의 형태가 변화한다. 이런 주장의 근거는, 오랜 시간 암석 파편의 공급이 전혀 없었다면 테일러스의 사면 중앙 부분이 중력에 의해 암석 파편 간의 공극이 줄어들기 때문에 주저앉아, 오목한 형태(concave)가 된다. 그러나 현재는 사면의 중앙 부분이 볼록(convex)하게 나온 상태이다. 이것은 현재에도 아주 조금씩 배후에서 암석 파편이 공급된다는 것을 시사한다.

마주 보고 있던 장산규암의 두 암석 덩어리가 전혀 다른 모습으로 진화한 요인은 암반의 균열, 즉 절리 밀도의 차이가 가장 큰 요인이며, 여기에 암반이 노출된 방향도 한몫했다. 즉 너덜

〈그림 10-15〉 화암면 장산규암의 '너덜'과 '뼝대'(2024)

〈그림 10-16〉 필자의 은사이신 오경섭 교수님과 함께 너덜겅 답사(2013)

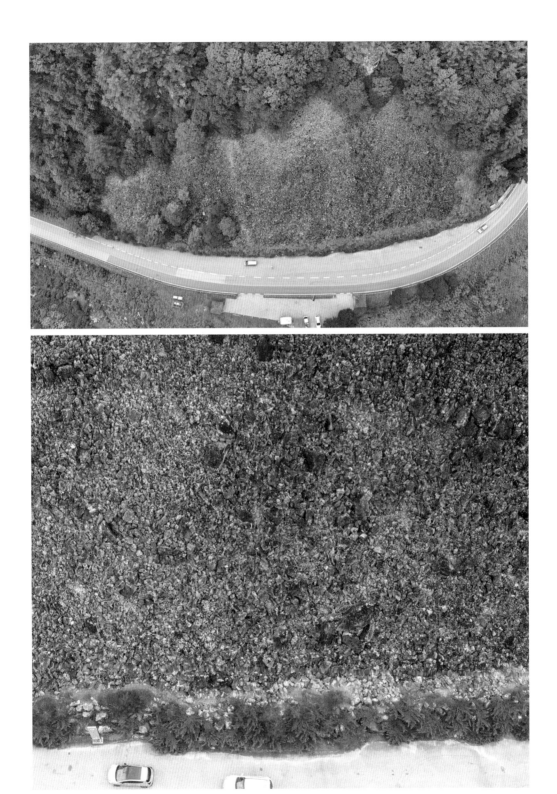

〈그림 10-17〉 화암면의 차돌 너덜겅(2019, 2024)

〈그림 10-18〉 경상국립대학교 사범대학 지리교육과 답사(2023)

〈그림 10-19〉 정선정보공고 학생들과 내 고장 탐방 현장학습(2016)

너덜겅에서 돌아서서 암벽을 보며 설명을 듣는 장면이다.

〈그림 10-20〉 너덜겅과 마주 보고 있는 장산규암의 암벽

절리 밀도가 높은 A 부분은 골짜기, 절리 밀도가 낮은 B 부분은 암벽으로 남아 있다.

〈그림 10-21〉 적색 사각형 부분

경이 바라보는 위치는 서쪽이며, 뻥대가 바라보는 위치는 동쪽이다. 서북향은 동남향보다 일조량이 적어 증발량도 적어지므로, 상대적으로 얼음 쐐기작용이 활발해지는 조건을 만든다. 실제, 어느 지역을 막론하고 너덜경이 형성된 곳은 북서 사면이 남동 사면보다 우세하다. 이렇듯 너덜경은 단순히 암석 파편이 쌓인 돌무더기인 것 같지만 그 형성 배경을 살펴보면, 암석의 구조 등 지질조건, 과거와 현재의 기후 조건, 암벽이 위치한 방향 등 여러 가지 환경 요인이 결합한 경관으로, 탐구 거리가 많다. 그래서 많은 지리 선생님들이 학생들과 함께 자주 찾는 경관 중 하나이다. 거기에 이곳 그림바위길의 테일러스는 비교되는 경관이 마주보고 있어서 학습장으로서는 더할 나위 없이 좋은 곳이다. 독자들도 꼭 한번 들러볼 것을 추천한다.

이 테일러스에서 그대로 180도 뒤로 돌아서면 100여 미터 높이의 '차돌 뻥대', 즉 장산규암의 암벽이 그 위엄을 드러낸다. 거대한 규모에 더하여 압력을 받으며 형성된 수평·수직 균열과 암석이 블록으로 떨어져나간 흔적이 뚜렷하게 보인다(그림 10-20, 10-21). 또, 층리를 따라 널빤지 모양으로 암석이 제거된 협소한 평탄면에는 소나무나 싸리나무 같은 식생이 정착하여 오히려 그 형태가 더욱 뚜렷하게 나타난다.

암벽의 색채를 보면, 암석 파편이 블록 상태로 떨어져나간 부분은 장산규암 본래의 속살이 드러난 갈색이, 표면에 노출된 지 오래된 암벽에는 이끼류의 바위옷을 입은 녹색이 조화를 이루고 있다.

이와 더불어 이곳에서는 모래 알갱이가 뭉쳐 있는 사암이 엄청난 힘의 압력을 받아 석영 덩어리의 규암으로 변하는 모습을 상상해 보는 등 과학적 탐구심을 고취할 수 있는 교육 활동을 하기에 적절하다.

하트테라스에 자리한 삶터

소금강 전망대에서 도로를 따라 남동쪽으로 약 2km를 전진하면 하천과 산지 사이의 좁은 경지에 터를 잡은 '한치마을'이 보인다. 소박하고 서정적인 모습으로, 마을이 들어선 작은 계단 경지를 지형학에서는 '하안단구(River Terrace)'라 한다. 한치마을이 자리 잡은 하안단구는 전체적으로 하트(♡) 모양이다.

하안단구는 하천 상류를 흐르는 산지 지역에 형성되는 지형으로, 하천 양쪽에 형성된 좁은

<그림 10-22> 어천의 하안단구에 입지한 한치마을 위성 이미지

계단 모양의 땅을 말한다.

　여러 단의 평탄면은 과거에 하천이 흐르던 바닥으로, 하천이 평탄하게 다듬은 후 자신이 운반한 피복(퇴적)물을 살짝 덮어놓은 땅이다. 이렇게 평탄해진 지형을 '단구면'이라고 하며, 단구면 위에는 과거 하천이 운반한 둥근자갈과 모래가 쌓여 있다. 단구면의 말단에는 하천이 수직으로 이동한 흔적인 절벽이 나타나는데, 이 절벽을 '단구애(段丘崖)'라고 한다. 하천이 수직으로 하강하기 위해서는 지반이 솟아올라(융기)야 하므로, 결국 단구애는 지반의 융기를 반영하는 지형이다. 물론, 빙하기에 해수면이 하강해도 지반이 융기한 것과 같은 효과를 유발하지만, 이 책에서 설명은 생략하기로 한다. 한치마을이 입지한 하안단구는 2단의 단구면과 단구애가 뚜렷하게 보인다. 가히 하안단구의 모델과 같은 모습으로 지형을 공부하는 학생들에게는 좋은 교재다.

　현재 하천이 흐르는 고도는 500m이며, 상위 단구면은 550~530m, 하위 단구면은 520~510m로 평탄면과 사면 경사 5° 이내의 경사면에서 농경이 이루어지고 있다. 가옥은 단구애의 절벽 아래 열 지어 들어서 있는데, 이는 방풍, 방어와 더불어 협소한 경지를 최대한 확장하려는 노력으로 보인다.

　몰운대 정상의 너럭바위 해발고도가 550m이므로, 몰운대도 한치 상위 단구면과 같은 수준의 하천 지형이라고 볼 수 있다.

　또한, 이 하안단구가 뚜렷한 단구면과 단구애를 갖는 이유 중 하나는 장산규암의 판상 절리

〈그림 10-23〉 한치 단구의 형태(위성 이미지 활용)

〈그림 10-24〉 한치 단구(2024)

〈그림 10-25〉 한치 단구 일대의 지질 현황(위성 이미지 활용)

특성 때문으로 여겨진다. 이미 소개한 바와 같이 장산규암은 널빤지 모양으로 암석이 떨어져 나가는 특성이 있으므로 계단상의 지형을 형성하기에 좋은 조건이라고 볼 수 있다.

〈그림 10-25〉을 보면 어천 배후의 산지 중 남쪽 사면 일부는 관입 시기를 알 수 없는 시대미상의 화강암이 분포하고 있다. 그런데 이 구간에서는 하천에 의한 평탄화가 거의 이루어지지 않은 것으로 보아, 한치마을의 하안단구는 장산규암의 특성을 절대적으로 반영한 단구라고 결론지을 수 있을 것이다. 또 인간이 정착하여 도로를 만들고, 경지를 개간하는 과정에서도 단구애가 보존되었던 것은, 단단한 규암의 특성 때문일 것으로 여겨진다.

한치 단구의 남쪽(몰운대의 북쪽)에 절벽을 끼고 휘돌아가는 어천의 하상에는 차돌로 이루어진 너럭바위가 새로운 얼굴로 여행객을 맞이한다(그림 10-26). 이곳 한치 계곡의 물가에 앉아 있으면 '정선이 석회암 지역인가?'라는 의문이 들 지경이다. 독자들도 이곳에 찾아 가 세찬 물소리를 들으며, 장산규암 너럭바위의 촉감을 느껴 볼 것을 권한다. 필자는 계곡에 앉으면 물소리를 들으며 명상에 잠기기 이전에 바위의 촉감과 질감을 먼저 살핀다. 물이 빈틈없이 매끄럽게 다듬어 놓은 다양한 암석들의 느낌은 암석의 종류에 따라 각기 다르다. 날카로운 느낌의 석회암, 까끌까끌한 사암, 오돌토돌한 화강암, 매끈하고 윤이 나는 규암 등. 어느 골짜기 물가에서만 해 볼 수 있는 특별한 행위이지만, 사실 그것을 해 본 사람은 드물 것이다. 이 책의 독자

〈그림 10-26〉 한치 계곡의 장산규암 너럭바위

들은 앞으로 계곡을 찾을 때마다 꼭 실현해 보기를 권한다. 설악산 어느 골짜기 너럭바위에 앉아 화강암의 질감을 느껴 본 일이 있는 사람이라면, 이곳에서 명확히 비교되는, 장산규암의 고급스러운 질감을 만끽할 수 있을 것이다.

구름이 머무는 바위

몰운대(沒雲臺)는 그림바위길의 남쪽 초입에 있는 바위(벼랑) 꼭대기 너럭바위이다(그림 10-6, 10-28). '절경에 반하여 구름도 쉬어간다'는 뜻의 몰운대는 암석 덩어리의 윗부분이 널빤지 모양으로 떨어져 나가(판상 절리) 드러난, 비교적 넓은 차돌 반석(盤石)이다. 지방도로에 접한 주차장에서 탐방로를 따라 암벽의 정상으로 접근하기 쉬운 곳으로, 찾는 관광객이 많다.

몰운대의 해발고도는 약 550m로 도로(소금강로)에서 이곳까지 이어지는 탐방로는 급한 경사 없이 완만하다. 또 탐방로 주변에서는 둥근자갈이 발견되기도 한다. 따라서 이 일대는 한치 상위 단구와 연결된 단구로 여겨지며, 단구 형성 당시 하천에 의해 너럭바위가 만들어진 것으로 판단된다.

장산규암으로 이루어진 어천 유역의 그림바위길은 멀리서 감상하다가 점점 근접하여 자세히 보게 되고, 결국에는 그림에 올라가 그림과 함께 물아일체를 경험할 수 있는 곳이다. 가히, 신이 만든 화랑이며, 석회암에 가려 소외될 수 있었던 캄브리아기의 변성퇴적암인 장산규암이 만든 절경의 진수를 감상할 수 있는 곳이다.

〈그림 10-28〉 몰운대 전경(가을 풍경)

〈그림 10-29〉 몰운대 정상의 너럭바위(2019)

+++ 요약 +++

10 미동하는 지상의 그림바위

조양강 지류인 어천의 중·상류 유역에는 '정선 소금강'이라 불리는 경치 좋은 협곡지대가 있다. 하천의 양안에는 수십 미터에 이르는 규암 절벽이 교대로 모습을 드러낸다.

이 차돌 길을 따라가는 탐방로는 사계절 모두 색다른 아름다움을 느낄 수 있는 곳이다. '진달래의 청초한 아름다움과 함께하는 차돌 연분홍 길', '무성한 녹음 속으로 빠져드는 차돌 녹색 길', '색동옷을 입은 황홀한 차돌 단풍 길', 그리고 '하얀 눈의 조명에 더욱 빛나는 수정 거울 길"이 계절별로 펼쳐진다.

어천 유역 규암 지대에 놓인 4km 구간의 도로를 따라 전개되는 절경에는 화표주, 차돌 암벽, 테일러스, 한치 하안단구, 한치 계곡, 몰운대 등이 있다. 모두 규암과 어천이 주역이 되어 만든 작품으로, 지각의 흔들림과 변화무쌍했던 기후도 함께 힘을 보탰다.

'소금강 전망대'에서는 큰 규모의 너덜겅과 거대한 장산규암의 절벽이 장관을 이루고 있는 모습을 볼 수 있다. 같은 암석으로 이루어진 전혀 다른 경관이 서로 마주하고 있다는 것은 과학적 탐구심을 자극한다.

소금강 전망대에서 도로를 따라 남동쪽으로 약 2㎞를 전진하면 하천과 산지 사이의 좁은 경지에 터를 잡은 '한치마을'이 보인다. 소박하고 서정적인 모습으로, 마을이 들어선 작은 계단 경지를 지형학에서는 '하안단구'라 한다. 한치마을이 자리 잡은 하안단구는 전체적으로 하트(♡) 모양이다.

몰운대는 바위 꼭대기 너럭바위이다. '절경에 반하여 구름도 쉬어간다'라는 뜻의 몰운대는 규암 덩어리 윗부분의 판상 절리가 드러난, 비교적 넓은 반석이다.

+++ SUMMARY +++

10 The faintly moving rock paintings above ground

In the upper and middle reaches of the Eocheon, a tributary of the Jo Yang River, there is a scenic gorge area known as 'Jeongseon Sogumgang.'

Along both sides of the river, alternating quartzite cliffs rise to several tens of meters. The hiking trail following this rocky path offers a different beauty in all four seasons. "The path unfolds seasonally as follows: 'The quartzite path with the pure beauty of azaleas, the quartzite pink path immersed in lush greenery, the enchanting quartzite maple path adorned in colorful attire, and the crystal mirror path shining even brighter under the white snow illumination.'

Along the 4-kilometer stretch of road in the Eocheon basin limestone area, you'll encounter picturesque landmarks such as the Hwapyoju, crystal cliffs, Tailus, Hanchi Haan-dangu, Hanchi Valley, and Morun Rock. All are works created by limestone and Eocheon, bolstered by the geological tremors and ever-changing climate.

From the 'Sogumgang Observatory,' you can witness the magnificent sight of large-scale rocky cliffs made of massive quartzite. The fact that entirely different landscapes formed by the same rocks confront each other stimulates scientific inquiry.

Continuing about 2 kilometers southeast along the road from the Sogumgang Observatory, you'll come across 'Hanchi Village,' nestled in the narrow land between the river and the mountains. With its rustic and lyrical appearance, the small terrace where the village stands is called 'River Terrace' in geomorphology. The River Terrace where Hanchi Village is situated is shaped like a heart (♡) overall.

Morun Rock is a protruding rock at the top of the cliff. Morun Rock, meaning 'Even the clouds take a break against the scenery,' reveals a relatively wide ledge where the plateaus of the upper part of the chunk are exposed.

11

천상의
캄브리아 세계

1000 上!!!, 저 높은 곳을 향하여…

우리나라에서 해발고도 1000m 이상(돌리네의 가장 깊은 최심부)에 존재하는 용식와지(돌리네)는 2개 시·군 6 지역에 모두 14개가 있다. 정선군이 2 지역에 7개, 삼척시가 3 지역에 5개가 있으며, 정선군과 삼척시의 경계에 걸쳐 있는 돌리네가 2개 있다(그림 11-2). 그중 민둥산에서 지억산으로 연결되는 능선을 따라 모두 6개의 돌리네가 줄지어 있어, 이곳은 우리나라에서 '1000 上'의 돌리네 밀집도가 가장 높은 곳이 된다. 1000m 이상의 칼날 같은 능선으로 연결된 하늘길을 따라 오목한 땅의 신비한 모습이 수줍은 듯 드러난다.

해발고도 1000m 이상 지역에 용식와지인 돌리네가 줄지어 형성된 이유는 우선 지질 경계선에 형성된 단층선 때문이다. 주 능선의 좌측에는 묘봉층(CEm)이, 우측에는 풍촌석회암(CEp)이 접하고 있으며(그림 11-1), 돌리네는 지질 경계선에서 우측 풍촌석회암 쪽에 형성되어 있다. 주 능선 좌측을 차지하는 묘봉층은 주로 녹색 셰일(비탄산염암)로 용식 지형이 형성되지 않는다.

이미 5장에서 소개한 대로, 서로 다른 암석의 경계, 즉 지질 경계선 부근은 암석이 깨진(단열과 절리) 밀도가 높아 암석 덩어리의 결합력이 떨어진다(풍화에 취약해진다). 따라서 지형의 변화가 쉽게 일어나는 것이다. 아울러 이곳은 백두대간의 주 능선부와 맥을 같이하는 곳으로, 신생대 3기 이후 활발한 지각운동(융기 작용)의 과정에서 단열 밀도가 더욱 높아진 곳이다. 따라서 산 정상을 연결하는 능선을 따라 돌리네가 형성되는 배경이 되었다. 이곳 이외에도 고산 지역에 돌리네가 분포하는 곳은 당연히 '석회암이 분포하는 백두대간의 주 능선부'이다(그림 11-2).

『한국의 석회암 지형』

필자는 우리나라(남한)에서 해발고도 1000m 이상 지역에 형성된 돌리네를 14개로 단정하고 있다. 이러한 주장은 필자 부친의 저서인 『한국의 석회암 지형』 저작 과정에서 확인한 것에 근거한다.

필자의 부친인 서무송 교수는 1996년 7월 이 책을 출간하였는데, 그 당시 30년간 축적한 자

〈그림 11-1〉 민둥산, 발구덕마을 일대의 지질 현황

〈그림 11-2〉 최심부 해발고도 1,000m 이상에 형성된 돌리네 분포지역

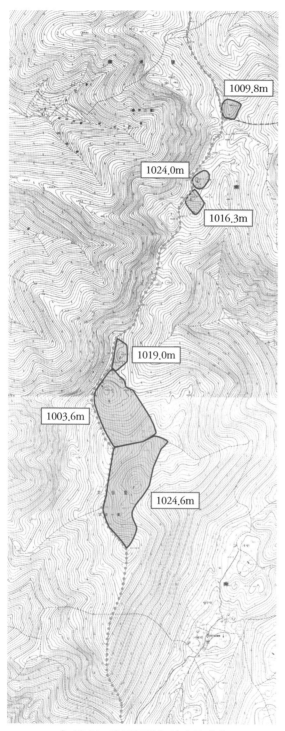

〈그림 11-3〉 민둥산 능선의 돌리네
* ( )는 돌리네 최심부 해발고도임.
** 최심부가 1000m 이상인 곳만 표시함.

료들을 토대로 남한 전 지역에 존재하는 모든 돌리네에 대한 조사 결과를 묶어 책으로 펴냈다. 책으로 제본할 수 있는(손으로 들 수 있는) 최대 크기의 대축척 지도를 제작하여 엮은 일종의 지도책이다. 가로 30cm, 세로 42.5cm, 총 555쪽의 대형 도서로, 왼쪽 면(짝수 면)에는 설명을, 오른쪽 면(홀수 쪽)에는 1:8500 축척의 전면 지도로 구성했다.

저작 과정은 우선 지질도를 토대로 석회암이 분포하는 전 지역을 발췌하고, 이 지역에 해당하는 모든 지도, 즉 일제 강점기 조선 총독부에서 제작한 지형도로부터 군사지도, 건설지도, 당시 국립지리원(현 국토지리정보원)에서 제작한 대축척 지도까지 총망라하여, 지도 상에 표시된 돌리네를 이 책의 기본도인 1:8500 지도상에 옮겨 표기한 것이다. 그러나 기존 지도상에는 표기되지 않은 돌리네와 표기할 수 없는 돌리네가 무수히 많은 상태였다. 예를 들어, 현재 발행된 지도(전자지도 포함) 중 가장 큰 축척은 1:5000으로 등고선의 간격은 5m이다. 이는 깊이 5m 이내의 접시형 돌리네는 어떤 지도에도 표기할 수 없다는 뜻이다. 이러한 허점을 보완하기 위해 우리나라에서 돌리네가 분포하는 전 지역인 214곳을 직접 답사하는 다소 무모한

계획을 세우고, 실행에 옮겼다. 실로 대동여지도를 제작하기 위해 짐을 싸서 집을 떠나는 고산자의 흉내를 내는 듯한 고상한 기분이었다.

<그림 11-4>『한국의 석회암 지형』표지

그 답사에는 부친과 아들인 필자뿐 아니라 필자의 친구들까지 동원되었다. 평일에는 당시 이미 퇴임하여 시간 여유가 많았던 부친과 부친의 지인들이 답사를 도왔으며, 주말과 방학에는 필자가 전담하여 답사를 함께했다. 지형 관찰이 쉬운 겨울 방학에는 필자와 필자의 친구들이 가담하여 집중적인 답사를 시행하였다. 특히, 용인 풍덕고등학교에서 지리교사로 퇴임한 이성선 선생은 이 책을 저술하는 데 가장 큰 공로자로, 목숨을 건 탐험에 적극적으로 동참했던 기억이 난다. 이 지면을 빌려 다시 한번 감사의 마음을 전하고 싶다.

결론적으로, 당시의 교통과 장비 여건상 현장 답사에 실패한 사례도 있었지만, 필자는 필자의 부친과 함께 우리나라의 용식와지 지형, 즉 돌리네를 현장에서 가장 많이 만난 장본인임을 자부한다.

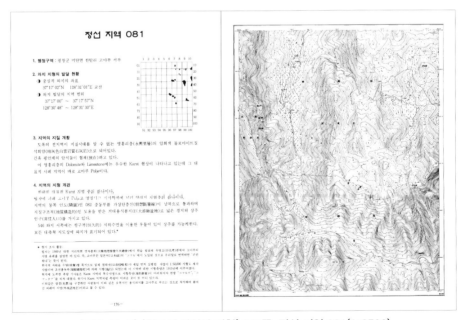

<그림 11-5> '한국의 석회암 지형' 176쪽, 정선 지역 081(1:8500)

'돌리네 코리아' 선발

우리나라를 대표하는 화산은 백두산이고, 남한을 대표하는 화산은 한라산이다. 편마암을 대표하는 산지는 지리산이고, 화강암을 대표하는 산지는 금강산이다. 필자는 이 책을 읽는 독자들과 함께 우리나라의 석회암 지형을 대표하는 산지와 돌리네, 즉 '돌리네 코리아(Doline-Korea)'를 선정하자고 제안한다. 그러나 막연히 돌리네가 분포하는 214곳의 수천 개 돌리네를 대상으로 할 수 없으니, 해발고도 1000m 이상에 분포하는 돌리네 6곳 중 하나를 뽑았으면 한다. 그래야 대표성에 대한 명분이 뚜렷해질 것이다. 이를 위해 필자가 위에서 언급하였던 여섯 지역의 대표 돌리네의 그 규모를 표로 제시하고, 간략한 특징을 기술하며, 위성 영상과 지도를 제시하여 서로를 비교·평가하고자 한다. 그래서 우리나라의 석회암 지형을 대표할 만한 으뜸 경관을 객관적인 관점에서 선정하려 한다. 평가 항목은 돌리네 장축의 길이와 분수계(강우 시 빗물이 이 돌리네로 흘러드는 한계선)의 안쪽 면적으로 설정한 돌리네의 크기, 해발고도의 순위(돌리네의 분수계 중 가장 높은 곳의 해발고도), 분수계의 최고 고도와 최심부와의 고도차이(돌리네의 형태를 결정하는 중요한 요인), 아울러 사람들이 쉽게 찾아갈 수 있는 접근성 등을 평가 항목에 포함한다. 그러나 돌리네의 최심부, 즉 싱크홀의 해발고도는 '1000m 이상'이라는 후보의 자격 요건으로만 삼고, 평가 항목에서 제외하기로 한다. 깊이(고도차)가 평가 항목에 포함되어 있어서 중복 평가가 되기 때문이다.

이를 위해 돌리네의 범위는 강우 시 해당 돌리네로 흘러드는 빗물의 분수계로 하며, 분수계를 연결한 안쪽 평면으로 면적을 계산했다. 거리와 면적의 계산은 '카카오 지도'를 활용했다. 지도는 모두 북쪽을, 위성 영상은 해당 돌리네가 잘 보이는 방향으로 각기 다르게 설정했다. 또 돌리네가 위치한 지역의 특성에 관한 기술은 답사 당시의 상황과 느낌을 표현한 것으로, 현재의 지리적 상황과는 다를 수 있다.

<표 11-1> '돌리네 코리아' 후보 1

위치	정선군 화암면 북동리 소래재 부근			
장축(m)	면적(㎡)	최심부 고도(m)	최고점 고도(m)	고도차(깊이, m)
196	11,348	1048.0	1092	44

'돌리네 코리아' 후보 1은 정선군 화암면 북동리 소래재 부근의 돌리네이다. 돌리네의 규모는 작은데, 주변 산세가 매우 험준하여 현장을 찾아가기에 어려움이 많다. 이 돌리네는 산 정상부에 거의 원통형으로 형성되어 있어, 장마철에는 일시적인 산정 우물이 될 가능성이 클 것으로 판단된다.

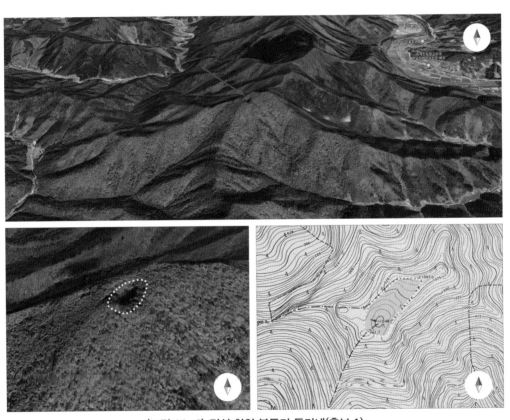

<그림 11-6> 정선 화암 북동리 돌리네(후보 1)

<표 11-2> '돌리네 코리아' 후보 2

위치	정선군 화암면 건천리 / 삼척시 하장면 추동리			
장축(m)	면적(㎡)	최심부 고도(m)	최고점 고도(m)	고도차(깊이, m)
396	57,719	1023.5	1110	86.5

후보 2는 정선군과 삼척시의 경계에 형성된 두 개의 돌리네 중 남쪽에 있는 규모가 큰 돌리네이다. 군 경계를 이루는 능선이 돌리네의 분수계와 일치하여, 정확한 돌리네 규모를 파악하려면 지형도와 대조하며 세밀하게 관찰하여야 한다.

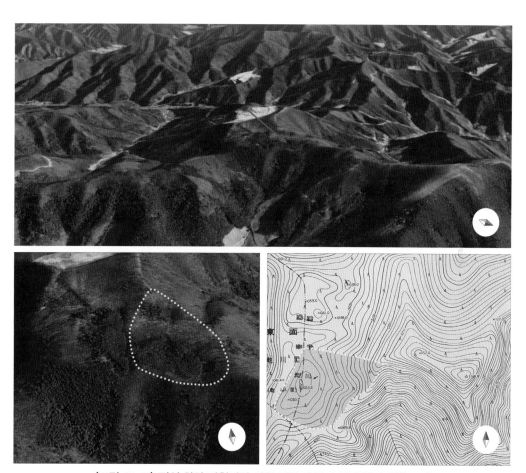

<그림 11-7> 정선 화암 건천리와 삼척 하장 추동리 경계 돌리네(후보 2)

〈표 11-3〉 '돌리네 코리아' 후보 3

위치	정선군 남면 무릉리 민둥산			
장축(m)	면적(㎡)	최심부 고도(m)	최고점 고도(m)	고도차(깊이, m)
600	103,785	1024.6	1118.8	94.2

후보 3은 민둥산 정상이 이 돌리네를 감싸는 분수계에 포함되어, 사실상 우리나라에서 가장 높이 위치한 돌리네가 된다. 장축의 지름이 600m 이상으로, 해발고도 1000m 이상의 돌리네 중 규모도 가장 크다.

〈그림 11-8〉 정선 남면 무릉리 민둥산 돌리네(후보 3)

<표 11-4> '돌리네 코리아' 후보 4

위치	삼척시 하장면 번천리			
장축(m)	면적(㎡)	최심부 고도(m)	최고점 고도(m)	고도차(깊이, m)
250	24,219	1027.0	1077.0	50

후보 4는 백두대간 분수령의 서부 완사면에 형성된 돌리네이다. 이 일대는 묘봉층, 장산규암층, 풍촌석회암층, 태백산층 등 여러 지층의 경계로 돌리네는 탄산염암인 풍촌석회암층에 형성되어 있다.

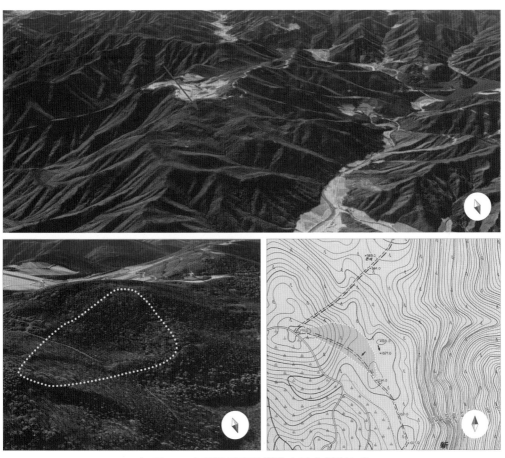

<그림 11-9> 삼척 하장면 번천리 돌리네(후보 4)

〈표 11-5〉 '돌리네 코리아' 후보 5

위치	삼척시 도계동 마교리			
장축(m)	면적(㎡)	최심부 고도(m)	최고점 고도(m)	고도차(깊이, m)
75	4,023	1068.8	1075.0	6.2

후보 5는 산세가 매우 험준하며, 숲이 우거져 등산로를 따라 종일 걸어야 도달할 수 있는 돌리네이다. 후보 돌리네 중 가장 작지만, 돌리네 중심부의 해발고도가 우리나라에서 가장 높다. 와지 표시는 1개 지도에만 표시되어 있어, 반드시 현장 답사를 통한 확인이 필요했던 돌리네이다.

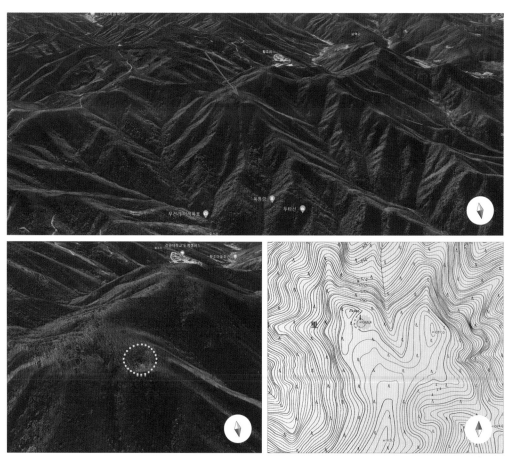

〈그림 11-10〉 삼척 도계동 마교리 돌리네(후보 5)

<表 11-6> '돌리네 코리아' 후보 6

위치	삼척시 가곡면 풍곡리			
장축(m)	면적(㎡)	최심부 고도(m)	최고점 고도(m)	고도차(깊이, m)
456	66,687	1019.3	1117.9	98.6

후보 6은 고생대 캄브리아기의 셰일, 사암 등을 대표하는 묘봉층의 대표 암상인 경상북도 묘봉 북쪽 사면 강원도에 있는 돌리네이다. 민둥산 돌리네에 이어 두 번째로 규모가 큰 깔때기 형태로, 가장 깊은 돌리네이기도 하다. 지도상에는 1019.3m 돌리네 바닥의 고도가 1059.3m 고지로 잘못 표시되어 있다.

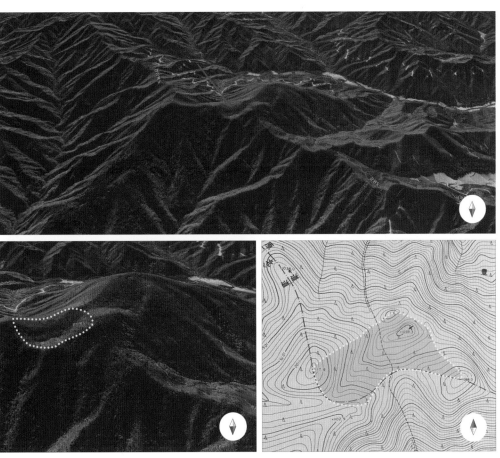

〈그림 11-11〉 삼척 가곡면 풍곡리 돌리네(후보 6)

에피소드 "여긴 어디? 난 누구?"

『한국의 석회암 지형』 집필을 위해 지도를 분석하던 중 태백시 화전동 매봉산 정상(1303m) 서쪽 70m 지점에서 중심부 해발고도가 1268.3m인 우리나라에서 가장 높은 오목지를 발견하였다. 매봉산 일대는 고생대 석탄기에 형성된 셰일과 사암 등 비 탄산염암이 분포하는 곳으로 돌리네가 형성될 수 없는 곳이다. 그러나 지도상에 오목 지형이 표시되어 있으므로, 현장 답사를 통한 확인이 필요했던 상황이었다.

필자의 부친은 그 당시에 가장 젊었던 필자와 필자의 친구들로 탐사대를 꾸려 현장 답사에 나섰다. 앞서 소개한 필자의 친구인 이성선 선생이 지프를 몰고 등산로와 다름없는 산길을 올랐다. 차가 올라갈 수 있는 한계에서 하차하여 도보로 가시덤불을 헤치고 3시간을 헤맨 끝에

〈그림 11-12〉 태백시 화전동 매봉산 정상의 포탄에 의해 형성된 와지

이 와지를 찾을 수 있었다.

이 태백의 매봉산은 1300m가 넘는 고산지이면서 산의 정상부는 경사가 완만한 평정봉의 형태이다. 따라서 이곳은 지형적으로 뛰어난 전술적 요충지가 되어, 한국전쟁 당시에 국군과 인민군이 교대로 점령하며 그때마다 사령부 관측소로 운영되던 곳이었다고 한다. 따라서 이 산지를 대상으로 적군과 아군 모두 많은 양의 포탄을 퍼부었고, 이로 인해 매봉산 일대에는 포격에 의해 움푹 파인 땅이 여기저기에 생기게 된 것이다.

현재에는 급경사의 사면에 형성된, 이곳을 제외하고 전쟁의 흔적은 모두 없어졌지만, 1990년대 당시 답사 중에는 이 일대에서 포격으로 생긴 오목지를 메워가며 농지를 확장하는 장면을 볼 수 있었다.

찐(眞) '돌리네 코리아'는 어디?

독자들도 이미 으뜸 돌리네를 찾았고, 필자의 의도도 파악했을 것이다. 객관적인 평가로 후보 3의 정선 민둥산 돌리네를 우리나라 카르스트 지형을 대표하는 으뜸 돌리네로 선정하여도 큰 무리가 없을 것 같다(표 11-7).

돌리네의 크기 순위에 따라 6~1점, 분수계를 이루는 외륜산 중 가장 높은 곳 해발고도 순위에 따라 6~1점, 깊이 순위에 따라 6~1점을 부여하고, 접근도는 승용차로 접근할 수 있는 민가로부터 최단 거리가 1km 미만이면 3점, 1~2km 2점, 2km 이상이면 1점을 추가 부여하여 집계한 결과는 〈표 11-7〉과 같다.

석회암 지형(카르스트 지형)의 가장 기초적이며, 상징적인 지형은 돌리네이다. 돌리네는 석회암이 기반암인 지역에 생기는 오목한 땅으로, 다양한 모양을 크게 접시 형태와 깔때기 형태로 나눈다. 대체로 산지에 형성된 경우에는 깔때기 형태로, 하안단구 등의 비교적 평평한 곳에 형성된 경우에는 접시 형태로 형성된다. 따라서 접시형 돌리네는 경지로 활용하기가 쉬워 대부분 원지형이 훼손된 경우가 많다. 반면에, 산지에 형성된 깔때기 형태의 돌리네는 인간이 활용하는 데 어려움이 많아 원지형이 그대로 보존된 경우가 많다.

이 민둥산 정상의 돌리네는 이미 소개한 대로 우리나라에서 해발고도가 가장 높은 곳의 크고, 정교하게 생긴 돌리네이다. 더구나 민둥산 일대는 그 산의 이름에서도 알 수 있듯이 나무

〈표 11-7〉 1000m 이상에 분포하는 돌리네의 비교 순위와 점수 집계

순위	후보 1	후보 2	후보 3	후보 4	후보 5	후보 6
장축 지름	5	3	1	4	6	2
면적	5	3	1	4	6	2
최심부 고도	2	5	4	3	1	6
최고점 고도	4	3	1	5	6	2
고도차(깊이)	5	3	2	4	6	1
접근성(근접 민가-km)	3	3	1	2	5	6
	1.3	1.3	0.3	0.65	1.6	2.14

점수	후보 1	후보 2	후보 3	후보 4	후보 5	후보 6
규모	2	4	6	3	1	5
최고점 고도	3	4	6	2	1	5
고도차(깊이)	2	4	5	3	1	6
접근성	2	2	3	3	2	1
총점(21점)	9	14	20	11	5	17

〈그림 11-13〉 민둥산 정상의 삿갓 돌리네

가 없이 억새만 자라는 환경이다. 따라서 원형이 잘 보존된, 가장 잘생긴 돌리네를 한눈에 조망할 수 있는 조건도 함께 갖추고 있다. 이와 같은 사실을 종합하여 볼 때, 실로 우리나라 카르스트 지형을 대표하는 경관으로 선정해도 전혀 손색이 없을 것으로 생각된다.

옛날부터 이곳 발구덕마을의 원주민들은 이 돌리네를 여덟 개 구덩이에 포함하여 '삿갓구뎅이'라고 불렀는데, 돌리네의 형상을 아주 적절하게 표현한 것이다. 깔때기를 뒤집으면 삿갓 모양이 되기 때문이다(그림 11-15).

'화룡점정'

민둥산 정상의 돌리네는 정선의 상징이며, 우리나라의 카르스트 지형을 상징하는 경관이다. 이미 소개한 대로 이 돌리네가 위치한 지리적 환경이나 규모, 생김새 등에서 으뜸이기 때문이다. 그래서 필자의 부친은 필자가 어렸을 때부터 수차례 이곳에 데리고 와 필자에게 카르스트 지형학을 가르쳤다. 필자의 부친도, 필자도 학생들과 함께 카르스트 지형을 답사할 때는 우선 이곳을 찾았다(그림 11-14). 2023년 필자의 노력으로 개설한 '한국 카르스트 지형지질 전시관(K-KARST)'에도 이 돌리네의 사진을 입구에 게시했다. 그만큼 우리나라 카르스트 지형을 대표하는 상징성이 큰 경관이라고 믿기 때문이다.

이 돌리네는 중심의 싱크홀과 분수계 사이의 사면을 따라 4~5곳에 작은 오목지가 형성되어 있다. 따라서 전체적으로 '우발레(두 개 이상의 돌리네가 합쳐진 와지)'라고 해도 무방하다. 특히, 돌리네 내부의 남쪽 사면(민둥산 정상부 사면)에 형성된 가장 큰 오목지는 독립적인 싱크홀이 있는 것으로 보이지만, 빗물이 넘치면 돌리네 내부의 골짜기를 따라 중심부 싱크홀로 흘러 들어가므로, 두 돌리네를 구분할 필요 없이 전체적으로 '깔때기 형태의 돌리네'라 부르는 것이 합당하다(그림 11-13). 돌리네의 중심부에는 '싱크홀'이 존재한다. 주방에 설치된 싱크대에서 물이 빠져나가는 구멍을 싱크홀이라고 하는데, 같은 의미이다. 이 싱크홀을 고무마개로 막으면 물이 빠지지 않아 싱크대에 물을 받을 수 있다. 돌리네의 싱크홀은 빗물이 모여드는 곳으로, 싱크홀을 막으면 쉽게 많은 양의 물을 저수할 수 있는 지형적 특성이 있다.

민둥산과 같이 억새로 유명한 산지로는 경상남도 창녕군의 화왕산이 있다. 2009년까지만 해도 정월 대보름날 '소원 성취를 위한 억새 태우기' 행사로 유명했던 곳이다. 그러나 2009년

행사 중 바싹 마른 억새에 불이 붙고, 여기에 돌풍까지 불면서 삽시간에 불이 확대되어 인명
사고가 발생하는 참사가 일어났다. 이후 이 행사는 폐지되었다.

이를 교훈 삼아 정선군에서는 민둥산 억새 축제 때, 안전 대책에 관해 심도 있는 고민과 논의
를 하였는데, 이 돌리네의 싱크홀을 막아 방화수를 확보하는 방안이 제안되어 실행에 옮기게
되었다. 민둥산 돌리네 중심에 한라산의 백록담처럼 호수가 만들어진 것이다(그림 11-16). 이

〈그림 11-14〉 민둥산 돌리네의 답사 장면
서무송 교수와 건국대학교 지리학과 학생들(상, 1973)과 서원명 인솔 정선정보공고 지리답사반 학생들(하, 2013)

〈그림 11-15〉 다른 방향에서 본 민둥산 정상의 삿갓 돌리네

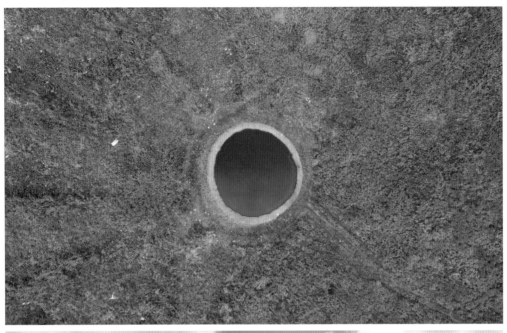

〈그림 11-16〉 민농산 놀리네의 숭앙 싱크홀 호수

작은 호수로 인해 돌리네의 경관은 더욱 아름다워졌다. 가히, 정선군에 한라산의 동생이 생긴 것이다. 유튜버들이 이곳을 찾아 모여들게 되고, 이 장소를 적극적으로 알리기 시작했다. 급기야 어느 신발 광고의 배경으로 TV 화면에 등장하면서, 이곳을 모르는 이가 없을 정도로 유명한 경관이 된 것이다. 안전 대책으로 조성한 작은 호수가 '화룡점정'이 되어 더 예쁘고 화려한 경관으로 재탄생하게 된 것이다.

+++ 요약 +++

11 천상의 캄브리아 세계

   우리나라에서 해발고도 1000m 이상에 존재하는 용식와지(돌리네)는 2개 시·군 6 지역에 모두 14개가 있다. 그중 민둥산에서 지억산으로 연결되는 능선을 따라 모두 6개의 돌리네가 줄지어 있어, 1000m 이상에 위치한 돌리네 밀집도가 가장 높은 곳이 된다.

   특히, 민둥산 정상의 돌리네는 해발고도가 가장 높은 곳의 크고 정교하게 생긴 돌리네이다. 민둥산 일대는 산 이름에서도 알 수 있듯이 나무가 없이 억새만 자라는 환경이다. 따라서 원형이 잘 보존된, 가장 잘생긴 돌리네를 한눈에 조망할 수 있는 조건도 함께 갖추고 있다.

   이와 같은 사실을 종합하여 볼 때, 실로 우리나라 카르스트 지형을 대표하는 경관으로 선정해도 전혀 손색이 없을 것으로 생각된다.

   돌리네의 싱크홀은 빗물이 모여드는 곳으로, 싱크홀을 막으면 쉽게 많은 양의 물을 저수할 수 있는 지형적 특성이 있다. 정선군에서는 민둥산 억새 축제 때, 혹시 모를 화재에 대한 안전 대책에 관해 심도 있는 고민과 논의를 하였는데, 이 돌리네의 싱크홀을 막아 방화수를 확보하는 방안이 제안되어 실행에 옮기게 되었다. 민둥산 돌리네 중심에 한라산의 백록담처럼 호수가 만들어진 것이다(그림 11-16). 이 작은 호수로 인해 돌리네의 경관은 더욱 아름다워졌다. 안전 대책으로 조성한 작은 호수가 '화룡점정'이 되어 더 예쁘고 화려한 경관으로 재탄생하게 된 것이다.

✦✦✦ SUMMARY ✦✦✦

11 The Cambrian world beyond 1,000m

In South Korea, there are a total of 14 dolines, also known as sinkholes, located at an altitude of over 1000 meters. Among them, there are six dolines lined up along the ridgeline connecting Mindung Mountain to Jiauk Mountain, making it the area with the highest concentration of dolines above 1,000 meters.

In particular, the doline at the summit of Mindung Mountain is the largest and most intricately formed doline at the highest altitude. Moreover, the area around Mindung Mountain, as indicated by its name, is an environment where only grass grows without trees. Therefore, it provides conditions where well-preserved, aesthetically pleasing dolines can be easily observed at a glance.

Considering these facts together, it is evident that this area could be designated as representing the karst topography of South Korea without any hesitation.

The sinkholes of the dolines are places where rainwater gathers, and due to this characteristic, they can easily store large amounts of water when blocked. During the Mindung Mountain grass festival in Jeongseon County, there was thorough consideration and discussion regarding safety measures against potential fires. As a result, a plan was proposed and implemented to secure firefighting water by blocking the sinkholes of the dolines. A small lake, similar to Hallasan's Baengrokdam, was created at the center of the dolines in Mindung Mountain, further enhancing the beauty of the doline landscape. The small lake, created as a safety measure, transformed into a beautiful and splendid landscape.

12
여덟 구덩이를 합체한 '폴리에'

'구덩이'를 삶의 터전으로 일군마을

민둥산 아래 첫 동네인 '발구덕마을'은 커다란 돌리네들을 경지로 개간하여 들어선 산골 마을이다. 마을 이름 '발구덕'의 '발'은 '8', '구덕'은 '구덩이'란 말로 커다란 돌리네 여덟 개가 모여 이룬 마을이란 뜻이다. 필자는 이 발구덕마을을 '석회암이 녹아서 형성된 거대한 분지'를 일컫는 '폴리에'라 부르고 있다. 이는 평생을 카르스트 연구에 몰두한 부친 서무송 교수가 발구덕마을을 폴리에로 명명하자는 의견에 따른 것이다. 폴리에란 용어의 정의에 특별히 규모를 제한한 내용이 없으므로, 석회암 지역의 커다란 용식 와지 안에 인간이 터를 잡고 삶을 영위할 수 있는 조건만 갖추고 있다면, 그렇게 명명해도 무리가 없을 것이다. 농토와 늘 흐르는 작은 하천이 있다면 인간이 정착하여 살기에는 부족함이 없기 때문이다. 발구덕마을의 커다란 돌리네들은 농토로 활용하기 쉽고, 또 돌리네 안에는 작은 실개천이 사시사철 흐르고 있어 인간이 정착하여 살기에는 적합한 환경이다. 더구나 석회암의 풍화 토양인 '테라로사'는 비옥한 토양으로 산지 농업 환경으로는 더할 나위 없이 좋다. 필자는 1970년대부터 부친을 따라 발구덕마을을 찾아왔다. 당시 서울에서 밤새 기차를 타고 와서 또 한참을 걸어서 올라가야 하는 산골 마

〈그림 12-1〉 발구덕마을의 모습(위성 이미지)

*2, 3단의 돌리네는 분수계가 아닌, 경지로 개간된 부분만 표시함.
**위성 이미지이므로 화면 각도에 따라 형상이 왜곡되어 보일 수 있음.

을이지만, 산속에 펼쳐진 넓은 농토가 경이로웠고, 농산물이 풍족하여 마을이 윤택하다는 느낌을 받았던 곳이다.

발구덕마을의 전체적인 형상은 민둥산 정상의 돌리네가 왕좌에 앉아 내려다보고, 그 아랫단에 1열 신하 돌리네 3개가 늘어서고, 다시 그 아랫단에 2열 신하 돌리네 4개가 늘어서 있는 듯 보인다(그림 12-1).

이 8개 돌리네 중 6개는 독자적 분수계와 싱크홀을 가지고 있지만, 북쪽의 두 돌리네는 한쪽 능선이 용식과 침식 작용으로 열려 골짜기가 되었으므로, 엄밀히 돌리네는 아니다(그림 12-1의 오른쪽 두 돌리네).

특기할 것은 발구덕마을의 8개 돌리네 중 6개가 모두 한 분수계 안에 포함된다는 것이다. 다시 말해, 큰 규모의 돌리네 6개가 더 큰 분수계(폴리에) 안에 들어가 있다는 뜻이다(그림 12-2, 12-3). 물론 과거에는 북쪽에 있는 2개의 돌리네를 포함하여 8개 돌리네 모두가 같은 분수계 안에 포함되어 있었을 것이다. 그러나 북쪽 2개의 돌리네가 골짜기로 트이면서 오목한 와지가 해체된 것으로 파악된다. 〈그림 12-2〉의 황색 부분은 과거 발구덕 폴리에의 범위(분수계)이

민둥산 ▲

민둥산역

〈그림 12-2〉 위성 이미지로 본 발구덕 폴리에의 범위(분수계)

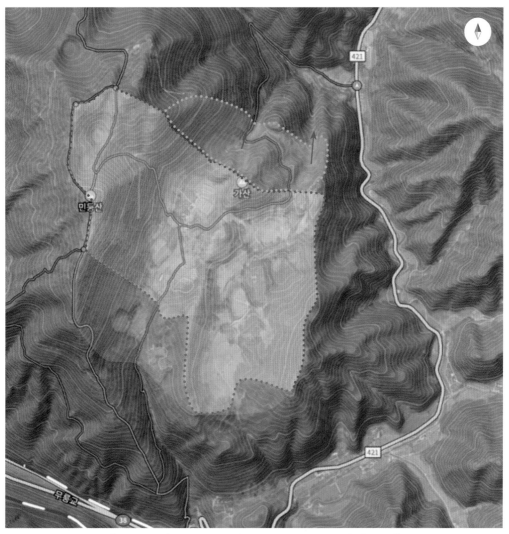

〈그림 12-3〉 카카오 지도로 본 발구덕 폴리에의 범위(분수계)

실제 등고선을 따라 구획하였으므로 위성 이미지보다 정확성이 높다.

며, 적색 점선은 현재 축소된 범위이다.

8개 각각의 돌리네는 그 형상과 위치, 동네 이름을 딴 별칭을 가지고 있다. 민둥산 정상의 돌리네는 삿갓 모양이라 하여 '삿갓 구덩이', 윗마을 돌리네는 '위 구덩이', 아랫마을 돌리네는 '아래 구덩이', '큰 솔밭 구덩이', '능정 구덩이', '글등 구덩이', '쇠 구덩이' 등등이다. 사실 8개 구덩이의 정확한 위치와 각 별칭은 모호한 상태이다. 필자가 1970년대부터 만났던 이곳 원주민들도 서로의 의견과 주장이 달랐던 것으로 기억한다. 또 2000년 이후 이곳을 조사하고 작성한

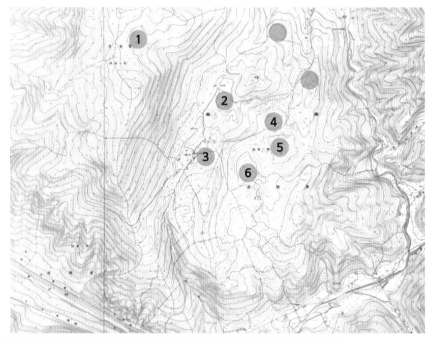

〈그림 12-4〉 발구덕마을의 돌리네

'학술 보고서'조차 돌리네 표기와 범위 표시 등에 오류가 보여, 믿을 수 없는 실정이다. 따라서 필자는 타당성을 검토하여 〈그림 12-1〉에서 제시한 8개 구덩이로 결정했다.

발구덕마을은 해발고도 750~800m의 고원에 지름이 300~500m에 이르는 대형 돌리네들이 밀집한, 그야말로 모델화된 석회암 지형이 발달한 곳이다. 이미 6장에서 소개한 바와 같이 이렇게 큰 규모의 용식 지형이 발달하기 위해서는 수분을 머금고 있는 습포 효과와 수분을 순환시키기 위한 배수 효과가 동시에 충족돼야 한다. 발구덕마을이 위치한 곳은 넓고 평탄한 고원으로 그 지형 특성상 수분을 머금고 있기에 유리하며, 평탄면의 한계에서 100m 이상 연속되는 급경사의 사면(그림 12-3)과 평탄면상에서 지하로 연결되는 수 개의 굵은 수직 절리들은 배수를 원활하게 한다. 따라서 대규모의 용식 지형이 형성되기에는 더없이 좋은 조건을 지닌 곳이다.

석회암의 지표 지형은 빗물의 배수와 함께 석회암의 풍화토인 테라로사(흙)의 배출도 동반한다. 따라서 원지형의 체적이 감소하는 형태로 변화된다. 그래서 다른 암석이 기반암인 지역보다 지형 변화가 빠른 속도로 일어나는 편이다. 이 발구덕마을에서는 예로부터 밭 갈던 소가 느닷없이 함정에 빠진다든가, 없었던 구덩이(싱크홀)가 갑자기 생기는 일이 자주 발생했다고 한다. 그래서 자신이 사는 집이 한꺼번에 땅속으로 꺼질 것이 두려워 이 마을을 떠난 이들도 있었다고 한다. 그만큼 발구덕마을의 지하에는 비어있는 공간도 많다는 뜻이다. 필자가 교단에서 학생들에게 카르스트 지형 단원을 가르칠 때, '스펀지의 구조를 가진 땅'이라고 전재하고,

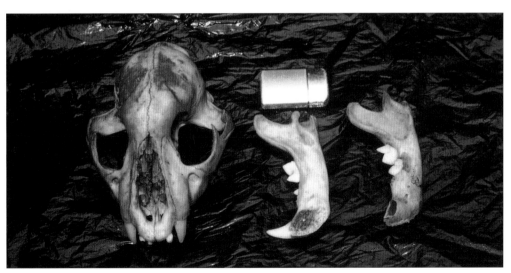

〈그림 12-5〉 발구덕마을의 수직 동굴에서 채집한 표범의 두개골(1982)

설명했다. 석회암이 기반암인 지역은 지표수가 지하로 잘 스며들어 가고, 지하의 수많은 공동(동굴 공간)은 그 물을 저장하고 다시 내보내는 역할을 하기 때문이다. 발구덕마을의 지하에는 적어도 10여 개 이상의 동굴이 있는 것으로 조사되었다. 그러나 대부분이 수직 동굴이고 규모가 크지 않은 것으로 알려졌다. 필자도 1982년에 발구덕마을의 수직 동굴을 탐험한 경험이 있다. 당시에는 협소한 수직 동굴 안에서 동물 뼈 몇 조각을 채집하였는데, 생물학자들에게 문의해 본 결과 '골격의 특성상 표범의 골격'이라고 했다. 표범이 토끼 등을 사냥하던 중, 이 수직굴에 추락하여 갇히고 굶어 죽은 것으로 여겨진다(그림 12-4).

이 책에서는 8개의 돌리네 중 민둥산 정상의 돌리네는 이미 전 장에서 소개하였고, 나머지 7개 중 특징적인 돌리네 2곳만 소개하려고 한다. 〈그림 12-1〉의 1열 왼쪽 첫 번째 돌리네(③)와 2열 왼쪽에서 세 번째 돌리네(④)이다.

용의 목구멍

〈그림 12-1〉의 1열 첫 번째 돌리네(③)는 발구덕마을 대표하는 돌리네이다. 필자는 이 돌리네의 별칭을 '용의 목구멍'이라고 붙였다. 돌리네를 'sink' 또는 'swallow hole'이라고도 하는데, 돌리네의 영어식 표기이다. 'swallow hole'을 직역하면 '삼키는 구멍'이다. 필자가 이 돌리네를 이렇게 부르게 된 계기는 이곳에서 '용오름'과 비슷한 현상을 본 이후이다.

고교 시절, 부친과 함께 이 마을에 왔을 때 비가 많이 내린 날이 있었다. 우리 답사팀은 활동을 중단하고, 이 돌리네 안에 있는 민가의 처마 밑에 앉아 휴식을 취하고 있었다. 그런데 갑자기 이 돌리네의 싱크홀에서 굉음과 함께 물기둥이 치솟았다. 그 물기둥이 순식간에 사라지면서 흙으로 채워져 있던 싱크홀이 지하로 뻥 뚫리며 거대한 구멍이 모습을 드러내는 기이한 현상을 목격하였다. 실로 용의 목구멍이 이같이 생겼을 것이라는 생각이 들었다. 필자가 교단에서 단양의 돌리네 군락지 '못밭' 등을 설명할 때는 언제나 이 발구덕마을에서 본 용오름 현상에 대한 목격담을 시작으로 흥미를 돋우었다. 학생들의 반응은 믿지 못한다는 듯 야유를 보내면서도 신기한 눈초리로 이야기를 경청하곤 했다. 오랜 가뭄 후 큰비가 내리는 날에는 이런 현상이 종종 나타난다고 하니, 이런 신기한 현상을 본 사람들이 필자 외에도 원주민들을 비롯하여 여러 명이 있을 것으로 생각된다.

〈그림 12-5〉 상단 첫 돌리네 '용의 목구멍'(2024)
적색 테두리는 싱크홀이며, 청색 원 안에는 카렌이 분포한다.

싱크홀은 돌리네의 가장 낮은 부분으로 평상시 이 싱크홀에는 돌과 흙, 나뭇잎, 심지어는 쓰레기까지 쌓여 있는 상태이다(그림 12-6). 이 이물질들이 배수구의 역할을 하는 싱크홀을 막고 있으므로 비가 오면 싱크홀을 중심으로 호수가 형성되고, 그 호수의 규모가 점점 커지게 된다. 이 일시적 호수가 주는 수압이 한계에 다다르면 싱크홀을 막고 있던 이물질들이 물과 함께 일시에 지하로 빠지면서 소용돌이치며 물기둥이 솟구치는 것이다.

최초의 국립공원인 미국 '옐로스톤'의 간헐천(geyser)을 연상케 한다. 당시에 지금과 같은 스마트폰이 있었다면, 동영상 촬영이 가능했을 것인데, 아쉬움이 크다. 물론, 치솟는 물기둥은 강수량과 싱크홀을 막고 있는 이물질의 양과 쌓인 밀집도 등에 따라 싱크홀이 뚫리는 강도가 다르겠고, 그때마다 물기둥의 규모는 달라질 것이다.

돌리네의 싱크홀에 인접한 사면과 능선, 구릉 곳곳에는 돌부리의 무리가 노출되어 있는데, 석회암 지대에 나타나는 이 돌부리의 무리를 '카렌' 혹은 '라피에'라고 한다. 라피에란 말은 '양의 무리'를 뜻한다. 푸른 초원에 흰 양의 무리가 풀을 뜯고 있는 모습을 연상한 것이다(그림 12-8).

〈그림 12-6〉 겨울 싱크홀 모습(2019)

〈그림 12-7〉 여름 싱크홀 모습(2020)

〈그림 12-8〉 발구덕마을의 카렌(2020)

발구덕마을에서 카렌의 분포는 두 돌리네 사이의 능선(cock pit)이나, 3~4개 돌리네 사이의 구릉(hum) 등 오목한 땅 주변의 모든 돌출(볼록) 사면(convex 사면)에서 나타난다(그림 12-8). 돌리네 내부의 완만한 사면에도 카렌이 노출된 곳이 있는데, 이는 돌리네를 농토로 개간하는 과정에 땅에 묻혀있던 돌부리가 노출된 것이다.

돌리네 안에서 기반암인 석회암의 절리 밀도가 가장 높은 곳은 싱크홀 주변이 되고, 상대적으로 낮은 곳에 카렌이 형성된다. 따라서 돌리네 안에 들어선 민가는 주로 카렌 주변에 있는데, 이는 돌리네 내부에서 비교적 안전한 곳이기 때문이다(그림 12-7의 청색 점선 부분).

결국, '카렌(라피에)'은 빗물에 녹지 않은 석회암이 지표에 노출된 것이다. 석회암 중 불순물질이 많이 포함된 부분이라든지, 암석의 절리 밀도가 상대적으로 낮은 부분이다. 노출된 암반의 규모와 형태에 따라 여러 가지로 분류되지만 이 책에서는 생략하기로 한다.

원형극장

　발구덕마을 돌리네 군락의 2열 왼쪽 세 번째(그림 12-1, ④) 돌리네는 규모가 크고 정교하게 생긴, 깔때기 형태의 돌리네이다. 421 지방도 능전골에서 발구덕마을의 북쪽으로 진입할 때, 처음 마주하는 돌리네이기도 하다(그림 12-9).

　이 돌리네를 마주할 때면, 그리스나 이탈리아의 고대 유적지에서 볼 수 있는 '원형극장'이 연상된다. 이 돌리네 북쪽 7부 능선의 도로는 해발고도 805~835m에 있고, 반경 40m의 평편한 돌리네 바닥은 해발고도가 755m이다(그림 12-10). 그래서 발구덕마을로 진입하는 도로와 이 돌리네 바닥의 고도차가 최대 80m에 이르는 그야말로 자연이 만든 천연 원형극장인 셈이다.

　필자는 이러한 지형적인 특성을 활용한, 친환경적인 공연장 조성을 정선군에 제안한다. 특히 이 발구덕마을은 최근 민둥산 억새 축제와 정상 돌리네가 유명세를 띠면서 찾아오는 관광객이 많은 곳이다. 이런 곳에 자연 지형을 활용한 공연장이 조성된다면 명소가 될 것으로 확신한다.

　자연 돌리네의 원형을 훼손하지 않고 조성한 '돌리네 공연장'이란 제목 그 자체로 명소로서의 자격이 충분할 것이다.

〈그림 12-9〉 원형극장 돌리네(2024)

〈그림 12-10〉 돌리네 공연장 구상

공연장은 급경사의 서쪽 사면을 배경으로 무대를 꾸미고, 동쪽 사면에 관람석을 꾸미며서 조성하면 자연 상태의 기초적인 조명과 음향 장치를 갖추는 것이다. 관람석은 반원형의 나선 형태로 꾸며 통나무 벤치를 배치하면 되고, 통나무 벤치 주변과 무대의 배경이 되는 급경사지에는 곤드레, 곰취 등 '정선의 산나물' 재배 경관과 계절마다 꽃이 피는 꽃나무 등을 적절히 배치하여 조성하면, 정말 아름다운 자연 그대로의 산골 공연장이 될 것이다. 또한 친환경 발구덕마을 농산물을 활용한 매점과 판매대 운영도 마을 주민을 위해 유용할 것이다.

'세계 최초의 돌리네 극장'의 개관은 민둥산 축제 기간 중 볼 만한 행사로 유명해질 것이다. 이에 더하여 장소의 개방성을 활용하여 '반려동물과 함께 관람하는 공연' 등 다양한 테마의 공연을 유치하면 더할 나위 없이 좋을 것이다.

이 돌리네의 분수계(경계)에 조명, 가로등 등을 설치하는 것도 또 다른 자연경관 명소를 창출하는 방안이 될 수 있다(그림 12-10).

+++ 요약 +++
# 12 여덟 구덩이를 합체한 '폴리에'

민둥산 아래 첫 동네인 '발구덕마을'은 커다란 돌리네들을 경지로 개간하여 들어선 산골 마을이다. 마을 이름 '발구덕'은 돌리네 여덟 개가 모여 이룬 마을이란 뜻이다.

발구덕마을의 전체적인 형상은 민둥산 정상의 돌리네가 왕좌에 앉아 내려다보고, 그 아랫단에 돌리네 3개가 늘어서고, 다시 그 아랫단에 돌리네 4개가 늘어서 있는 듯 보인다(그림 12-1). 이 중 6개의 돌리네는 더 큰 분수계(폴리에) 안에 들어가 있다(그림 12-2).

석회암의 지표 지형은 빗물의 배수와 함께 석회암의 풍화토인 테라로사(흙)의 배출도 동반한다. 따라서 원지형의 체적이 감소하는 형태로 변화된다. 발구덕마을에서는 예로부터 밭 갈던 소가 느닷없이 함정에 빠진다던가, 없었던 구덩이(싱크홀)가 갑자기 생기는 일이 자주 발생했다고 한다. 그래서 자신이 사는 집이 한꺼번에 땅속으로 꺼질 것이 두려워 이 마을을 떠난 이들도 있었다고 한다. 그만큼 발구덕마을의 지하에는 비어있는 공간도 많다.

1열 첫 번째 돌리네는 발구덕마을을 대표하는 돌리네이다. 필자는 이 돌리네의 별칭을 '용의 목구멍'이라고 붙였다. 이 돌리네는 비가 오면 싱크홀을 중심으로 호수가 형성되고, 그 호수의 규모가 커지는 경우가 있다. 이럴 경우, 일시적 호수가 주는 수압이 한계에 다다르면 싱크홀을 막고 있던 이물질들이 물과 함께 일시에 지하로 빠지면서 소용돌이치는 물기둥을 아주 드물게 볼 수 있다.

발구덕마을 돌리네 군락의 2열 왼쪽 세 번째 돌리네(그림 12-1)는 규모가 크고 정교하게 생긴, 깔때기 형태의 돌리네이다. 그리스나 이탈리아의 고대 유적지에서 볼 수 있는 '원형극장'을 연상케 한다. 지형적인 특성을 활용한, 친환경적인 공연장 조성을 정선군에 제안한다.

+++ SUMMARY +++

12 'Polje' formed by combining eight dolines

Underneath the Mindeungsan lies the first village, "Balgu Deok Village," formed by clearing large dolines to create farmland. The name "Balgu Deok" signifies a village formed by the gathering of eight doline. The overall shape of Balgu Deok Village resembles a throne with a doline from the peak of Mindeungsan serving as the seat, followed by three doline below it, and another four extending further down, as depicted in Figure 12-1. Six of these doline are contained within a larger fountain complex (polje), as shown in Figure 12-2.

The topographic features of limestone terrain undergo changes in volume due to both water drainage and the expulsion of terra rossa (soil) resulting from limestone weathering. Consequently, the original topography diminishes in volume. It's said that unexpected occurrences like cattle suddenly falling into traps or sinkholes appearing out of nowhere have been frequent in Balgu Deok Village. Some residents even left the village out of fear that their homes might suddenly collapse underground, indicating the existence of significant voids beneath the village.

The first doline in the first row represents the iconic feature of Balgu Deok Village, affectionately nicknamed the "Dragon's throat" by the author. This stone ridge sometimes forms a lake around the sinkhole when it rains, and on occasions when the lake expands significantly, one might witness rare whirlpools when the pressure from the temporary lake reaches its limit, causing debris blocking the sinkhole to collapse underground along with the water.

The third doline from the left in the second row of the Balgu Deok Village (as shown in Figure 12-1) is a large resembling a funnel. It evokes imagery reminiscent of ancient amphitheaters found in Greece or Italy. The author proposes the creation of an environmentally friendly theater taking advantage of the terrain's features to the Jeongseon.

제3부

경이로운 오르도비스의 땅

13

경이로운
오르도비스의 땅

고생대 오르도비스기에 형성된 해성 퇴적암은 정선군의 기반암 중 분포 면적이 가장 넓다. 정선읍을 비롯한 정선군의 중앙부 대부분을 차지하고 있으며, 그 가장자리를 동강이 흐르며 석회암의 절경을 펼쳐 놓는다. 동강에 의해 펼쳐진 경관으로는 곳곳에 형성된 절벽과 하안단구 등이 있다.

오르도비스기에 해당하는 정선의 지층으로는 '정선석회암층', '막동석회암층', '두무동층' 등 3개의 지층에 6~7종류의 암석이 분포한다(그림 13-1). 회색과 갈색 석회암이 주류를 이루며, 돌로마이트(백운암)와 셰일, 규암 등도 조금씩 섞여 있다.

에너지가 충만된 산과 강

동강은 정선군의 서쪽 가장자리를 흐르며 오르도비스기에 퇴적된 석회암 지층을 가른다(그림 13-1). 동강이 흐르는 자리는 이 지역의 주 구조선으로 전체적으로 북북동-남남서 방향이며, 이에 합류하는 지류는 대체로 동서 방향이나 북서-남동 방향에서 흘러온다(그림 13-2).

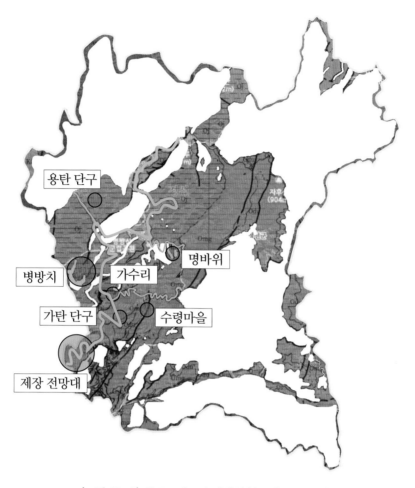

〈그림 13-1〉 오르도비스기 기반암 분포와 주요 경관

즉, 신생대 3기 이후 동해 쪽에서 지각이 미는 힘(횡압력)으로 인해 굵고 긴 균열이 오르도비스기의 석회암층에 생긴 것이고, 그곳에 물길이 트이면서 동강이 흐르게 된 것이다.

이후 동강은 굵고 긴 균열을 따라 직각으로, 때론 360도를 회전하며 석회암의 암반을 밑으로 파고(하방 침식), 옆으로 자르면서(곡류 단절) 오늘날의 경관을 형성했다.

그래서 동강 유역은 대부분 하천과 주변 산지 사이의 고도차이가 심하고, 가파른 사면의 험준한 산지와 깊고 심하게 곡류하는 하천 경관이 절정을 이루는 곳이 된 것이다.

동강은 하천과 주변 산지의 고도차를 나타내는 기복량이 남한 전체 평균의 세 배가 넘는 곳이다. 그만큼 높은 산과 깊은 골짜기가 절경을 이룬다는 뜻이다. 그래서 필자는 정선정보공업고등학교 지리교사로 근무할 당시에 학생들에게 동강 유역을 '한국의 그랜드캐니언'이라 비유

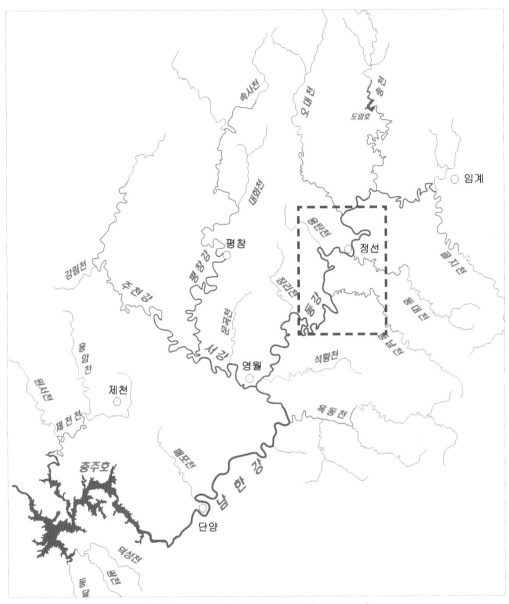

〈그림 13-2〉 남한강 상류의 하계망(조헌, 2008)

하여 설명했다.

이렇듯 동강 유역과 같이 땅 높낮이 차가 심하고, 산 사면 경사가 가파른 곳은 곧 에너지가 큰 환경이라는 뜻이다. 따라서, 비가 오면 산지 사면에 떨어진 빗물이 빨리 골짜기로 유입되어 강물이 급격하게 불어나고, 비가 그치면 급격하게 줄어든다. 이러한 지역을 전문 용어로는 "High Energy Relief"라고 하는데, 한글로의 번역은 마땅치 않다.

매스 무브먼트

동강 유역의 산지는 경사가 매우 가파르거나 뼝대(절벽)가 대부분이며, 거기에 더하여 노출된 암벽은 심하게 깨져있다. 그래서 비가 오면, 수분을 저장 능력이 없으므로 쉽게 깎여(침식) 떨어져 나간다. 곧 집중호우에도 취약하고, 반대로 가뭄을 완화하는 능력도 없다는 뜻이다. 여기에 더하여 동강의 물길은 넓었다, 좁았다를 반복하는 형상이다. 넓은 곳을 흐르는 강물이 좁은 협곡을 만나면, 마치 넓은 도로에서 좁은 도로와 만날 때 발생하는 교통 체증 현상과 같은 '병목현상'이 생긴다. 폭우 시 하천 수위가 단 분 동안 몇 미터 이상 상승하는 이유이다.

결과적으로 이 동강 유역은 우리나라(남한)에서 암석이 가장 잘 깎여 나가는 지형적 조건을 지니고 있다고 할 수 있다. 암석 부스러기가 쉽게 이동(mass-movement)될 수 있는 사면의 가파름과 여름철 집중호우 현상 등이 활발한 사면 침식의 요인으로 작용하는 것이다.

지난 2023년 7월 집중호우 때 정선읍에서 발생한 산사태의 모습을 매체를 통해 보고, 기억

〈그림 13-3〉 세대 피암터널의 사면 붕괴 위험성 분석 장면(2014)
권*희, 김현*, 이*현 학생이 붕괴 가능 지역(세대 피암터널 위)을 지시하고 있다.

① 붕괴 시작(중앙부 소나무 숲이 움직이기 시작함)

② 본격 붕괴(중앙부 소나무 숲이 돌과 함께 쏟아져 내림)

〈그림 13-4〉 2023년 7월 정선읍에서 발생한 산사태의 진행 과정(①~④)

③ 붕괴 직후(사면에 잔적한 암석 파편이 흘러내림)

④ 붕괴 후(휘어지고 갈라진 기반암의 내부가 드러남)

〈그림 13-5〉 붕괴 후의 사면(2023)

갈색 정선 석회암의 층리, 단열, 습곡 등의 지질 구조가 보인다.

하는 독자들이 많을 것이다. 〈그림 13-4〉는 당시 정선군에서 설치한 CCTV 화면의 동영상을 4단계로 나누어 캡처한 것이다.

사면 붕괴의 조짐을 감지한 정선군은 세대 마을로 향하는 도로를 통제하고, 예의주시하고 있었다. 1차 붕괴가 일어나 피암터널(낙석으로부터 보호하기 위해 건설한 터널)의 지붕을 덮치고, 몇 시간 뒤 큰 굉음과 함께 사면 전체가 붕괴했다.

사실, 필자는 정선정보공업고등학교에서 지리교사로 근무할 때, 이 피암터널 주변의 암벽이 붕괴할 우려가 가장 큰 곳이라고 판단하고, 학생들에게 사례 지역으로 제시했던 곳이다. 〈그림 13-3〉은 2014년 당시 정선정보공업고등학교 지리답사반 학생들과 함께 현장에서 붕괴의 위험성에 대한 이유를 설명하고, 학생들이 확인하는 장면이다.

균열(절리)의 밀도가 높은 석회암에 더하여 절벽에 가까운 급경사의 사면, 그리고 식생이 없는 상태에서 땅이 조금씩 밀려 이동하고 있었다. 그렇게 감추어진 응력이 점점 증가하다가 집중호우가 발생하자, 일시에 터져 나온 것이다.

수천 톤에 이르는 돌무더기가 수십 미터 높이의 급사면에서 쏟아져 내렸지만, 정선군청 공무원들의 신속한 대처로 인명 피해는 없었으며, 피암터널도 건재했다. 정선군청 공무원들의 안전 의식과 철저한 대비 덕택에 최악의 재앙을 피할 수 있었으니, 안도의 한숨이 나올 뿐이다.

동파

석회암은 절리, 층리, 및 불규칙한 균열들이 이루는 틈새가 다른 암석보다 매우 촘촘하다. 즉, '많이 깨져 있다'라는 말인데, 이 지역에 집중된 지반 운동은 그 균열의 밀도를 더욱 높였다. 이러한 암석 덩어리의 균열에는 물이 잘 스며들게 되고, 스며든 물이 얼 경우, 암석균열의 틈을 벌리거나, 새로운 틈을 만든다.

이미 소개한 대로 정선군은 중부지방 백두대간의 중심부에 해당하는 곳으로 겨울이 길고 추우며, 눈도 많이 내려 쌓인다. 따라서 결빙작용이 활발하다. 이는 암석 틈새에 스며든 수분이 '얼었다 녹았다'를 반복하면서 암석을 쪼개는 역할(frost shattering)을 활발하게 한다는 뜻이다.

이러한 암석 및 기후 조건으로 인해 동강 유역의 석회암 산지에서는 많은 암석 부스러기가

| 암석의 절리 | 절리에 빗물이 침투 | 동결로 부피 팽창 | 암벽에서 블록이 떨어져 나옴 |

〈그림 13-6〉 동파 과정

만들어진다. 암석이 얼어서 깨지는 동파(frost shattering) 현상은 습기가 많을수록 더욱 잘 진 전되므로 동강에 접한 산지 사면에서는 더욱 뚜렷하다.

얼면서 깨진, 암석의 새로운 균열과 틈이 생기면 석회암이 녹는 용식작용도 활발해진다. 물이 침투할 수 있는 틈인 균열의 밀도가 높아지면서 물이 석회암을 녹이는 표면적이 기하급수 적으로 증가하기 때문이다. 석회암 지역에서 용식작용으로 형성된 돌리네나 동굴이 주요 단층 또는 단열을 따라 잘 발달함은 이곳을 따라서는 암석이 많이 깨져있어서 수분 순환이 잘 이루 어지기 때문이다. 따라서 암석에 많은 균열과 틈새의 밀도가 높다면 석회암이 녹는 속도는 더 욱 빨라져 동굴이나 돌리네가 잘 형성될 수 있다.

인간의 영향

경사진 경지에서 행하는 산지 농업은 토양 침식과 그로 인해 오염되는 수질에 막대한 영향을 미친다. 동강 유역은 사람이 많이 살지는 않지만, 사람들이 환경에 미치는 영향력은 큰 지역이다. 고랭지 농업과 목축업이 밀집된 지역이기 때문이다.

여름철이 서늘한 동강 유역의 산지는 남한에서 고랭지 농업에 유리한 곳이며, 주민들의 주요 소득원이다. 고랭지 농산물에 대한 수요 역시 증가 추세에 있으므로, 비탈진 경지도 계속 늘려갈 것이다.

경제적인 상황만 고려하면, 이런 환경이 농업에 최상 조건이지만, 환경적인 측면에서는 많은 토양 유실과 비료 성분을 유실시키고 있다는 문제점이 있다.

〈그림 13-7〉 정선군 신동읍의 비탈밭(2014)

동강 유역 산지 토양은 원래 척박한데, 대부분의 고랭지 농토는 늦은 봄에서 초가을에 이르는 작물 생장 기간을 제외하고는 오랫동안 나대지 상태로 있으므로 토양이 깎여 나가는 현상이 매우 심하다. 농토의 토양 유실은 작물 간의 밀도가 낮을수록, 나대지로 있는 기간이 길수록 심하게 진전된다. 동강 유역 산지에서 고랭지 밭농사가 이루어지는 경지는 일반적으로 작물 간 밀도도 곡물 농경지보다 매우 낮으며 나대지로 있는 기간이 길다(그림 13-7). 따라서 여름 집중호우 기간과 작물을 재배하지 않는 봄철에 토양 유실이 심하다.

결론적으로, 동강 유역 정선의 오르도비스기 땅은 지각운동을 많이 받은 땅이며, 석회암의 물에 녹는 특성과 겨울이 길고 추우며 눈이 많이 내려 쌓이는 기후적 특성이 독특한 곳이다. 여기에 인간의 정착 환경, 즉 농경의 특성이 다른 지역과 확연히 다르다. 따라서 땅과 강의 형상이 우리나라의 다른 지역에 비해 매우 역동적으로 변하는 곳이라 할 수 있다.

+++ 요약 +++
# 13 경이로운 오르도비스의 땅

고생대 오르도비스기에 형성된 해성 퇴적암은 정선군의 기반암에서 중 분포 면적이 가장 넓다. 정선읍을 비롯한 정선군의 중앙부 대부분을 차지하고 있으며, 그 가장자리를 동강이 흐르며 석회암의 절경을 펼쳐 놓는다. 동강에 의해 펼쳐진 경관으로는 곳곳에 형성된 절벽과 하안단구 등이 있다.

기복이 심하고 사면이 가파른 지형은 그 지역에 분포한 물질의 위치 에너지 차가 큰 환경이라 할 수 있다. 이러한 지형적 조건은 강수 시 사면에 떨어진 빗물이 빨리 골짜기로 배수되어 하천의 유량을 급격하게 증가시키는 요인으로 작용한다. 따라서 수리 지형학에서는 이러한 지역을 'High Energy Relief'라고 한다.

〈그림 13-4〉는 지난 2023년 7월 집중호우 때 정선읍에서 발생한 산사태의 모습이다. 균열(절리)의 밀도가 높은 석회암에 더하여 절벽에 가까운 급경사의 사면, 그리고 식생 부재의 상태에서 땅이 조금씩 밀려 이동하고, 감추어진 응력이 점점 증가하다가 집중호우가 발생하자, 일시에 터져 나온 것이다.

정선은 10월에서 이듬해 4월까지 결빙작용이 활발히 일어난다. 이는 암석 틈새에 스며든 수분이 결빙-융해를 반복하면서 암석을 쪼개는 역할을 활발하게 할 수 있는 여건을 제공한다는 뜻이다.

동강 유역 산지에서 고랭지 밭농사가 이루어지는 경지는 일반적으로 작물 간 밀도도 곡물 농경지보다 매우 낮으며 나대지로 있는 기간이 길다. 따라서 여름 집중호우 기간과 특히 나대지 상태로 많은 양의 눈이 녹는 이른 봄에 토양 유실 현상이 심하다.

동강 유역 정선의 오르도비스기 땅은 지각운동과 암석의 특성과 기후적 특성, 여기에 인간의 정착 환경, 즉 농경의 특성이 다른 지역과 확연히 다르다. 따라서 땅과 강의 형상이 다른 지역에 비해 역동적으로 변화하는 곳이다.

+++ SUMMARY +++

13 Amazing Ordovician land

During the Ordovician period, the marine sedimentary rocks formed extensively, constituting the primary bedrock of Jeongseon. They dominate much of the central area of Jeongseon, including Jeongseon-eup, with the Dong River flowing along its edges, presenting breathtaking landscapes of limestone cliffs. The scenic beauty unfolded by the Dong River includes cliffs and river terrace formed at various points.

The terrain characterized by steep slopes and significant fluctuations suggests a high-energy environment due to substantial differences in the potential energy of the materials distributed in the region. These conditions expedite the drainage of rainfall into valleys, resulting in a rapid increase in river flow. Therefore, in geomorphology, such areas are referred to as "High Energy Relief."

Figure 13-4 depicts a landslide that occurred in Jeongseon-eup during heavy rainfall in July 2023. The landslide was triggered by accumulated stress in limestone with a high density of fractures (joints), steep slopes near cliffs, and the absence of vegetation, causing gradual soil movement until a sudden release during heavy rainfall.

Jeongseon experiences active freezing and thawing processes from October to April the following year. Moisture seeping into rock crevices plays a crucial role in fracturing rocks through repeated freezing and thawing.

In the upland agricultural areas of the Dong River basin, crop density is generally lower than in grain-growing areas, and fallow periods are longer. Therefore, soil erosion is severe during summer heavy rainfall periods and especially during early spring snowmelt periods.

The Ordovician landforms in the Dong River basin of Jeongseon exhibit distinct geological movements, rock characteristics, climatic conditions, and human settlement patterns, particularly in agricultural practices, making it a dynamic and fascinating area where land and river shapes continuously evolve.

14

병방치에 펼쳐진
자연의 파노라마

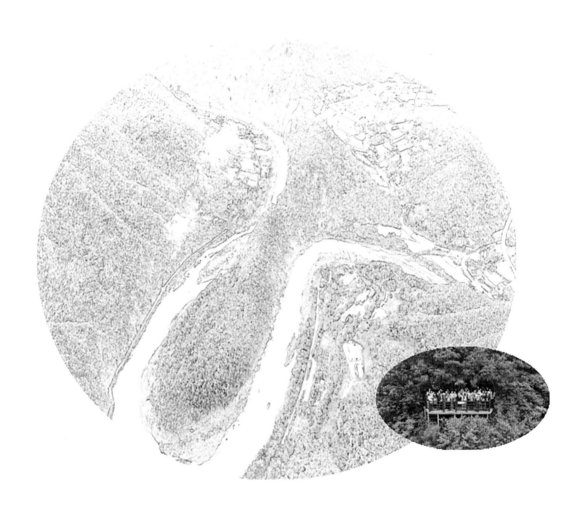

자연 요새일까?, 피난처일까?

동강 유역은 우리나라에서 기복량(1km×1km 내에서 최고고도와 최저고도의 차이)이 가장 큰 지역이다. 특히, 이 지역은 병방산(861.5m)과 동강(265m)의 기복량이 596.5m로 남한 평균 기복량(180m)의 3배가 넘는다. 그만큼 높은 산과 깊은 골짜기가 절경을 이루는 곳이라는 뜻이다.

원래 '동강'이란 이름은 정선읍을 통과한 조양강이, 가수리에서 지장천과 만나는 곳부터 붙여지는 이름이다. 그러나, 필자는 집필 과정상 정선읍 북실리를 통과하는 곳부터 동강의 명칭을 사용하고자 한다. 그 이유는 조양강과 동강이 같은 강이므로, 강 주변에 펼쳐지는 경관을 굳이 강에 따라 다시 나누면, 독자들이 혼동할 수 있기 때문이다.

병방치는 굴암리와 정선읍 사이에 있는 고개다(그림 14-2). 굴암리 마을 사람들은 이 가파른 고개를 36번이나 구불구불 돌면서 오르내려야 하므로, '뱅뱅이재'라 불렀다고 한다.

1979년 동강을 따라 굴암리로 가는 작은 길이 만들어지기 전까지 굴암리 주민이 정선 읍내로 가기 위해서는 반드시 거쳐 가는 고갯길이었다. 현재 '스카이워크' 전망대가 있는 병방치는

〈그림 14-1〉 병방산 일대의 경관(2014)

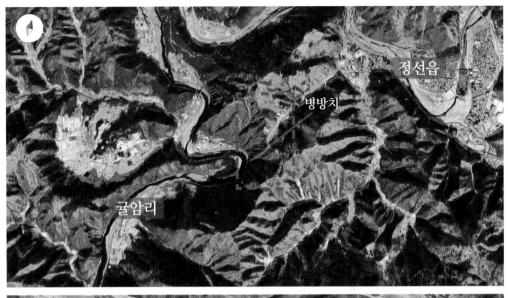

〈그림 14-2〉 위성 이미지로 본 병방치의 옛 고갯길

석회암 절벽 끝에 있는 고개로 절벽 아래는 바로 강이다. 따라서 한 명의 병사만 있어도 많은 군사를 막을 수 있다고 해 그렇게 이름[실제는 '남녘이란 뜻의 병(丙)'] 지었다고 한다. 인문적인 상황을 고려하지 않고, 산세와 사면 경사, 강의 형상 등 지형조건으로만 볼 때, 천하의 요새는 분명하다.

그런가 하면, 이곳은 조선 시대 이후 민간에 유포되어 내려온 예언서인 『정감록』에서 십승지(十勝地)로 지목된 곳이다. 십승지는 전쟁이나 천재지변이 일어나도 안심하고 살 수 있는 열 곳의 피난처를 의미한다. 대부분 산과 강으로 고립되어 외부인이 진입하기 어려운 곳들이다. 당시 왜구나 오랑캐의 잦은 침략으로 지쳐있던 백성들에게 이와 같은 십승지의 존재는 살고 싶은 명소였고, 실제로 십승지를 찾아 떠나는 이들도 많았다고 한다.

주변에 땅 생김새를 잘 보면, 병방치는 두 산지 사이의 골짜기에 형성된 고갯길이다. 정선읍 북실리에서 이곳 병방치까지는 비교적 완만한 골짜기로 올라오다가 병방치의 정점에서 굴암리 방향으로 급경사의 골짜기, 즉 현곡(폭포와 유사한 급경사의 골짜기)을 만난다. 능선이 아닌, 골짜기가 분수계(비가 올 때 빗물을 나누는 능선)가 되는 것인데, 이를 지형학에서는 '곡중분수계'라 한다. 이 지형은 '두부침식', '하천 쟁탈' 등 어려운 지형학 용어들에 대한 선행 지식이 있어야 하므로 이 책에서의 기술은 생략하기로 한다.

광하리 물길을 동강 자른, 동강

〈그림 14-1〉은 병방치 '스카이워크' 전망대 상공에서 바라본 모습이다. 높은 산과 깊은 골짜기가 어우러진 모습이 장관이다. 그래서 이곳을 찾는 관광객의 대부분은 첩첩산중의 태백산지와 전망대 바로 앞의 밤섬, 그리고 이를 감싸고 360도 회돌이 치는 동강의 경치에만 매료된 채 발길을 돌린다. 그러나 이곳에서 볼 수 있는 가장 드라마틱한 자연경관은 광하리에 펼쳐진 '구하도'이다.

〈그림 14-3〉 광하리의 눈으로 덮인 농경지는 과거에 동강이 흐르던 하상(하천 바닥)이다. 과거의 강은 현재의 광하교에서 서쪽으로 90도 틀어, 광하리 중심부의 산지(431m 곡류 핵)를 360도 휘돌아 흐르고 있었다.

이후, 지반이 수차례에 걸쳐 간헐적으로 융기함에 따라 암반에 있었던 균열의 틈은 더 벌어지게 되고, 하천 역시 지반이 융기함에 따라 에너지가 더욱 증가하고, 침식하는 힘은 더 강해졌다. 따라서 지질 구조가 취약했던 현재의 곡류 단절목을 자르고, 흐르게 된 것이다. 이후 동강은 새롭게 뚫린 유로와 기존의 광하리 물길, 두 곳으로 나뉘어 일정 기간 흘렀다. 이후 지반이 다시 융기함에 따라 하방 침식(하천 아래 방향으로 깎는 작용)이 더욱 활발히 진전되고, 광하리의 기존 물길로는 강의 흐름이 멈추었다. 새롭게 생긴 물길이 동강의 주 유로가 된 것이다

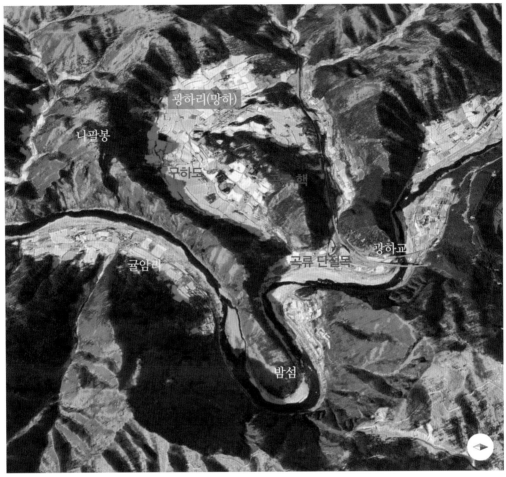

〈그림 14-3〉 위성 이미지로 본 광하리 일대의 지형 요소

(그림 14-4).

　이후에도 지반의 융기 작용은 간헐적으로 반복되어, 동강은 계속 하방 침식을 진행하였고, 현재는 과거에 가장 높았던 광하리 물길(380m)보다 100m 이상 낮은, 해발고도 275m를 흐르게 된 것이다(그림 14-5).

　동강이 광하리에서 물길이 변화하는 과정은 〈그림 14-4〉와 같다. 이렇듯 곡류하며 흐르던 산지 하천이 좀 더 빠른 유로를 찾아 물길을 바꾸는 현상을 지형학에서는 '곡류 단절(meander cutoff)'이라고 한다. 이 과정에 생긴 지형으로는 '곡류목(meander neck-cutoff point)', '구하도(abandoned channel)', '곡류핵(meander core)' 등이 있다(그림 14-6).

　정선에서 곡류 단절로 물길을 바꾼 흔적은 이 광하리뿐 아니라 조양강과 동강, 그리고 그 지

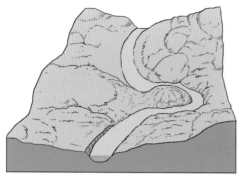

곡류 단절이 일어나기 전에는 동강이 현재 광하리의 농경지를 휘돌아 흐르고 있었다(융기 이전의 하천 주변 산지 변화는 고려하지 않음).

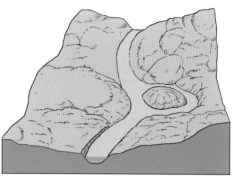

곡류 단절이 일어나고 일정 기간, 동강은 광하리와 새로 뚫린 물길 두 가닥으로 나뉘어 흘렀다(융기 이전의 하천 주변 산지 변화는 고려하지 않음).

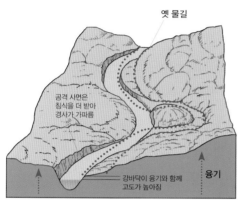

옛 물길

공격 사면은 침식을 더 받아 경사가 가파름

강바닥이 융기와 함께 고도가 높아짐

융기

융기를 받으면서 하천은 하방 침식이 우세하였다. 계속된 융기로 하천의 하방 침식은 더욱 강해졌다.

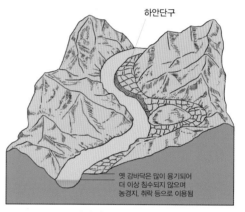

하안단구

옛 강바닥은 많이 융기되어 더 이상 침수되지 않으며 농경지, 취락 등으로 이용됨

현재 광하리 동강의 모습

〈그림 14-4〉 광하리 동강의 곡류 단절 과정

류 유역 등 여러 곳에서 나타난다(그림 14-7). 그만큼 이 지역이 신생대 3기 이후 지반의 융기량이 많은 곳이라는 뜻이기도 하다.

이 '곡류 단절' 지형은 고등학교 한국지리 교과과정에서 아주 중요하게 다루는 내용 중의 하나로, 대학수학능력시험에서도 출제된 바 있다. 그만큼 보편적인 자연 현상의 내용이라는 뜻일 것이다. 이 책을 읽는 독자들도 병방치를 찾아, 광하리 경관을 바라보며 하천 유로가 변화하는 과정을 상상해 보기를 기대한다.

〈그림 14-5〉 망하 일대 주요 지형의 변위(해발고도 차이, 2014)

〈그림 14-6〉 병방산 상공에서 본 경관과 경관의 구성 요소(2016)

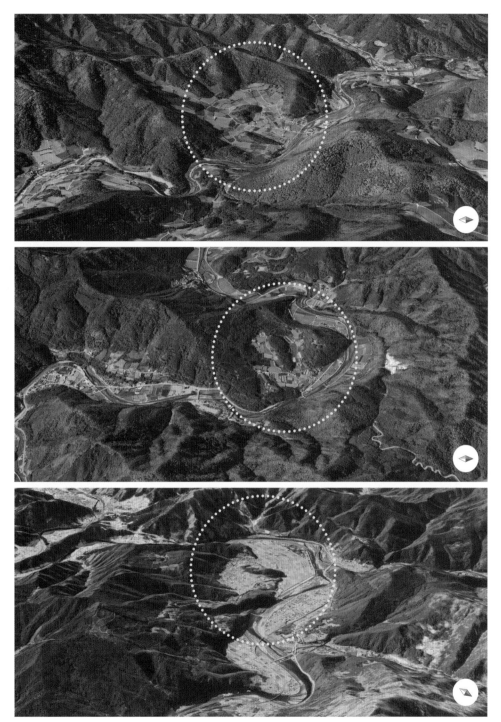

〈그림 14-7〉 위성 이미지로 본 정선의 하천 주변 곡류 단절 사례

상: 어천 유역, 화암면 호촌리 풍촌길(구하도)과 600고지(핵)

중: 어천 유역, 화암면 화암리 오산길(구하도)과 봉우산(핵)

하: 조양강 유역, 북평면 남평리 송석길(구하도)과 오음봉(핵)

나팔봉? 문필봉? 콕피트?

한라산과 같은 화산암 산지는 산의 모양이 대체로 원추 형태로 정상부에 화구를 가지고 있으며, 북한산과 같은 화강암 산지는 산의 모양이 대체로 울퉁불퉁하고 돔 형태의 흰색 암반이 노출되어 있다. 지리산과 같은 편마암 산지는 산의 모양이 평활하고 넓으며, 식생의 밀도가 높아 늘 숲이 우거져 보인다.

그렇다면 석회암 산지의 특성은 한마디로 어떻게 표현할까? 오랜 석회암 지형답사 경험자인 필자는, "뾰족한 산봉우리에, 사면에는 잿빛 암벽이 드러난 형태"라고 답한다. 그렇게 보면, 정선 굴암리 앞의 나팔봉은 석회암 산지의 전형적인 모델인 것이다.

나팔봉은 광하리 구하도와 굴암리 하안단구를 가르는 석회암 봉우리이다. 생김새가 나팔 모양이라 붙인 이름이다.

나팔을 엎어놓은 듯 보인다는 나팔봉, 붓과 같이 보인다는 문필봉(文筆峰), 도약하는 비행기의 조정석처럼 보인다는 콕피트(cock-pit) 등 모두가 뾰족한 석회암 봉우리를 일컫는 말들이다.

석회암 산지의 정상부가 뾰족해지고, 사면에 절벽이 드러나는 이유를 인간의 신체에 비유하면, 석회암 산지는 골다공증이 심하기(암반 속에 용식과 함몰 등으로 빈 공간이 많음) 때문이다. 즉, 산 정상부 주변의 약한 지반은 서릿발 작용 등의 영향을 받아 암석 파편이 쉽게 떨어져

〈그림 14-8〉 위성 이미지로 본 나팔봉 주변 땅의 모양

〈그림 14-9〉 정선정보공업고등학교 운동장에서 본 조양산 문필봉(2014)

〈그림 14-10〉 귤암리 하안단구 상공에서 본 나팔봉(2016)

〈그림 14-11〉 나팔봉의 현곡이 뚜렷하게 보이는 겨울철 병방치 전경

나가며, 절벽은 무수히 많은 지하 공동이 무너져 내린 흔적이다.

주렁주렁 매달린 골짜기들

나팔봉의 능선과 동강 사이의 급사면에는 여러 골짜기가 마치 주름 잡힌 것처럼 보인다. 이들이 나팔봉에서 동강으로 유입하는 지류 골짜기들이다. 폭포와 흡사한 이 골짜기들을 지형학에서는 '현곡(hanging valley)'라 부른다. 말 그대로 '매달려 있는 골짜기'란 뜻이다.

원래 현곡은 '빙하 지형'에서 사용하는 용어인데, 본류 빙하에 지류 빙하가 합류하는 지점에 생기는 폭포(급류 하천)를 말한다. 〈그림 14-13〉과 같이 빙하의 골짜기는 바닥이 넓은 형태의 U자인데 본류는 깊게 파이고, 지류는 얕게 파이므로 빙하가 녹고 난 뒤 물이 흐르는 과정에서 그 고도 차이 때문에 폭포가 생기는 것이다.

나팔봉 사면의 현곡은 빙하의 작용과는 관계없이, 골짜기가 암반을 파고들며 침식하는 속도보다 지반이 융기하는 속도가 빠를 때 형성되는 것이다. 이와 같은 현곡은 지반의 융기량이 많은 태백 산지 지역에서는 흔히 관찰할 수 있는 경관이다.

〈그림 14-12〉 나팔봉의 현곡(2016)

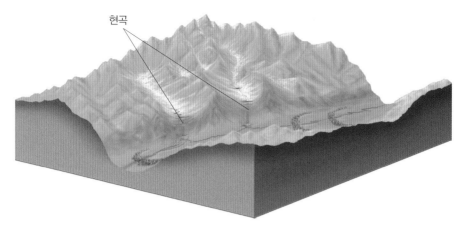

현곡

〈그림 14-13〉 빙하 지형의 현곡

 10장에서 이미 소개한 바와 같이 석회암 산지의 암벽에는 지의류와 같은 바위옷이 잘 정착하지 않으므로 현곡의 형태를 더욱 뚜렷하게 볼 수 있다. 이 현곡 역시 병방치에서 바라보는 나팔봉의 현곡이 가장 선명하고 뚜렷하다(그림 14-11). 현곡을 관찰하고 싶은 학생들에게 최적의 현장 학습 장소일 것이다.

 나팔봉에 주렁주렁 걸려 있는 골짜기 '현곡'을 보며, 융기 운동과 하천 침식의 속도를 비교·상상해 보는 '과학적 사고의 경치 감상'도 해 볼 만하다.

14 병방치에 펼쳐진 자연의 파노라마

동강 유역은 우리나라에서 기복량이 가장 큰 지역이다. 그만큼 높은 산과 깊은 골짜기가 절경을 이루는 곳이라는 뜻이다.

병방치는 귤암리와 정선읍 사이에 있는 고개다. 귤암리 마을 사람들은 이 가파른 고개를 36번이나 구불구불 돌면서 오르내려야 하므로, '뱅뱅이재'라 불렀다고 한다. 예전에 귤암리 주민이 정선 읍내로 가기 위해서는 반드시 거쳐 가는 고갯길이었다.

〈그림 14-3〉의 광하리 눈 덮인 농경지는 과거에 동강이 흐르던 하상이다. 지반이 수차례에 걸쳐 융기함에 따라 암반의 균열은 틈을 더 벌리고, 하천도 에너지가 증가하면서, 지질 구조가 취약했던 현재의 곡류 단절목을 자르고 흐르게 된 것이다. 이후에도 지반의 융기 작용은 간헐적으로 반복되어, 동강은 계속 하방 침식을 진행하였고, 현재는 과거에 가장 높았던 광하리 물길보다 100m 이상 낮은 고도를 흐르게 되었다. 정선에서 곡류 단절로 물길을 바꾼 흔적은 광하리뿐 아니라 조양강과 동강 그리고 그 지류 유역 등 여러 곳에서 나타난다.

석회암 산지의 특성은 한마디로 "뾰족한 산봉우리에, 사면에는 잿빛 암벽이 드러난 형태"다. 그렇게 보면, 정선 귤암리 앞의 나팔봉은 석회암 산지의 전형적인 모델이 된다. 산 정상부 주변의 약한 지반은 서릿발 작용 등의 영향을 받아 암석 파편이 쉽게 떨어져 나가며, 절벽은 무수히 많은 지하 공동이 무너져 내린 흔적이다.

나팔봉의 능선과 동강 사이의 급사면에는 여러 골짜기가 마치 주름 잡힌 것처럼 보인다. 이들이 나팔봉에서 동강으로 유입하는 지류 골짜기들이다. 폭포와 흡사한 이 골짜기들을 지형학에서는 '현곡'이라 부른다. 골짜기가 암반을 파고들며 침식하는 속도보다 지반이 융기하는 속도가 빠를 때 형성되는 것이다. 이와 같은 현곡은 지반의 융기량이 많은 태백 산지 지역에서는 흔히 관찰할 수 있는 경관이다.

+++ SUMMARY +++

14 The panoramic view of nature at Byongbangchi

The Dong River watershed is the region in South Korea with the most dramatic variations in terrain elevation. This means it is characterized by high mountains and deep valleys, forming breathtaking landscapes. Byongbangchi is a pass located between Gyuram-ri and Jeongseon-eup. The residents of Gyuram-ri call this steep pass "Bengbeng-i-je" because they have to turn around 36 times, earning it the nickname. In the past, it was the obligatory route for residents of Gyuram-ri to travel to Jeongseon-eup.

The snow-covered farmland in Gwanghari used to be the river bed where the Dong River flowed. Due to multiple ground movements causing the widening of cracks in the bedrock and an increase in the river's energy, the current geological structure, which was already weak, led to the avulsion of the river channel. Subsequent intermittent ground movements caused Dong River to continue its downward erosion, resulting in it now flowing at an altitude more than 100 meters lower than the former highest level of Gwanghari.

The characteristics of limestone mountain areas can be summed up as "sharp mountain peaks with grayish cliffs exposed on all sides." Consequently, the Napalbong in front of Gyuram-ri, Jeongseon, becomes a typical model of limestone mountains. The weak ground around the summit of the mountain, influenced by factors such as frost action, causes rock fragments to easily detach, and the cliffs bear the evidence of numerous collapses of underground joints.

Between the ridgeline of Napalbong and Dong River lies a steep slope with several valleys that appear as if they were folded. These are the tributary valleys that flow from Napalbong to Dong River. These valley formations, resembling waterfalls, are called "hyeon-gok" in geomorphology. They form when the rate of ground movement exceeds the rate of erosion, a landscape often observed in the Taebaek mountainous region where there is a significant amount of ground movement.

15

타임머신을 타고
동강을 탐험하다

고생대의 해저 터널, 동강 100리

　이 장에서 필자는 예전에 근무했던 정선정보공업고등학교 앞 조양강에 가상의 타임머신을 띄워, 동강이 정선군을 빠져나가는 신동읍 덕천리까지 이동하려고 한다(그림 15-1).

　출발에서 도착 지점까지 직선거리는 약 14km 정도이지만, 동강은 직선거리의 3배인 42km 를 구불구불 흘러간다. 출발 지점 하천의 해발고도도 300m에서 도착 지점에서는 220m로 낮아진다.

　이 구간의 지질은 대부분 고생대 오르도비스기에 바다에서 형성된 석회암 등의 퇴적암이나, 고생대 후기와 중생대에 형성된 사암과 셰일, 역암 등 육성 퇴적암층도 가끔 지나치게 된다(그림 15-2).

　이곳에서 이야기할 주요 자연경관은 중생대에 형성된 쥐라기 역암, 고생대 석탄기에 형성된 사암을 기반암으로 하는 세대 하안단구, 고생대 오르도비스기에 형성된 석회암 절벽에 용식 주머니가 잘 드러난 '병방 뼝대', 붉게 물든 절벽 '붉은 뼝대', 메마른 폭포가 줄줄이 쏟아져 내리는 '광덕 뼝대', 그리고 '한국판 그랜드캐니언' 동강 곡류 하도 등이다.

〈그림 15-1〉 동강 유역의 지형과 주요 경관

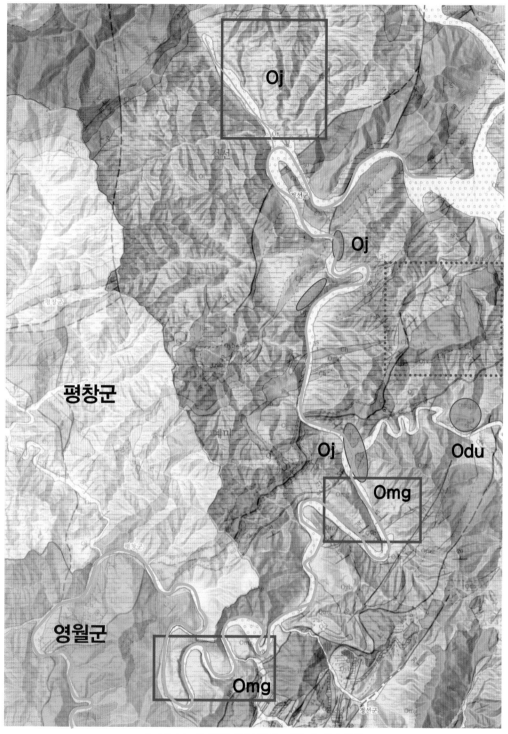

〈그림 15-2〉 동강 유역 주요 경관의 지질 현황

오르도비스기 Oj-정선 석회암, Omg-막동 석회암, Odu-두무동 석회암

〈그림 15-3〉 관찰 시점 ❶ 조양강 쥐라기 역암 '공룡의 알'(2014)

공룡의 알

타임머신 출발 후 첫 번째 만남(그림 15-4, ❶)은 약 2억 년 전의 중생대 쥐라기이다. 당시에 이곳을 가로지르며 흐르던 강이 그대로 돌로 굳어 있는 경관을 볼 수 있다. 바로 천연기념물로 지정된 '정선 역암'인데, 필자는 강에 의해 매끄럽게 다듬어져 마치 거대한 알과 같은 모습이 된 조양강의 정선 역암을 '공룡의 알'이라는 별칭으로 불렀다. 그 이유는, 우선 이 역암이 형성된 중생대 쥐라기는 공룡의 세상이었고, 정선읍의 남쪽 기우산 일대에는 중생대 쥐라기의 퇴적암이 공룡의 형상으로 분포하기 때문이다(그림 15-2, 적색 점선). 그래서 필자는 학생들에게 "기우산의 공룡이 조양강에 알을 낳았다."라는 표현으로 조양강에 흩어진 정선 역암을 설명하기 위한 화두를 열기도 했다. 이 역암에 대한 자세한 이야기는 19장 '돌이 흐르는 강'에서 하기로 한다.

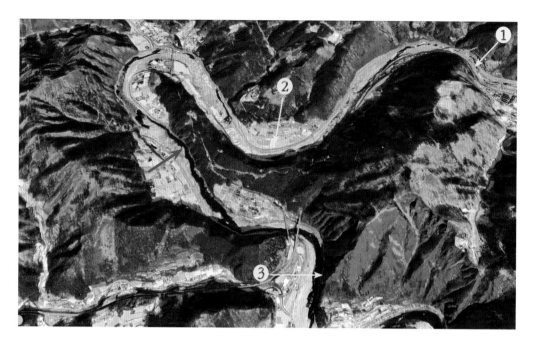

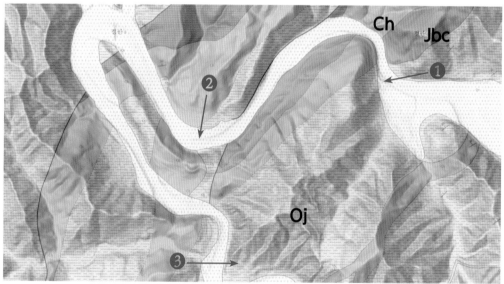

〈그림 15-4〉 관찰 시점 **①②③**의 지형과 지질 현황
① 쥐라기 역암, **②** 세대 하안단구, **③** 병방 뼝대
Ch-석탄기 홍점층군(사암, 셰일), Jbc-쥐라기 역암, Oj-정선 석회암

바다 퇴적암과 육지 퇴적암의 경계

타임머신이 '정선 역암' 지대를 지나, 두 번째 만남(그림 15-4의 ❷)은 약 3억 년 전의 고생대 석탄기이다. 3장에서 이미 소개한 바와 같이 정선에서 석탄기에 퇴적된 암석은 '홍점층군'으로 주로 붉은색을 띠는 사암과 셰일이다. 쥐라기 '역암 지대'를 지나, 세대 마을이 들어선 하안단구는 적색 사암에 형성된 단구이다. 여기에서 조양강이 용탄천과 만나는 곳에서 휘 돌아치며 솔치재터널 입구를 빠져나가기 전까지 석회암보다는 '홍점층군' 암석이 더 큰 비중으로 나타난다(그림 15-4). 그러나 조양강에 맞닿은 절벽(뼝대)이나 솔치재터널 출·입구는 석회암이다. 따라서 경관을 대략 훑어 보면, 회색 절벽이 눈에 확연히 들어오므로 모두 석회암으로 보이는 착각을 일으킨다.

세대 단구는 규모가 큰 하안단구임에도 돌리네의 군락이 형성되지 않은 이유는 비탄산염암인 홍점층군 사암이 분포하는 단구이기 때문이다. 주변 지역이 모두 석회암으로 둘러싸인 가운데 사암을 기반암으로 하는 단구라는 점이 정선군 내의 하안단구 중에는 특별한 곳이다.

3단의 평탄면(단구면)과 2단의 급경사면(단구애)으로 구성되어 있는데, 〈그림 15-5〉에서

〈그림 15-5〉 관찰 시점 ❷ 세대 단구 홍점층군(2019)

가옥이 밀집한 곳이 가장 상위 단구로 하천보다 40m 높으며, 농경지로 활용하는 중위 평탄면은 30m, 하위 평탄면은 20m가 높다. 하안단구의 형상이 정형화된 모델과 같은 장소로, 고등학교 한국지리 교과서에 하안단구의 사례로 실렸던 대상 지역이기도 하다.

줄지어 늘어선 용식 주머니

타임머신이 '적색 사암' 지대를 지나, 세 번째 만남은 4.5억 년 전의 고생대 오르도비스기이다. 이제부터 본격적인 고생대의 해저 터널로 들어선 것이다. 오르도비스기 바다 퇴적층에서 처음 맞이하는 절벽은 '병방 빵대'(필자가 붙인 별칭)이다(그림 15-4의 ❸). 이 석회암 절벽에는 퇴적 환경을 달리하는 3~4개의 층리(퇴적층 사이의 경계)가 보이며 가장 아랫단의 층리는 30° 정도 기울어진 상태인데, 이 층리면을 따라 용식 주머니가 형성되어 있다(그림 15-6). 이 용식 주머니들은 하천의 하방 침식에 따라 연차적으로 수면 위로 부상한 상태로, 가장 위에 있는 구멍이 가장 먼저 형성된 것이다.

형성되는 과정은 하천이 해당하는 구멍의 위치에 있을 때 하천에 실려 온 자갈이 절벽(암벽)의 균열 밀도가 높은 틈으로 파고들어가 암석을 갈고, 또 일부 석회질의 농도가 짙은 부분은 물에 녹아서 형성된 작은 공동이다. 이와 같은 형태는 석회동굴이라고 하기에는 너무 규모가 작아 필자는 석회동굴 속의 '벨홀'과 같은 이름의 '용식 포켓'이라고 부르기로 하였다.

〈그림 15-7〉은 광하리 조양강의 강 건너 맞은편 석회암 절벽의 모습이다. 층리를 따라 석회암이 용식작용을 받고, 또 하천에 의해 침식되는 과정을 엿볼 수 있는 좋은 사례 경관이다. 퇴적 당시 수평이었던 퇴적층의 경계(층리)는 지각 운동을 받아 기울어져 있고, 그 경계면에 균열이 많은 부분에 하천에 의한 침식과 석회암의 용식작용이 동시에 진전되어가는 모습이 잘 나타난다. 그러나 우측 중앙부의 동그란, 마치 동굴 입구와 같이 생긴 지형은 이곳을 활용하기 위해 인위적으로 손질한 흔적이 역력히 드러난다. 그러나 누가, 언제, 어떤 목적으로 했는지는 알 수 없다.

〈그림 15-6〉 관찰 시점 ❸ '병방 뻥대'(2014)

석회암의 경사진 층리를 따라 용식 포켓이 드러나는 과정
청색 선은 하천의 하방 침식으로 인해 하천 수위가 낮아지는 과정이다.

〈그림 15-7〉 광하리 조양강 앞 절벽(그림 15-4의 적색 화살표 지점)

층리를 따라 용식과 침식이 진전되는 모습

노란색 실선-층리, 붉은색 화살표-서릿발 작용 등으로 떨어져 나온 암석 흔적(기계적 풍화), 파란색 화살표-용식 포켓

〈그림 15-8〉 동강 유역의 석회암 절벽 병방치(2014)

해저에서 산지의 정상으로

동강과 맞닿은 석회암 절벽, '뼝대'에는 지각 운동의 흔적들이 바위 곳곳에 남아 있다. 바로 지층에 나타난 '단층과 습곡의 흔적'들인데, 단층은 암반이 끊어진 것이며, 습곡은 암반이 휘어진 것이다. 암반이 끊기고, 휘어진 이유는 지각이 움직였기 때문이다. 고생대 오르도비스기의 따뜻한 바다에서 형성된 석회암이 태백 산지의 중심으로 오기까지 수차례 지각변형을 겪은 세월의 주름살인 셈이다(그림 15-9).

석회암은 고생대의 따뜻한 바다에서 형성되어 육지로 올라오고, 육지화된 뒤에도 대륙 이동에 편승하여 장거리를 움직였다. 또한, 동해 지각의 확장(2장에서 소개) 등 대륙이 갈라지거나

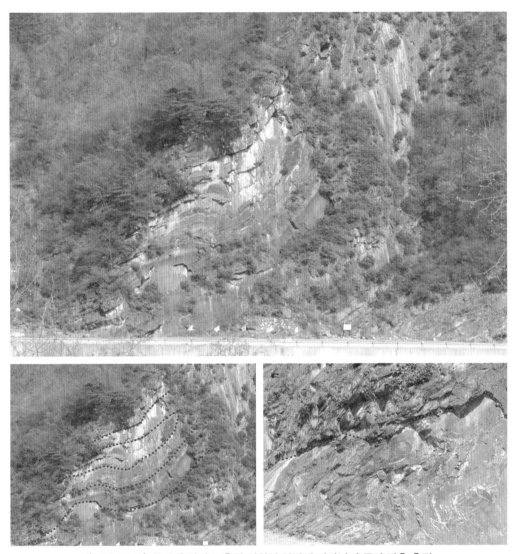

〈그림 15-9〉 동강 유역에 노출된 석회암 암반에 나타난 습곡과 단층 흔적

부딪치는 과정에 횡압력을 받아 지층이 휘어지며 솟구쳐 올라 산지의 중심에 자리 잡게 되었다. 지층 중에 동굴 등 비어 있는 공간이 많은 석회암의 특성상 지반 침하가 빈번하게 발생하여, 다른 암석에 비해 지층이 더 심하게 뒤틀리고 깨진 흔적이 많다.

이미 여러 차례 소개한 대로 지층에 가해진 균열은 수분 이동의 통로가 되며, 지형 변화로 이어지는 풍화 작용의 출발점이 된다. 따라서 암반의 균열 밀도가 높을수록 지형의 변화가 쉽게 일어나 지형의 기복이 큰 상태가 된다. 달리 표현하면, 멋진 경치가 만들어진다는 뜻이다. 동강이 심하게 구부러져 곡류하는 모습이나 산지와 골짜기의 고도 차이(기복량)가 크게 나타나는 가운데 곳곳에 석회암 절벽, '뼝대'가 발달하는 이유도 모두 지각 운동에 수반된 단열과 높은 절리 밀도의 영향 때문이다.

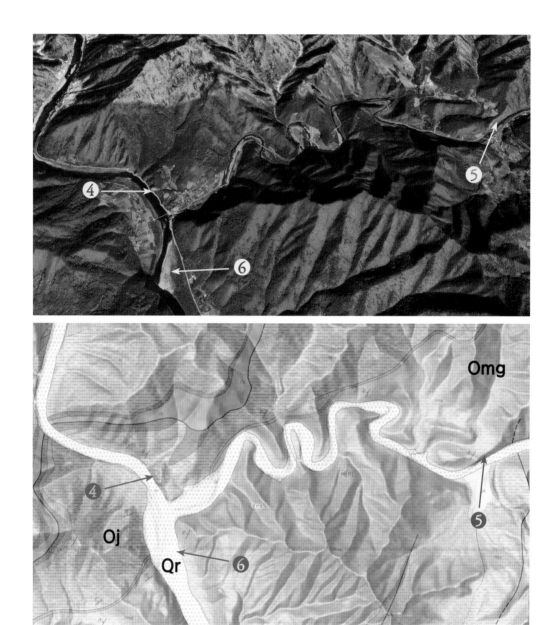

〈그림 15-10〉 관찰 시점 ❹❺❻의 지형과 지질 현황
❹ 붉은 뼝대, ❺ 개미 뼝대, ❻ 자갈 퇴적상
Oj-정선 석회암, Omg-막동 석회암, Qr-4기 하천퇴적층

붉은 뼝대

타임머신이 '병방 뼝대' 지나 동강의 지류인 지장천과 만나는 곳에 가까이 가면, 붉은색의 석회암 절벽, '붉은 뼝대'가 특별한 자태로 우뚝 서 있다.

"왜 절벽의 색이 붉어졌을까?"라는 질문의 답은 9장 '생동하는 지하의 그림바위(화암동굴)'의 "동굴퇴적물에 붉은색이 착색되는 이유"에서 이미 소개한 바와 같다(그림 9-24, 석회암 지층으로 테라로사의 유입).

지상의 석회암 절벽이 붉은색으로 착색되는 이유 역시, 석회암의 풍화 토양인 '테라로사'의 영향이다. 석회암의 토양화 과정에서는 주요 성분인 탄산칼슘이 녹아 빠져나가고 잔류한 광물 중 철의 비중이 상대적으로 높게 나타난다. 따라서 철이 산화되어 붉은색의 토양이 형성되는데, 이를 '테라로사'라고 한다. 스페인어로 '테라'는 '토양', '로사'는 '붉다'라는 뜻이다(그림 15-12). 지표의 이 토양이 절리와 균열, 지하 공동(空洞)이 무수히 많은 석회암의 지층으로 스며들며 암석을 붉게 물들인 것이다. '붉은 뼝대'는 하천의 하방 침식과 지층의 붕괴 등으로 붉게 물들여진 암석층이 절벽으로 드러난 것이고, 현재에도 이 절벽으로 '테라로사'의 공급은 계속되고 있다. 결국, 석회암 절벽이 붉게 착색되려면, 절벽의 윗부분에 테라로사가 충분히 쌓일 수 있는 지형적인 조건, 즉 넓은 평탄면과 토양 유실을 줄일 수 있는 식생이 안착하여야 한다. '붉

〈그림 15-11〉 관찰 시점 ❹ 가수리 '붉은 뼝대'(2024). 적색 사각형은 '관우 상'

〈그림 15-12〉 발구덕마을의 테라로사(2016)

붉은색의 테라로사와 흰색 석회암 바위가 돌출한 카렌이 조화롭다.

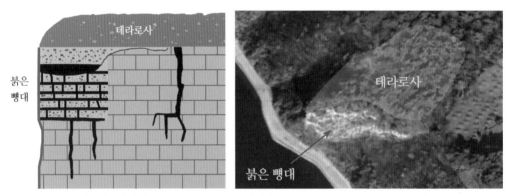

〈그림 15-13〉 붉은 뼁대에 테라로사가 착색되는 과정(좌)과 위성영상(우)

은 뼁대'의 절벽 위는 비교적 넓은 평탄면이며, 식생이 밀도 높게 정착하고 있다(그림 15-11, 15-13).

동강과 합류하는 지류 하천인 지장천 유역 광덕마을의 거대한 석회암 절벽, '광덕 뼁대'도 많은 부분이 붉게 물들어 있다(그림 15-14). 이곳 역시 절벽의 윗부분이 과거에 하천이 흐르던 하상으로 넓은 평탄면이 나타나며 두꺼운 토양(테라로사)층이 덮여 있어 농경지로 활용하고

〈그림 15-15〉 붉은 뻥대에 드러난 '관우 상'(그림 15-11의 적색 사각형)

〈그림 15-14〉 관찰 시점 ❺ 남면 광덕리의 '광덕 뼝대'(2016)

〈그림 15-16〉 '광덕 뼝대'의 지형 상황(2024)

'광덕 뼝대' 위는 과거 하천의 유로로 비교적 평탄하여 농경지로 활용하고 있다.

〈그림 15-17〉 '광덕 뻥대' 위의 테라로사 분포(2024)

석회암 절벽 위 넓은 완사면과 농경지에는 테라로사가 쌓여 있다.

있다. 또 주변 완사면에도 토양이 두껍게 덮여 있어 식생이 밀도 높게 정착하고 있다(그림 15-16, 15-17).

Dry Valley_지층으로 스며드는 계곡물

석회암 산지 지역을 흐르는 상류의 소하천들은 대부분 물이 흐르지 않고 바닥이 드러난 건천을 이룬다(그림 15-18). 이는 물을 흡수하는 투수력이 강한 암석 위를 흐르기 때문이다.

석회암은 암반에 가해진 수많은 균열과 더불어 지하 곳곳에는 지반의 함몰과 용식작용에 의한 공동(空洞)이 많이 형성되어 있다. 따라서 비가 오면 지표의 물을 지층으로 빠르게 흡수하는 특성이 강하다. 여기에 더하여 골짜기가 형성된 곳은, 암석이 크게 갈라져 있는 단열에 해당하므로 지표수가 지하로 더 잘 스며들게 된다. 따라서 석회암 지역의 소규모 하천들은 많은 비가 왔을 때, 일시적으로 하천이 흐르다가 곧 말라버리는 특성을 보인다. 이렇듯 석회암 지역은 비가 오면, 마치 스펀지처럼 물을 흡수하였다가 포화 상태에 이르러 머금은 물을 내뿜는다.

〈그림 15-18〉 조양강으로 유입하는 용탄리(비룡동길)의 마른 하천(2014)

〈그림 15-19〉 용탄리(비룡동길) 골짜기 건천의 강우 시 예측

〈그림 15-20〉 지장천으로 유입하는 광덕리의 하천(2024)
비 온 직후(좌), 비 그치고 1시간 뒤(우)

정선의 조양강과 동강, 지장천 등 비교적 규모가 큰 하천으로 유입하는 지류 하천들은 대부분 이와 같은 마른 하천, '건천'이다.

Dry Waterfall_지층에서 뿜어 나오는 폭포수

잿빛 석회암 절벽에서 볼 수 있는 가장 보편적이며, 동시에 가장 특징적인 지형은 흰색의 마른 폭포 'dry waterfall'이다(그림 15-21, 15-22, 15-23). 주로 층리(퇴적암의 시기나 환경을 달리하는 경계선)나 단열(지각 운동 등으로 생긴 금) 등 암반의 굵은 균열에서 시작되어 흘러 내린 모습이다. 지형의 명칭이 서로 반대의 개념을 가지고 있는 'dry'와 'water'를 합친 용어로 석회암의 암석 특성과 수리 현상을 대변하는 지형으로 볼 수 있다.

〈그림 15-21〉 동강 유역 석회 절벽(빵대)의 마른 폭포(dry waterfall)

〈그림 15-22〉동강 유역 석회 절벽의 마른 폭포와 강우 시 예측(2014)

마른 폭포가 시작되는 암벽의 균열(적색 점선)은 수분 이동의 통로로,
늘 수분이 축적되어 있으므로 나무와 풀 등의 식생이 정착한다.

〈그림 15-23〉 강우 후 동강 유역 석회 절벽(2024)
암벽의 균열을 따라 빗물이 새어 나와 흐르는 모습(짙은 색)이다.
또 지층 중에서 유기질과 토양 등이 함께 배출된 흔적도 보인다.

이미 소개한 바와 같이, 석회암 지역은 비가 오면 스펀지처럼 빗물을 빠르게 흡수하며, 흡수한 빗물 일부를 다시 암반의 균열을 통해 지표로 내보낸다. 그래서 동강의 '뼝대' 주변에 거주하는 주민들은 많은 비가 내렸을 때, 석회암 절벽 여기저기에서 물을 내 뿜는 모습을 종종 볼 수 있다고 말한다. 지표에서 석회암 지층으로 스며든 빗물이 절벽의 출구를 통해 다시 지표로

〈그림 15-24〉 지장천 유역 '개미 뻥대'에서 마른 폭포를 설명하는 필자(2014)
석회 절벽에 칼사이트(흰색)가 코팅된 부분이 마른 폭포(Dry Fall)이다.

배출되는 것이다. 이 과정에 석회암에 포함된 칼사이트($CaCO_3$) 성분을 녹여 출구에 뱉어 놓은 흔적이 곧 마른 폭포 'dry waterfall'이다. 어쩌면 이 마른 폭포야말로 석회암의 수리 현상과 지형적 특징을 가장 잘 대변해 주는 지형이라는 생각이 든다. 〈그림 15-23〉에서 나타난 암벽의 젖은 부분은 마른 폭포를 통해 배출되는 빗물이 비가 그친 뒤에도 꽤 오랜 기간에 석회암 지층에 머금고 있다가 서서히 배출된다는 사실을 입증한다.

한국의 그랜드캐니언

정선읍의 조양강에서 출발한 타임머신의 종점은 신동읍 '동강 전망 자연휴양림'이다. 이곳에 설치된 전망대는 '한국판 그랜드캐니언'을 볼 수 있는 가장 좋은 곳이다(그림 15-1의 적색 원). 휴양림이 위치한 곳은 중생대의 퇴적암 지대이지만, 이곳에서 바라보는 동강 일대의 산지와 하안단구는 고생대 오르도비스기에 퇴적된 막동 석회암층이다(그림 15-2).

이곳 전망대에서는 정선군의 서남쪽 끝자락을 빠져나가는 동강과 그 주변의 산지 경관을 한눈에 조망할 수 있다.

〈그림 15-27〉은 여기에서 보이는 자연경관을 형성된 시기에 따라 차례로 관찰할 수 있도록 필자가 구성해 본 것이다.

❶에서는 석회암 암벽을 보며 지층을 관찰하는 것이다. 우선, 고생대 바다에서 형성된 석회암의 퇴적 환경과 퇴적 시기를 달리하는 경계인 층리(마치 시루떡처럼 켜켜이 쌓여 있는 모습)를 볼 수 있다. 또, 바다에서 퇴적된 암석이 산지로 솟구치는 과정을 기록한 습곡(칼날 같은 능선) 등과 단층(암석의 층리가 어긋난 모습)의 흔적도 볼 수 있다. 식생이 없는 겨울철에는 석회암이 빗물을 머금고 내보내는 과정에 형성된 마른 폭포도 쉽게 관찰할 수 있다.

❷에서는 솟구친 산지를 보며 땅이 융기하는 과정을 상상해 보는 것이다. 신생대 제3기 이후 우리나라는 '경동성 요곡 운동'이라고 하는 동쪽 지역과 서쪽 지역 간의 비대칭성 융기 작용이 일어났다. 이 지각 운동은 우리나라와 붙어 있었던 일본열도 사이에 균열이 생기며 동해 지각이 형성되고, 확장하는 과정에 일어난 것이다. 따라서 동해와 근접한 태백산 지역은 서부 지역보다 융기량이 많았고, 그로 인해 해발고도가 높은 산지가 이곳에 집중하게 된 것이다(그림 2-6, 2-7). 이와 같은 지각 운동의 여파로 동강은 에너지가 더욱 증가하게 되어 하방 침식을

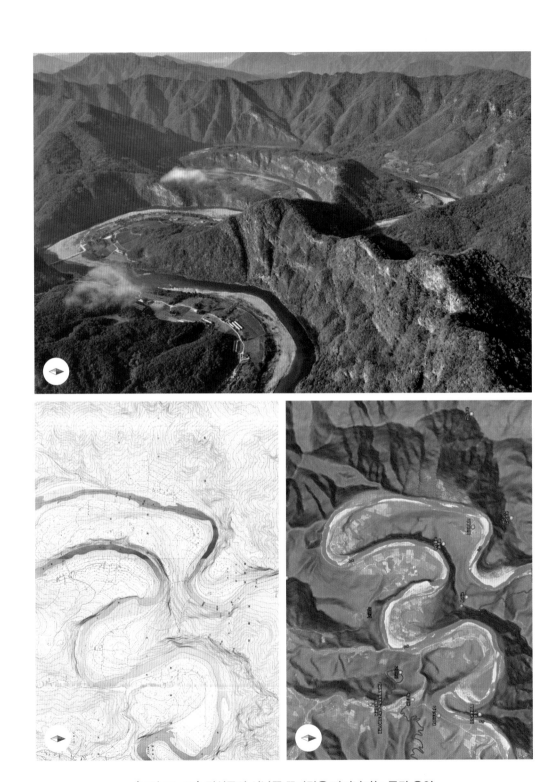

〈그림 15-25〉 정선군의 서남쪽 끝자락을 빠져나가는 동강 유역
상-신병문 항공사진(2014), 하좌-1:8,500 지형도, 하우-네이버 지형도

〈그림 15-26〉 동강과 백운산을 배경으로 한 '동강 전망 자연휴양림' 전경

〈그림 15-27〉 '한국판 그랜드캐니언' 동강의 경관 관찰 내용

❶ 석회암 지층 ❷ 지반의 융기 과정 ❸ 백룡동굴 ❹ 덕천 하안단구(상위) ❺ 돌리네 군락 ❻ 덕천 하안단구(하위) ❼ 현곡

활발하게 진행하며 더 깊은 골짜기가 형성되고, 더 심하게 구부러져 흐르게 되었다.

❸은 백룡동굴이 위치한 곳이다. 이 동굴은 평창군을 대표하는 석회동굴로 미개발 개방 동굴이다. 따라서 탐방객들은 장비를 갖추고 인솔자의 안내에 따라야만 입장할 수 있다. 난간과 계단 등을 설치하지 않은 상태로 일반인의 탐방이 가능한 것은 수평 동굴이기 때문이다. 그러나 융기량이 많은 이 지역의 특성을 반영하여 동굴 내 여러 곳에 '함정'(그림 15-28)이 있으며, 폭풍광장에는 낙석 무리와 위장 석순(종유석이 천장에서 떨어지며 거꾸로 바닥에 안착하여 마치 석순처럼 자리 잡은 것) 등 지각 운동을 반영하는 경관이나 퇴적물이 많다. 아울러 '에그 프라이드' 등 진귀한 2차 퇴적물들도 많이 보유하고 있다.

❹는 형성 시기가 오래된 하안단구다. 절벽 위가 넓고 평탄한 지형으로, 이 평탄면은 과거에 동강이 흐르던 하상(하천 바닥)이다. 그 당시에 강이 지형을 평탄하게 다듬고 자신이 운반한 퇴적물을 살짝 덮어 놓은 것이다. 따라서 이곳에는 둥근자갈과 모래 등 과거 하천이 운반한 퇴적물이 쌓여 있다. 이후 지반은 더 융기하고, 하천은 하방 침식을 활발하게 진행하여 현재와

〈그림 15-28〉 백룡동굴의 동굴 지형과 주요 퇴적물
좌상-함정, 우상-폭풍광장의 낙반, 좌하-위장 석순, 우하-에그 프라이드

같은 위치에 자리 잡게 된 것이다. 이 하안단구는 현재 하천보다 약 120~150m 정도 고도가 높다.

❺는 ❹의 하안단구상에 발달한 돌리네 군락이다. 필자의 현지 조사 결과, 이곳 단구 위에서만 모두 9개의 크고 작은 돌리네가 형성되어 있다. 하안단구상에 돌리네가 형성되는 곳은 습포(수분을 흡수하는) 효과와 배수 효과가 잘 이루어지는, 넓고 평탄하며 현 하천과 고도 차이가 큰 지형적 환경을 갖춘 곳이다.

❻은 현재의 하안단구로 주로 주민들의 삶의 터전을 이루고 있는 곳이다. 16장에서 자세히 설명하기로 한다.

❼은 현곡으로, 14장의 '주렁주렁 매달린 골짜기들'에서 설명한 내용과 같다.

+++ 요약 +++
# 15 타임머신을 타고 동강을 탐험하다

이 단원에서는 정선읍에서 출발하여 동강이 정선군을 빠져나가는 신동읍까지 나타나는 지형들에 대해 논의하고자 한다(그림 15-1). 출발에서 도착 지점까지 직선거리는 약 14㎞ 정도이지만, 동강은 직선거리의 3배인 42km를 구불구불 흘러간다. 출발 지점 하천의 해발고도는 300m에서 도착 지점에서는 220m로 낮아져 급류하천을 이룬다.

이곳에서 논의할 주요 자연경관은 중생대에 형성된 쥐라기 역암, 고생대 석탄기에 형성된 사암을 기반암으로 하는 하안단구 그리고 고생대 오르도비스기에 형성된 석회암의 절벽에서 볼 수 있는 단층과 습곡의 흔적, 용식 포켓, 마른 폭포 등이다. 또 동강이 정선군 서남부 경계를 빠져나가는 '한국판 그랜드캐니언'에서는 산지 지형과 하천 지형, 카르스트 지형, 지반 운동에 수반된 지질 경관 등에 대해 세밀하게 관찰할 수 있다.

석회암 절벽에 나타난 용식 포켓은 하천이 해당하는 구멍의 위치에 있을 때 하천에 실려 온 자갈이 절벽(암벽)의 균열 밀도가 높은 틈으로 파고 들어가 암석을 갈고, 또 일부 석회질의 농도가 짙은 부분은 물에 녹아서 형성된 작은 공동이다.

'붉은 절벽'은 지표의 테라로사가 절리와 균열을 통해 석회암의 지층으로 스며들며 암석을 붉게 물들인 것이다.

마른 폭포는 지표에서 석회암 지층으로 스며든 빗물이 절벽의 출구를 통해 다시 지표로 배출되는 과정에, 석회암에 포함된 칼사이트 성분을 녹여 출구에 뱉어 놓은 흔적이다. 잿빛 석회암 절벽에서 볼 수 있는 가장 보편적이며, 동시에 가장 특징적인 지형이다.

신동읍의 '동강 전망 자연휴양림'의 전망대에서는 정선군의 서남쪽 끝자락을 빠져나가는 동강과 그 주변의 산지 경관을 한눈에 조망할 수 있다. 〈그림 15-27〉은 여기에서 보이는 자연경관을 형성된 시기에 따라 차례로 관찰할 수 있도록 필자가 구성해 본 것이다.

✛✛✛ SUMMARY ✛✛✛

15 Exploring the East River aboard a time machine

This chapter aims to discuss the terrain features from Jeongseon-eup to Sindong-eup, where the Dong River exits Jeongseon County <Figure 206>. Although the straight-line distance from start to finish is about 14 km, the Dong River meanders for 42 km, three times the straight-line distance. The elevation of the river at the starting point is 300m, decreasing to 220m at the destination, forming a rapid river.

The main natural landscapes discussed here include Jurassic rocks formed in the Mesozoic era, sandstone-terrace formed in the Carboniferous period serving as the bedrock, and cliffs of limestone formed in the Ordovician period, showing traces of bedding and gullies, solution pockets, dry waterfalls, and more. In the Korean version of the "Grand Canyon" where the Dong River exits the southwestern boundary of Jeongseon County, detailed observations will be made on mountainous terrain, river terrain, karst terrain, and geological landscapes associated with ground movements.

Solution pockets on limestone cliffs occur when gravel carried by the river penetrates into cracks with high fracture density in the cliffs and grinds the rocks, while some concentrated parts of limestone dissolve in water to form small cavities.

The "Red Cliffs" result from "Terrarosa" infiltrating limestone layers through joints and fractures, staining the rocks red.

Dry waterfalls are traces of rainwater infiltrating from the surface into limestone layers, dissolving calcite components, and spitting them out at the exits, seen mostly on gray limestone cliffs, representing the most common and distinctive terrain features.

From the observation deck of the "Dong River View Natural Recreation Forest" in Sindong-eup, one can overlook the Dong River exiting the southwestern end of Jeongseon County and the surrounding mountain landscape. <Figure 231> presents the natural landscapes visible here arranged by the periods in which they were formed, as organized by the author.

16

인간과 자연이 함께하는
Ordo-terrace

곡류! 인간과 함께하려는 자연의 섭리

깊은 골짜기를 이루며 산지를 흐르거나, 넓은 들판을 관통하며 흐르는 하천은 대부분 구불구불 곡류(meander)한다. 그래서 동강과 같이 깊은 골짜기를 이루며 흐르는 하천을 '산지 곡류천'이라고 하고, 넓은 평야를 흐르는 하천을 '자유 곡류천'이라고 부른다.

'산지 곡류천'은 강의 양쪽 기슭이 산으로 막혀 있고, 강폭이 좁은 협곡을 이루며 흐르고 있지만, 그 좁은 골짜기 안에는 아담한 평지와 깎아 지른 절벽이 조화롭게 전개된다(그림 16-3). 절벽과 평지가 서로 마주 보듯 전개되는 이유는 하천이 곡류(meander)하기 때문이다.

〈그림 16-2〉는 산지 하천이 곡류하는 과정에 침식과 퇴적 현상이 일어나는 상황을 나타낸 것이다. 산지를 흐르는 하천은 대부분 유속이 빠른 급류를 이룬다. 유속이 빠른 강의 표면 흐름(하천 위 파란색 실선)이 부딪치는 사면을 공격사면(attack point, 침식사면)이라고 하고, 상대적으로 유속이 느리고 얕은 상대 사면을 퇴적사면(point bar, 활주사면 또는 보호사면)이라고 한다.

유속이 강한 침식 사면에서 떨어져 나온 암석 파편은 강물에 의해 더 작게 쪼개지고, 둥글게

〈그림 16-1〉 산지 사이를 곡류하는 동강(2014)

정선군의 서남부 경계 – 〈그림 15-1〉의 적색 음영 표시 부분

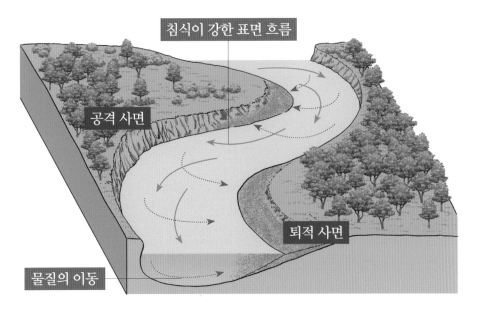

침식이 강한 표면 흐름

공격 사면

퇴적 사면

물질의 이동

〈그림 16-2〉 산지 곡류 하천의 침식과 퇴적 상황

〈그림 16-3〉 위성 이미지 속 조양강의 한반도 형상과 상정바위에서 본 모습(2014)

공격사면에는 절벽이, 퇴적 사면에는 하안단구가 서로 마주 보고 있다.

다듬어져 유속이 느린 퇴적 사면에 쌓인다(그림 16-2의 회색 점선). 결론적으로 하천이 곡류하기 때문에, 침식 사면과 퇴적 사면은 서로 마주할 수 있는 것이며, 또 연속적으로 형성될 수 있는 것이다.

강이 만든 테라스는 산지의 삶터!

산지 하천은 곡류하는 과정에 공격사면에 가하는 에너지로 인해 측방 침식이 일어난다. 동시에 하천 바닥을 파고 들어가는 하방 침식도 강해진다. 더구나 동강 유역은 지반의 융기량이 많아 강의 침식(위치) 에너지는 더 크다. 그래서 퇴적 사면은 일정 기간이 지나면 현재 하천보다 더 고도가 높아지게 되고, 따라서 홍수의 위험이 줄어들게 되므로 인간이 정착하여 살기에 좋은 조건이 된다. 즉, 산지 곡류천 주변에 형성되는 이 아담한 평지는 현재 하천이 운반한 퇴적물이 계속 쌓이고 있는 부분과 아주 오래전의 하천이 운반한 퇴적물이 덮고 있는 부분으로

〈그림 16-4〉 귤암리 하안단구(2024)

용탄 단구

정선읍

광하 구하도

가탄 단구

덕천 단구

〈그림 16-5〉 위성 이미지로 본 정선 동강 유역의 하안단구

노란색 음영은 현 하안단구, 분홍색 음영은 과거 유로상의 하안단구이다.

나눌 수 있는데, 인간이 삶의 터전으로 일군 곳은 오래전 퇴적물이 덮고 있는 곳이다. 이곳을 '하안단구'라고 하며, 가옥이 들어서 동네를 이루고, 동네와 동네를 연결하는 도로가 놓이고, 또 삶의 중심이 되는 농경이 이루어지는 산지의 중요한 삶터가 된다(그림 16-4).

결론적으로 하안단구는 산지 하천이 곡류하며 다듬어 놓은 평탄한 땅에, 자신이 운반한 퇴적물질을 덮어 놓은 것으로, 깊은 산간 지방에서도 인간이 편안하게 정착할 수 있도록 축조한 자연의 선물인 것이다.

정선읍 북실리에서 출발하여 신동읍으로 빠져나가는 조양강과 동강의 양안에는 23곳의 하안단구가 형성되어 있다(그림 16-5). 이 중 용탄 단구, 가탄 단구, 덕천 단구 등 3곳은 현재의 하천 유로와는 크게 다른 시기에 형성된 과거 유물 지형으로 현 하천과는 100여 m의 고도 차이가 있다. 또 1곳은 14장에서 소개한 광하리의 구하도이다. 이들은 모두 농경지로의 활용도가 높아 주민들의 소중한 삶터가 된다(그림 16-4).

돌리네가 군락을 이루는 높고 넓은 테라스

용탄 단구, 가탄 단구, 덕천 단구는 현 하천보다 100여 m 이상 높은 고도에 형성된 하안단구이다. 다시 말하면, 현재 하천이 100여 m 높은 곳에서 흐르던 시기의 퇴적 사면에 해당하는 것이다. 물론, 그 당시 하천의 유로나 퇴적 사면의 형태와 규모는 현재와 크게 달랐을 것이다. 그러나 퇴적 사면을 덮고 있는 당시 하천의 퇴적물은 원형을 유지하고 있다. 하천에 의해 운반되는 과정에 모서리가 갈리고, 다듬어진 원력(圓礫, 둥근자갈)들이 이 단구 위를 덮고 있는데, 이 원력들이 단구 위로 하천이 흘렀음을 증명하는 것이다.

오르도비스기의 석회암 위에, 형성된 시기가 오래된 이 세 곳의 단구들은 비교적 넓고, 또 현재 하천보다 해발고도가 100m 이상 높다. 석회암을 기반암으로 하는 지역에 하상 비고(하천 바닥과 비교한 고도)가 높고, 넓은 평탄면인 단구는 용식 와지 지형인 '돌리네'가 군집하기에는 최적의 환경이 된다. 그 이유는 6장에서 이미 소개한 대로, 넓고 평탄한 지형은 수분 저장에 유리하고, 하상 비고가 높으면 배수가 잘되기 때문이다. 즉, 적당한 습포 효과(토양과 암석층에서 물을 머금고 있는 효과)와 원활한 배수효과가 이루어져, 석회암이 빗물에 녹고(용식 작용), 녹은 물질이 잘 제거되면서 돌리네가 발달하기 위한 조건이 충족되는 것이다.

〈그림 16-6〉 반점재 하안단구의 하천 퇴적물(2013)
〈그림 16-3〉의 녹색 화살표 부분으로 단구 위에는 둥근자갈이 쌓여 있다.
필자의 은사이신 오경섭 교수가 단구 퇴적물을 관찰하고 있다.

조양강과 동강 유역에서는 용탄 단구 위에 36개, 가탄 단구 위에 30개, 덕천 단구 위에 9개의 돌리네가 군집한다.

비탄산염암(사암)인 세대 단구와 하상 비고가 50m 이하인 18곳의 하안단구상에는 돌리네가 없다. 또 광하리 구하도는 폭이 협소하며, 사암 등 비 석회암이 섞여 있어서 돌리네가 형성되기에는 조건이 좋지 않으므로 돌리네가 거의 발달하지 않는다.

멋진 여울(龍灘)의 돌리네 군락지

가리왕산에서 발원하여 조양강으로 유입하는 용탄천 주변 구릉 지대(그림 15-1)에는 과거 하천의 유로상에 발달한 하안단구가 현재에도 그 형상을 보존하고 있다.

이 단구는 해발고도 350~400m, 400~450m, 450~500m 사이에 형성된 3곳의 단구면(평

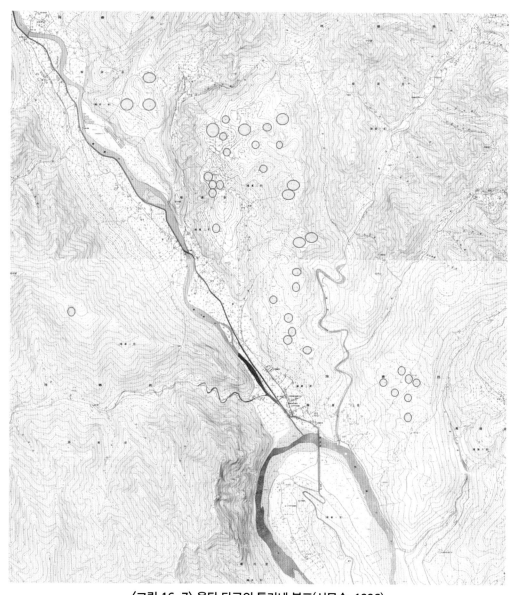

〈그림 16-7〉용탄 단구의 돌리네 분포(서무송, 1996)

필자와 필자 부친(서무송)이 현장 조사 후 1:8,500 지형도상에 표기하여 『한국의 석회암 지형』(1996)에 실음.

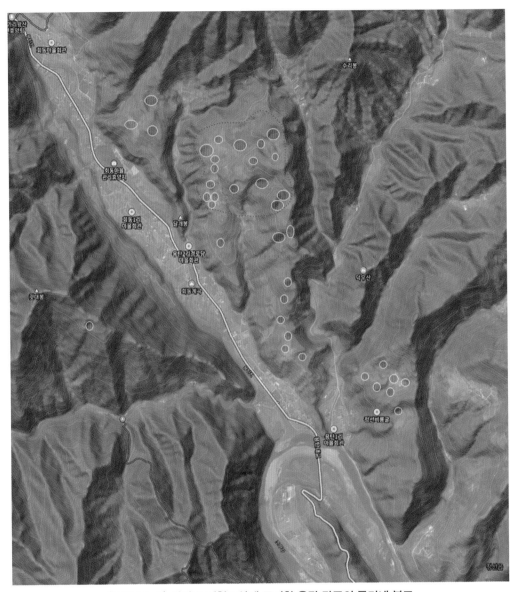

〈그림 16-8〉 카카오 지형도상에 표기한 용탄 단구의 돌리네 분포

지도상에 표시한 돌리네의 형상과 규모는 대략적 표현으로 정확하지 않음.

〈그림 16-9〉 용탄 단구와 돌리네 군락(2019)

〈그림 16-10〉 정선정보공고 학생들의 용탄 단구 돌리네 조사(2014, 그림 16-9의 청색 화살표 부분)

탄하거나 완만한 사면)과 단구면 사이의 단구애(단구면의 경계가 되는 급경사나 절벽)가 파악되며, 이 3단 단구 위에 총 36개의 돌리네가 군집한다(그림 16-7, 16-8). 그 돌리네 중 현 하상(290m) 비고(용탄천과 고도 차이)가 가장 낮은 곳은 해발고도 370m이며, 가장 높은 곳은 해발고도 490m로 현재 하천보다는 80~200m 사이의 높이에 분포한다.

좁은 면적에 36개의 돌리네가 형성되어 있어 돌리네의 밀집도가 매우 높다. 따라서 두 돌리네와 돌리네 사이의 좁은 능선인 '코크피트'와 서너 돌리네 사이의 독립된 구릉인 '험', 큰 돌리네 안에 작은 돌리네가 형성된 이중 돌리네, 돌리네와 돌리네가 연합된 '우발레' 등 다양한 지표 카르스트 지형을 볼 수 있다. 돌리네의 형상도 접시 형태의 얕은 돌리네와 깔때기 형태의 깊은 돌리네 등 다양하다.

여기에 더하여 거의 모든 돌리네상에서는 농사가 이루어지고 있어 풀과 나무 등의 자연 식생이 제거된 상태이므로 지형 관찰이 쉽고, 또 농로가 잘 닦여있어 차량으로 이동하며 관찰하기에도 유리하다. 따라서 카르스트 지형을 공부하는 학생들이 현장학습을 하기에는 더할 나위 없이 좋은 곳이다. 필자도 지리 선생님들의 현장 연수나 '지리답사반' 학생들의 현장학습을 인솔할 때는 꼭 이곳에서 교육과 지리조사 활동을 전개하였다(그림 16-9, 16-10).

기반암은 고생대 오르도비스기에 형성된 정선 석회암층(그림 15-2)으로 어두운 회색이나 갈색 석회암이 주류를 이룬다.

예쁜 여울(佳灘)의 돌리네 군락지

수미에서 지장천과 합류한 동강이 가탄에서 360도를 회전하는 곳(그림 15-1)에도 과거 하천의 유로상에 발달한 하안단구가 나타난다. 이 단구는 대체로 400~450m 사이에 형성되어 있으며, 현재의 동강에 의해 두 덩어리로 나누어져 있다. 이 두 하안단구 위에 30개의 돌리네가 분포한다.

과거 하천의 유로상에 형성된 하안단구이지만, 단구의 형태가 비교적 잘 유지되고 있고, 그 위에 발달한 돌리네도 비교적 정교한 형태를 나타내고 있다. 또한 동강(남한강 상류) 본류에 붙어 있어서 위치를 표현하기에도 편리한 곳이다. 따라서 하안단구상에 발달한 돌리네 군락지를 설명하기에는 모델과 같은 장소라 할 수 있다. 7차 개정 교육과정의 고등학교 한국지리 교

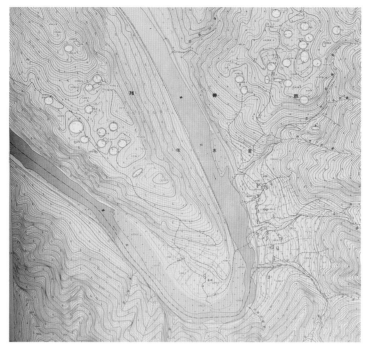

〈그림 16-11〉 가탄 단구의 돌리네 분포(1996, 서무송)

필자와 필자 부친(서무송)이 현장 조사 후 1:8,500 지형도상에 표기하여 『한국의 석회암 지형』(1996)에 실음.

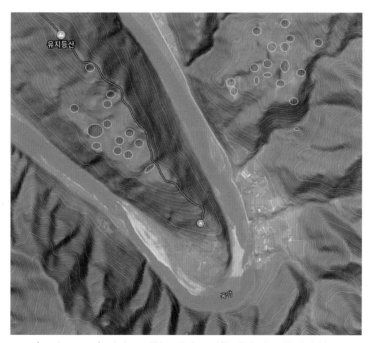

〈그림 16-12〉 카카오 지형도상에 표기한 가탄 단구 돌리네 분포

지도상에 표시한 돌리네의 형상과 규모는 대략적 표현으로 정확하지 않음.

우리나라는 평안남도, 강원도 남부, 충청북도 동부, 경상
북도 북부 일대에 분포하는 고생대 조선계 층의 석회암 지
대에 카르스트 지형이 발달해 있다. 카르스트 지형 중 우리
나라에서 가장 흔하게 볼 수 있는 것이 원형 또는 타원형의
용식 와지인 돌리네(doline)이다. 돌리네는 주로 밭으로 이
용하는데, 이는 돌리네 내부의 싱크홀을 통해 물이 빠르게
빠져나가 지표수가 부족하기 때문이다. 돌리네가 인접한 다
른 돌리네와 합쳐지면 °우발라가 되기도 한다.

❍ 돌리네(강원도 정선군 정선읍)
░░ 로 표시한 부분이 돌리네이다. 지역에 따라 명칭이 달라 강원도 삼
척 지방에서는 '움밭', 평창군에서는 '구단', 충청북도 단양 지방에서
는 '못밭', 관서 지방에서는 '덕'이라고 한다.

석회암 지대의 지하에는 수직 균열을 통해 배수되는 빗물
이나 지하수의 용식 작용에 의해 석회 동굴이 발달한다. 석회 동굴 내부에는 탄산칼
슘이 침전되어 종유석, 석순, 석주 등이 생성되고, 그 모양새가 다채로워 관광 자원
으로 활용되고 있다. 단양의 고수굴, 삼척의 환선굴, 평창의 백룡 동굴, 울진의 성류
굴 등이 유명한 석회 동굴이다.

❍ 우발라(uvala)
돌리네가 2개 이상 연결되어 형성
된 긴 와지이다.

〈그림 16-13〉 고등학교 한국지리 교과서에 수록된 가탄 단구 돌리네

〈그림 16-14〉 지리교육연구회 '지평'의 가탄 단구 돌리네의 지형 조사(2014)
가탄 단구 초입에 있는 장방형의 돌리네로 싱크홀이 뚜렷하게 발달한다.

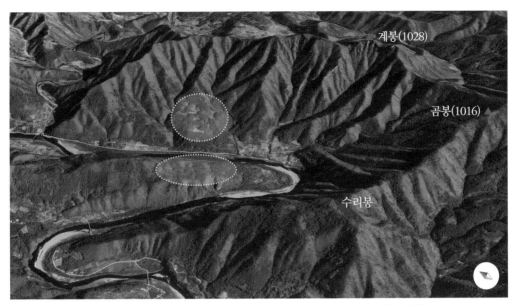

〈그림 16-15〉 위성 이미지로 본 가탄 단구 돌리네 군락지 일대의 지형

〈그림 16-16〉 드론으로 본 가탄 단구 돌리네 군락지

과서에 대표적인 사례 지역으로 이곳 가탄 단구의 돌리네 군락지가 게재되기도 하였다.

기반암은 고생대 오르도비스기에 형성된 막동 석회암층(그림 15-2)으로 회색 석회암과 돌로마이트(백운암)가 주류를 이룬다.

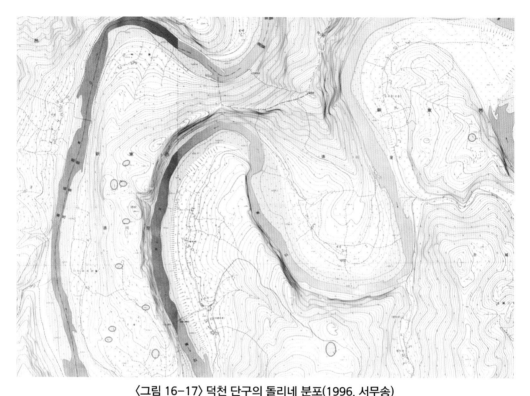

〈그림 16-17〉덕천 단구의 돌리네 분포(1996, 서무송)

필자와 필자 부친(서무송)이 현장 조사 후 1:8,500 지형도상에 표기하여 『한국의 석회암 지형』(1996)에 실음.

넉넉한 강가(德川)의 돌리네 군락지

동강이 정선군의 서남부 한계에서 360도 회전을 여러 차례 거듭하며, 심하게 굽이쳐 영월군과 평창군의 경계로 빠져나가는 마지막 단계에 과거 유로상에 발달한 하안단구가 있다(그림 15-1). 굽이치는 동강에 의해 갇혀있는 상태로, 다른 고 단구보다 협소하지만, 단구면 위에는 뚜렷한 형태의 돌리네 9개가 형성되어 있다.

이 단구에는 하늘벽 구름다리, 칠족령 전망대, 칼날 같은 능선의 탐방로 등 이미 설치된 관광 설비가 있어, 이 돌리네 군락과 연계된 탐험과 체험형, 탐구형 관광 개발이 이루어진다면 특별한 명소가 될 것으로 생각된다.

이곳의 기반암 역시 고생대 오르도비스기에 형성된 막동 석회암층(그림 15-2)으로 회색 석회암과 돌로마이트(백운암)가 주류를 이룬다.

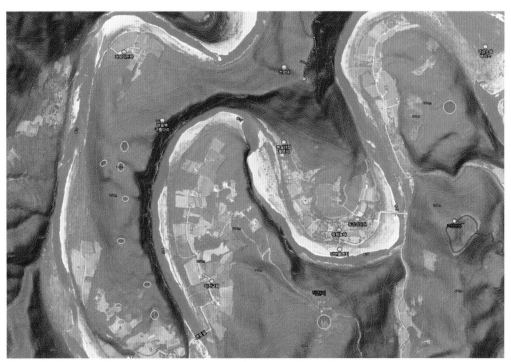

〈그림 16-18〉 카카오 지형도상에 표기한 덕천 단구 돌리네 분포

지도상에 표시한 돌리네의 형상과 규모는 대략적 표현으로 정확하지 않음.

✦✦✦ 요약 ✦✦✦

16 인간과 자연이 함께하는 Ordo-terrace

동강과 같이 산지를 흐르는 하천은 강의 양쪽 기슭이 산으로 막혀있고, 강폭이 좁은 협곡을 이루며 흐르고 있지만, 그 좁은 골짜기 안에는 아담한 평지와 깎아 지른 절벽이 조화롭게 전개된다(그림 16-3). 절벽과 평지가 서로 마주 보듯 전개되는 이유는 하천이 곡류하기 때문이다.

곡류하는 하천의 유속이 강한 침식 사면에서 떨어져 나온 암석 파편은 강물에 의해 더 작게 쪼개지고, 둥글게 다듬어져 유속이 느린 퇴적 사면에 쌓인다. 산지 곡류천 주변에 형성되는 이 아담한 평지는 현재 하천이 운반한 퇴적물이 계속 쌓이고 있는 부분과 아주 오래전의 하천이 운반한 퇴적물이 덮고 있는 부분으로 나눌 수 있는데, 인간이 삶의 터전으로 일군 곳은 오래전 퇴적물이 덮고 있는 곳이다. 이곳을 '하안단구'라고 하며, 산지 주민의 중요한 삶터가 된다.

정선읍 북실리에서 출발하여 신동읍으로 빠져나가는 조양강과 동강의 양안에는 23곳의 하안단구가 형성되어 있다(그림 16-5). 이 중 용탄 단구, 가탄 단구, 덕천 단구 등 3곳은 현재의 하천 유로와는 크게 다른 시기에 형성된 과거 유물 지형으로 현 하천과는 100여 m 이상의 고도 차이가 있다.

석회암을 기반암으로 하는 지역에 하상 비고가 높고, 넓은 평탄면인 단구는 용식 와지 지형인 '돌리네'가 군집하기에는 최적의 환경이 된다. 그런 조건을 갖춘 용탄 단구 위에는 36개의 돌리네가, 가탄 단구 위에는 30개, 덕천 단구 위에 9개의 돌리네가 군집한다.

+++ SUMMARY +++

16 Ordo–terrace, where humans and nature coexist

Rivers flowing through mountainous areas like the Dong River are flanked by mountains on both sides, forming narrow gorges as they flow. However, within these narrow valleys, there is a harmonious interplay of quaint plains and rugged cliffs (Figure 16-3). The reason for the cliffs and plains facing each other is the river's meandering flow.

Rapidly flowing currents of the river erode rocky fragments from steep erosion slopes, which are further broken down by the river into smaller pieces and then deposited on slower deposition slopes, rounded and smoothed. The quaint plains formed around the riverbanks of mountainous rivers can be divided into areas where the current river continues to accumulate sediment and areas covered by sediment transported by ancient rivers. Human settlements often thrive in areas where ancient sediment covers the ground. These places are called "Rover Terrace," vital living spaces for mountainous residents.

Along the banks of the Dong River, such as the section from Booksil-ri in Jeongseon-eup to Sindong-eup, 23 river terrace sites are formed (Figure 16-5). Among them, sites like Yongtan Dan-gu, Gatan Dan-gu, and Deokcheon Dan-gu were formed in significantly different periods from the present river course, with an elevation difference of over 100 meters.

Areas with high elevation differentials on limestone-based bedrocks create vast flat surfaces ideal for clustering dolines, known as "dolrines," characteristic of u-shaped valleys. Yongtan Dan-gu hosts 36 dolines, Gatan Dan-gu has 30, and Deokcheon Dan-gu has 9, benefiting from these optimal environmental conditions.

17

정선 땅의
돌숲과 나비

정선 석림(石林)

정선읍의 읍내 중심에서 도로를 따라 남쪽으로 약 6km를 가면, 정선읍 덕우리에 유명한 마을이 있다. 텔레비전 인기 예능 프로그램의 촬영지로, 또 유명 연예인의 결혼식 장소로 일반인들에게 익히 알려진 곳이다. 사람들이 많이 찾는 관광지가 된 이 산골 마을의 언덕 도로변 개인 사유지에는 '명바위'라고 부르는 잘 정리된 자연석 정원이 있다.

석회암 바위가 무리 지어서, 마치 땅속에서 솟아난 듯이 보이는 '돌숲[석림(石林)]'을 활용한 암석정원이다. 이곳의 돌부리들은 원래 땅속에 절반 이상이 파묻혀 있는 상태였는데, 이 땅의 주인이 돌부리 주변 흙을 파내고 정리하여, 오늘날 모습이 되었다고 한다.

카르스트 지형학에서는 이와 같은 석회암 돌부리를 '카렌'이라고 하며, 돌부리가 무리 지어 있는 것을 '카렌펠트(karrenfeld)' 또는 '라피에(lapie)'라고 한다.

따라서 이 명바위 돌 정원은 이 지역에 폭넓게 분포하는 고생대 오르도비스기 석회암의 카렌펠트를 잘 정리하여 꾸민 소규모 '테마 지질 공원'이라 할 수 있다.

땅에서 솟은 듯한 돌부리 카렌은 석회암의 주요 성분인 탄산칼슘($CaCO_3$)이 빗물에 녹아 일

〈그림 17-1〉 명바위의 카렌(2014)

부가 제거되고 남은 돌덩어리이다. 즉, 석회암 중에 녹지 않는 광물이 많이 포함된 부분(보통 석회암에서는 '불순 물질'이라고 표현함)인 것이다.

또, 카렌이 무리 지어 있는 카렌펠트는 지형적으로 석회암이 녹는 데 필요한 수분이 장기간 머무르기 어려운 급경사나 볼록한 능선 또는 돌리네와 돌리네 사이의 가냘픈 능선(콕피트)과 그 부근에 잘 발달한다.

카렌펠트가 장관을 이루어 세계적으로 유명한 관광지로 개발된 곳으로는 일본 야마구치현의 '아키요시다이'와 중국 윈난성의 '루난스린(路南石林)' 등이 있다.

필자는 카르스트 지형학자인 부친과 함께 중국 윈난성의 루난스린에서 며칠간 머물며 카렌펠트를 세밀하게 답사한 일이 있다. 당시에 그 거대한 돌 숲 경관의 경이로움에 심취하여, '한국에도 이런 경관이 있었으면 좋겠다'고 생각한 적이 있었는데, 우연히 정선 덕우리를 지나며 명바위 암석정원을 발견하게 되었다. 이후 필자는 이곳을 '정선스린(旌善石林)'이란 별칭으로 부르게 되었고, 필자가 인솔하는 정선의 카르스트 지형 답사 코스에는 반드시 포함하게 되었다. 이 '정선석림(명바위)'을 구성하는 돌부리 중에는 습곡 지층에 차별적 용식(선택적 용식:

〈그림 17-2〉 일본 아키요시다이의 카렌펠트

〈그림 17-3〉 중국 쿤밍의 '루난스린'

〈그림 17-4〉 명바위의 카렌펠트(2024)

〈그림 17-5〉 명바위의 카렌펠트(2014)

흙으로 덮인 통로는 석회암의 균열을 따라 풍화가 진전된 것이다.

〈그림 17-6〉 석회암 바위의 균열을 따라 형성된 용식 홈(2014)

탄산칼슘이 많이 포함된 부분이 더 많이 용식되는 현상)작용이 가해져 형성된 곡선의 세로 용식 홈(그림 17-6)과 석회암 덩어리에 십자로 교차하는 균열(절리)을 중심으로 형성된 용식 혈 등을 볼 수 있다.

또 이 돌 공원에서는 석회암 사이에 끼어 있는 규암 등의 비 탄산염암도 관찰되는데, 이들 암석은 석회암과는 달리, 물에 녹는 용식 작용을 받지 않은 상태에서 동파 현상(그림 17-7) 등에 의해 암반이 쪼개져 가는 모습 등도 비교하여 관찰할 수 있다. 따라서 이 '정선석림(명바위)'은 생동감이 있는 지형·지질학 교실과 같은 곳이라 할 수 있다. 독자들도 덕우리의 유명 장소를 찾기 전 이곳에 들러 자연의 경이로운 경관을 함께 감상해 볼 것을 권한다.

〈그림 17-7〉 명바위 비탄산염암의 풍화(2014)

석회암 바위 숲 중 일부 섞여 있는 비 탄산염암이다. 이들 비 탄산염암에서는 암석 표면이 동파 현상 등으로 얇게 떨어져 나가는 엽상 풍화 현상 등이 관찰되며, 용식에 의한 화학적 풍화 현상은 보이지 않는다.

날개를 활짝 편 나비

정선군 남면 광덕리 닭이봉(1023m) 능선의 북동쪽 사면에는 '수령(首嶺)'이라는 산골 마을이 있다. 큰 규모의 용식 와지에 들어선 마을이다. 해발고도가 높은 산지에서 용식 와지의 경사면을 최대한 경지로 개발하여 활용하고 있는데, 그 경지의 모습이 날개를 활짝 편 나비 형상이다(그림 17-8).

수령마을은 닭이봉 북쪽 능선을 가운데 두고, 동강에 접한 가탄 마을과 마주하는 상대 사면에 있다(그림 17-9).

〈그림 17-8〉 수령마을의 입구(상)와 전체 형상(하, 2024)

과거 1990년대에 필자는 부친과 함께 이곳을 답사하고 조사할 계획을 세웠으나, 당시의 교통 사정과 기상 악화로 인해 포기했던 곳이다. 이후 지도상으로만 관찰했던 이곳을 필자가 정선정보공업고등학교 지리 교사로 부임하면서 직접 답사할 수 있게 되었다. 그 당시에는 '내가 사는 마을 탐방'이라는 특별 활동 프로그램을 시행하며, 지리조사반 학생들과 함께 정선의 깊은 산골 마을 이곳저곳을 방문할 기회가 많았다. 그중 이곳 수령마을은 발구덕마을과 비견되는 카르스트 지형이 발달한 곳이므로, 필자에게는 더없이 가보고 싶었던 장소였다. 다행히 필

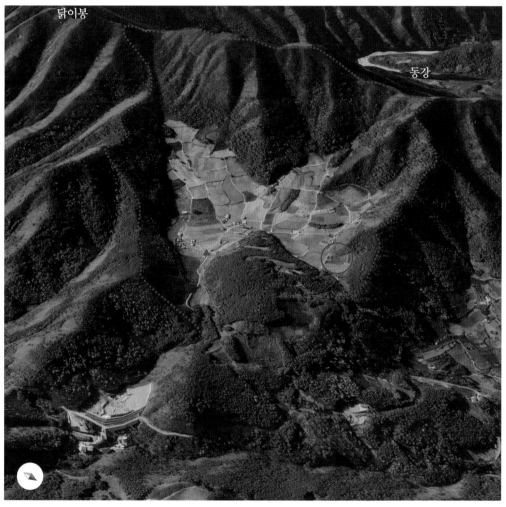

〈그림 17-9〉 위성 이미지로 본 광덕리의 수령마을 용식 와지

적색 점선은 수령 폴리에의 분수계이며, 청색 음영처리 부분은 싱크홀이다. 분수계로 설정한 용식 와지의 규모는 평창 고마루에 이어 두 번째로 큰 규모일 것으로 생각되며, 단일 싱크홀의 규모는 가장 클 것으로 여겨진다. 적색 '▲'는 〈그림 17-8〉의 표지석 사진 촬영 지점이다.

<그림 17-10> 수령 폴리에를 측면에서 본 모습(2024)

자가 지도하는 지리조사반 학생 중에는 이곳에 거주하는 학생이 있어서 수월하게 이 마을로 접근할 수 있었고, 또 마을 곳곳을 답사할 수 있었다.

첫 방문 이후 지리 교육 연구회 '지평', 강원도 지리 교육 연구회 교사들에게 이곳을 소개하고 함께 답사하며, 이 큰 규모의 용식 와지의 형성에 대해 깊게 고민해 왔다. 이후 구체적인 지형 조사는 시행하지 못하였지만, 그 형상만이라도 이 책에서 꼭 소개하고 싶은 곳이다. 수령 폴리에는 카르스트 지형학과 수문학적으로 연구 가치가 클 것으로 판단된다. 본격적인 조사는 훗날을 기대한다.

용식 와지의 범위를 분수계(빗물이 모여드는 전체 범위)로 기준 삼았을 때, 수령마을이 위치한 용시 아지는 약 1.8km² 정도(구글어스와 카카오 지도에서 측정함)로 민둥산 돌리네를 포함한 발구덕마을 전체를 포함하는 면적(1.5km²)보다 크다(그림 17-9). 더구나 민둥산의 발구덕마을의 경우에는 8개의 큰 와지를 합친 면적이지만, 수령마을은 하나의 단일 와지라는 데 의의가 있다. 그래서 필자는 정선군 남면 광덕 1리의 수령마을 일대를 '수령 폴리에'라 부르기로 하였다.

수령 폴리에가 형성되는 과정을 간략히 추론해 보면, 먼저 X자 형태로 교차하는 두 구조선

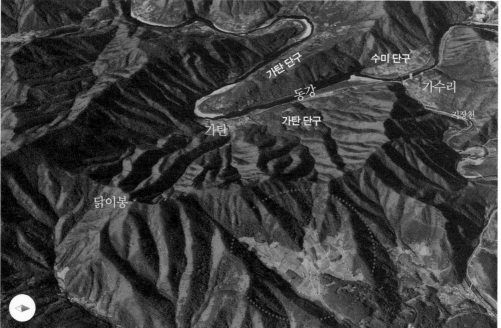

〈그림 17-11〉 위성 이미지로 본 수령 폴리에의 위치

〈그림 17-12〉 수령 폴리에의 가장 높은 곳에서 본 경지(상, 2014)와 가장 낮은 곳에서 본 경지(하, 2024)

의 교차점을 중심으로 몇 개의 돌리네가 군데군데 형성된다. 이후 용식 작용이 진전되며 돌리네가 연합되고, 우발레 등 더 큰 규모의 와지가 형성된다. 이어서 큰 규모의 와지는 배후 산지에서 이어지는 골짜기와 합쳐져 오늘날의 거대한 나비 형태 와지가 된다.

이 거대한 와지의 분수계는 닭이봉 북쪽 능선에서 수령 폴리에의 좌우 골짜기 배후 능선까지 연결되어 있으며, 분수계 안의 빗물은 수령 폴리에의 북쪽 끝에 있는 대형 싱크홀을 통해 배수된다(그림 7-13, 7-14). 그러나 지층 중에 수없이 많은 균열(싱킹 크랙)과 포노르(물이 빠지는 구멍, 싱크홀과 같은 개념임), 싱크홀 등 지하로 빗물을 배수할 만한 통로가 많아, 이 통로를 통해서도 많은 양의 지표수가 지하로 빠져나갈 것이 예측된다. 따라서 수령 폴리에는 농토

〈그림 17-13〉 수령 폴리에의 대형 싱크홀(2024)

의 규모로 보아, 농업용수나 생활용수로 사용하여야 할 물이 부족할 것이다.

물론 이 마을에서는 사람들이 정착하면서부터 용수 확보를 위한 우물과 지하수 개발이 끊임없이 이어져 왔을 것이다. 사실 그 흔적들이 곳곳에 산재한다. 용수 확보의 어려움은 모든 석회암 지역의 경지에서 발생하는 문제이겠으나, 특히 해발고도가 높은 수령마을의 경우는 더욱 심각할 것으로 생각된다.

〈그림 17-13〉 싱크홀의 자연 상태(좌, 2014), 정비 후의 모습(우, 2024)

우측 사진 속 ▼은 좌측 사진의 사람이 서 있는 지점이다.

〈그림 17-14〉 수령 폴리에가 위치한 지형 환경(2024)

17 정선 땅의 돌숲과 나비

정선읍의 읍내 중심에서 도로를 따라 남쪽으로 약 6㎞를 가면, 정선읍 덕우리에 '명바위'라고 부르는 잘 정리된 자연석 정원이 있다. 석회암 바위가 무리 지어서, 마치 땅속에서 솟아난 듯이 보이는 암석들을 활용한 정원이다. 이곳의 돌부리들은 원래 땅속에 절반 이상이 파묻혀 있는 상태이었는데, 이 땅의 주인이 돌부리 주변 흙을 파내고 정리하여, 오늘날 모습이 되었다고 한다.

카르스트 지형학에서는 이와 같은 석회암 돌부리를 '카렌'이라고 하며, 돌부리가 무리 지어 있는 것을 '카렌펠트' 또는 '라피에'라고 한다. 따라서 이 명바위 돌 정원은 이 지역에 폭넓게 분포하는 고생대 오르도비스기 석회암의 카렌펠트를 잘 정리하여 꾸민 소규모 '테마 지질 공원'이라 할 수 있다.

정선군 남면 광덕리 닭이봉(1023m) 능선의 북동쪽 사면에는 '수령'이라는 산골 마을이 있다. 큰 규모의 용식 와지에 들어선 마을이다. 해발고도가 높은 산지에서 용식 와지의 경사면을 최대한 경지로 개발하여 활용하고 있는데, 그 경지의 모습이 날개를 활짝 편 나비 형상이다(그림 17-8). 용식 와지의 범위를 분수계로 기준 삼았을 때, 수령마을이 위치한 용식 와지는 약 1.8km² 정도로 민둥산 돌리네를 포함한 발구덕마을 전체를 포함하는 면적(1.5km²)보다 크다(그림 17-9). 더구나 민둥산의 발구덕마을의 경우에는 8개의 큰 와지를 합친 면적이지만, 수령마을은 하나의 단일 와지라는 데 의의가 있다.

지층 중에 수없이 많은 균열과 싱크홀 등 지하 통로를 통해서 분수계 안의 빗물은 와지의 가장 북쪽 끝에 있는 싱크홀(510m)까지 도달하기 전에 대부분 지하로 빠져나갈 것으로 예측된다. 따라서 수령 폴리에는 농토의 규모로 보아, 농업용수나 생활용수로 사용하여야 할 물이 매우 부족할 것이 예상된다.

+++ SUMMARY +++

17 The Stone Forest and Butterflies in Jeongseon

If you follow the road south for about 6 km from the center of Jeongseon-eup, you will find a well-maintained natural stone garden called 'Myeongbawi' in Deokwoo-ri, Jeongseon-eup. This garden utilizes a group of limestone rocks that appear as if they have emerged from the ground. Originally, more than half of these rocks were buried underground, but the owner of the land dug out and arranged the soil around them, resulting in their current appearance.

In karst geomorphology, such limestone rock formations are called 'karens,'and when these formations cluster together, they are referred to as 'karrenfeld' or 'lapies.' Therefore, this 'Myeongbaw' stone garden can be considered a small-scale 'thematic geological park' that showcases the 'karrenfeld' of Ordovician limestone from the Paleozoic era, which is widely distributed in this area.

On the northeastern slope of the ridge of Dalgi Peak (1,023m) in Gwangdeok-ri, Nam-myeon, Jeongseon-gun, there is a mountain village called 'Suryeong.' This village is situated in a large dissolution doline. In this high-altitude mountainous area, the slopes of the dissolution doline are being extensively developed into terraced fields for utilization, resemble a butterfly with its wings spread wide (Figure 17-8). When considering the watershed boundaries of the dissolution doline, the doline in which Suryeong village is located covers about 1.8 square kilometers, larger than the area of Bald Hill Dolines, which includes the entire Balgudeok village (1.5 square kilometers) <Figure 17-9>. Moreover, while the Balgudeok village in Bald Hill consists of the combined area of eight large dolines, the Suryeong village is significant in that it is situated in a 'single doline.'

Due to the numerous fractures and sinkholes within the rock layers, most of the rainwater within the watershed is expected to seep underground before reaching the sinkhole at the northernmost end of the doline (510m). Therefore, considering the scale of the farmland in Suryeong Polje, it is anticipated that there will be a significant shortage of water for agricultural and domestic use.

제4부

○ ○ ○ ○ ○ ○ ○ ○ ○ ○ ○ ○ ○
삼첩기의 산지와 쥐라기의 강

18

정선 산지의 두 계파, 민둥산계와 가리왕산계

조선누층군과 평안누층군

　우리나라에서는 고생대 전기 캄브리아기와 오르도비스기에 바다에서 퇴적된 지층을 '조선누층군', 고생대 후기의 석탄기와 페름기, 중생대 초 트라이아스기에 육지에서 퇴적된 지층을 묶어 '평안누층군'이라 부른다(표 18–1).

　정선군에 분포하는 고생대 조선누층군에 해당하는 지층은 약 55% 정도이며, 평안누층군에 해당하는 지층은 약 27% 정도여서, 이 두 시대의 퇴적암이 차지하는 비율은 80%가 넘는다(그림 18–1).

먼저 쌓인 것이 아래 놓인다

　우리나라 전체에서 고생대에 형성된 퇴적암이 차지하는 비율이 8.4%인 것을 참고하여 생각하면, 정선 땅이 얼마나 특별한지를 가늠할 수 있다. 신생대의 퇴적암과 화성암을 모두 합쳐서

<표 18-1> 정선의 주요 암석

시대	기	지층	기호	대표 암석	대표지역(산)	
고생대	캄브리아기	장산규암층	CEj	규암	소금강	조선누층군
		묘봉층	CEm	셰일	화암면	
		풍촌석회암층	CEp	석회암	민둥산	
		화절층	CEw	석회암	광대산	
	오르도비스기	정선석회암층	Oj	석회암	병방산	
		막동석회암층	Omg	석회암	백암산	
		두무동층	Odu	석회암	백운산	
	실루리아기	결층				
	데본기	결층				
	석탄기	홍점층군	Ch	적색 사암	세대 단구	평안누층군
	페름기	사동층군	Ps	셰일	사북읍	
중생대	트라이아스기	녹암층군	TRn	녹색 사암	가리왕산	
		고방산층	TRg	사암	함백산	
	쥐라기	반송층(사암)	Jbs	사암	동강 전망 휴양림	
		반송층(역암)	Jbc	역암	비봉산	
		임계화강암	Jigr	화강암	덕우산	
시대 미상		중봉산화강암	Jugr	화강암	중봉산	

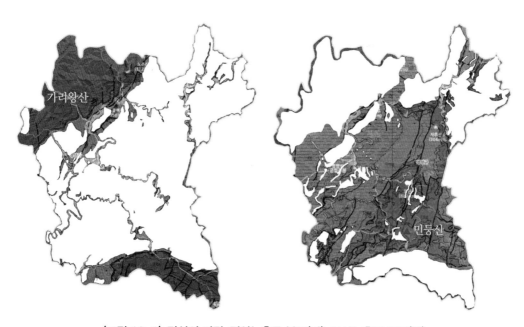

<그림 18-1> 정선의 지질. 평안누층군 분포(좌), 조선누층군 분포(우)

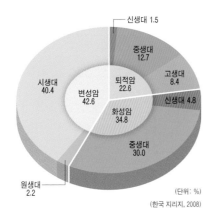

〈그림 18-2〉 암석의 시대별 분포

(단위: %)
(한국 지리지, 2008)

6.3%인데, 제주도나 울릉도를 특별한 곳으로 인식하는 것을 보면, 정선도 확실히 특별한 땅으로 인식하는 것이 맞다. 퇴적암의 지층에는 '지층누중의 법칙'이라는 진리가 적용된다. 지각 변동으로 땅이 뒤집히는 경우가 아니라면, '먼저 쌓인 지층이 아래 놓인다'라는 당연한 원리이다. 이 원리대로라면, 정선 땅에서 가장 깊이 있었던 퇴적층이 지표로 솟은 곳은 화암리와 민둥산 일대에 분포하는 캄브리아기 퇴적암이다. 반면에 가장 위에 있는 퇴적층은 정선읍 기우산 일대에 분포하는 중생대 쥐라기의 '반송층(사암, 역암)'이다.

대부분이 조선누층군와 평안누층군의 퇴적암으로 구성된 정선 땅은 각 지역과 산지를 이루는 암석들의 위계 서열이 분명하다. 단순하게 인간의 나이와 비교해 보면, 천만년을 한 살로 보았을 때, 민둥산은 54세, 병방산은 49세, 가리왕산은 25세, 기우산은 20세에 해당한다.

덩치 큰 20대와 왜소한 50대

정선의 북부를 대표하는 가리왕산은 중생대 초 트라이아스기(평안누층군)에 퇴적된 사암이 대부분을 차지하는 산지이다. 정선의 퇴적암 중에는 '지층누중의 법칙'상 위에 있는 지층이다. 이에 대해, 정선의 남부를 대표하는 민둥산은 고생대 초 캄브리아기(조선누층군)에 퇴적된 석회암이 대부분을 차지하는 산지이다. 정선의 퇴적암 중에는 깊이 있어야 할 지층이다. 이들 두 지층으로 이루어진 산지는 모두 지표로 돌출하여 해발고도 1000m가 넘는 정선을 대표하는 산이 되었다(그림 18-3).

〈그림 18-4〉는 구글어스의 위성 이미지로 본 가리왕산과 민둥산의 모습이다. 위성 이미지는 두 산지가 왜곡되어 보이지 않도록, 방향과 각도, 영상 고도 등을 비교적 비슷하게 맞춘 것이다. 이 위성 이미지에서 보면, 평안누층군 퇴적암으로 이루어진 가리왕산은 산체(山體)의 덩어리가 크고, 기복이 적으며, 산세가 평활하고 넓은 모습이다. 이에 대해 조선누층군 퇴적암으로 이루어진 민둥산은 상대적으로 산체(山體)가 작고, 기복이 심하며, 산세가 가파르고 뾰족한

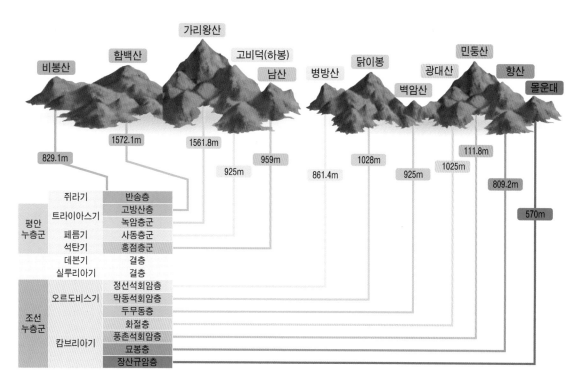

평안 누층군	쥐라기	반송층
	트라이아스기	고방산층
		녹암층군
	페름기	사동층군
	석탄기	홍점층군
	데본기	결층
	실루리아기	결층
조선 누층군	오르도비스기	정선석회암층
		막동석회암층
		두무동층
	캄브리아기	화절층
		풍촌석회암층
		묘봉층
		장산규암층

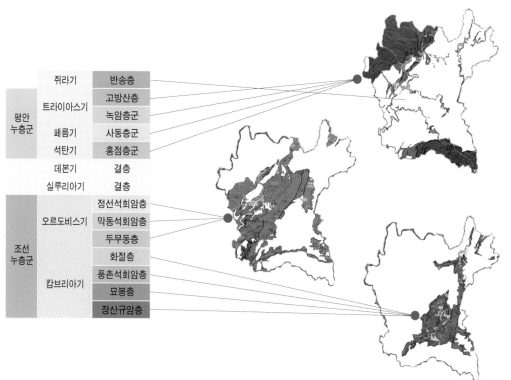

〈그림 18-3〉 지층누중의 법칙에 따른 정선의 주요 산지와 지층 분포

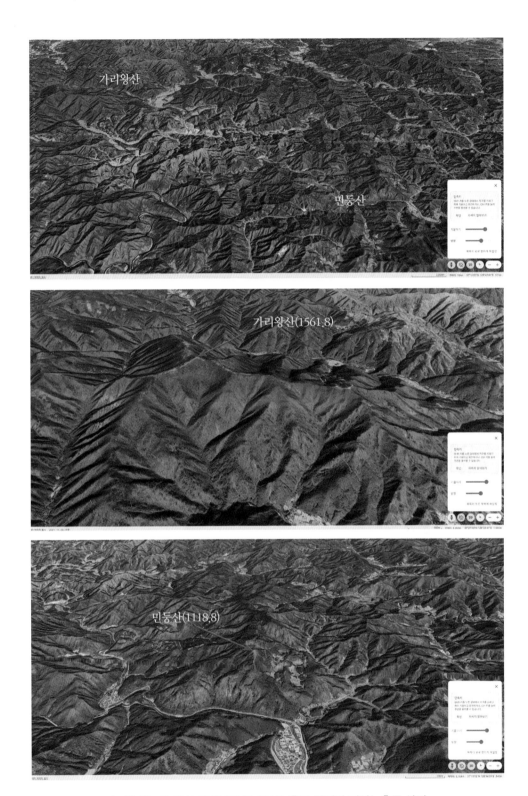

〈그림 18-4〉 위성 이미지로 본 조선누층군 산지과 평안누층군 산지

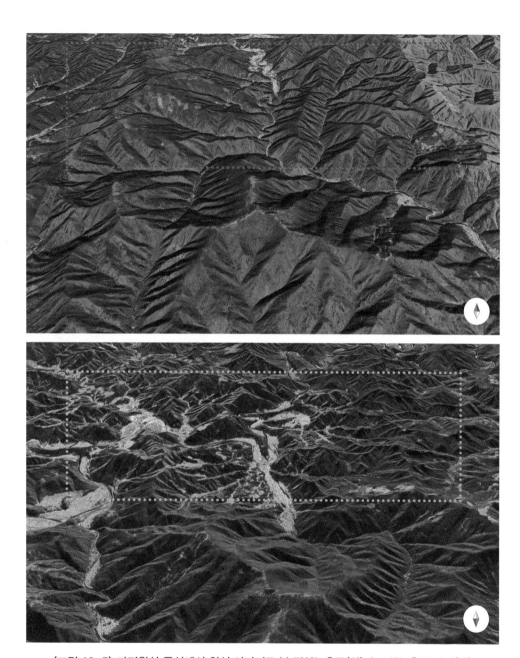

〈그림 18-5〉 가리왕산 중심에서 위성 이미지로 본 평안누층군(상)과 조선누층군 산지(하)

모습이다. 평안누층군 퇴적암과 조선누층군 퇴적암이 확실하게 나뉘어있는 정선에서는 두 기반암에 형성된 산지의 모습도 확연히 다르게 나타난다.

대부분의 평안누층군 산지는 가리왕산과 마찬가지로 산의 덩치가 크고, 산의 모양이 가파르기보다는 평활하고 품이 넓다. 〈그림 18-5〉의 상단 위성 이미지는 가리왕산 북쪽으로 전개되는 평안누층군 퇴적암 산지 모습이다.

이에 대해 대부분의 조선누층군 산지는 산지의 덩치가 작고 산의 모양이 뾰족하며, 경사가 가파르고 기복이 심하다. 〈그림 18-5〉의 하단 위성 이미지는 가리왕산 남쪽으로 전개되는 조선누층군 퇴적암 산지의 모습이다.

이같이 지층에 따라 산지의 모습이 다르게 나타나는 이유는 '석회암'이라는 탄산염암과 '사암'이라는 비 탄산염암의 암석 특성 차이도 영향을 주었겠지만, 이보다 더 큰 이유는 기반암에 가해진 충격, 즉 지각운동에 동반한 습곡과 단층 작용의 빈도와 정도의 차이가 크기 때문이다.

이미 여러 차례 소개한 바와 같이 정선의 석회암은 고생대 초 적도 부근의 바다에서 퇴적된 암석이다. 바다에서 퇴적된 암석이 습곡과 융기의 과정을 거치며 육지로 올라오고, 또 지판끼리 충돌과 분산을 반복하는 가운데, 장거리를 이동하여 북위 37°에 이르기까지 수많은 지각운동을 받았다. 그야말로 '산전수전'을 다 겪은 암석이다. 따라서 기반암은 뒤틀리고 깨져 심하게 교란된 상태이다. 여기에 석회암의 특성상 암석의 주요 성분이 물에 녹는 용식 작용을 받아, 지하에는 많은 공동이 생기는 등 골다공증도 심한 상태다. 따라서 지반의 함몰이 잦고, 이로 인해 지형·지질은 더 복잡하다.

상대적으로 가리왕산의 주요 기반암인 '사암'은 중생대 초 트라이아스기(삼첩기, 평안누층군)에 육상에서 쌓인 퇴적암으로, 석회암과 비교하여 상대적으로 지층의 교란이 적고, 안정적이다. 이렇듯 정선의 두 산지 형태가 달리 나타나는 것은, 암석의 특성뿐 아니라 습곡과 단층 밀도 등, 기반암의 구조적 특성이 다르기 때문이다.

평안누층군의 짧은 여정, 조선누층군의 긴 여정

15장에서 소개하였듯이 조선누층군을 지나는 동강은 정선읍 북실리에서 신동읍 덕천리까지 직선거리 약 14km를, 직선거리의 3배인 42km나 구불구불 흘러간다(그림 18-7). 출발 지

〈그림 18-6〉 카카오 지형도상 평안누층군 산지와 오대천의 비교 설정 구간

직선거리를 맞추기 위해 수향 터널 입구를 출발점으로 임의 설정하여 비교하였으며,
지도의 축척은 〈그림18-7〉과 같다.

〈그림 18-7〉 카카오 지형도상 조선계 산지와 동강의 비교 설정 구간

직선거리를 맞추기 위해 북실리를 출발점으로 임의 설정하여 비교하였으며,
독자가 혼동하지 않도록 조양강의 일부 구간도 동강으로 표현하였다. 지도의 축척은 〈그림 18-6〉과 같다.

점 하천의 해발고도도 300m에서 도착 지점에서는 220m로 낮아져, km당 2m씩 80m를 강하한다.

이에 대해 오대산에 발원하여 정선 북서부를 관통하며 조양강에 합류하는 오대천은 수향 터널 입구에서 오대천이 골지천과 만나 조양강을 이루는 지점까지 직선거리 약 14km를 20km로 연장하여 몇 차례 곡류하며, 거의 직선상으로 흘러간다(그림 18-6). 수향 터널 입구 부분 하천의 해발고도도 455m에서 골지천 합류 지점에서는 345m로 낮아져, 무려 1km당 5.5m씩 110m를 급강하하여 동강의 3배에 달하는 급류를 이룬다.

하천은 지각이 크게 갈라진 구조선을 따라 흐르는 것이 일반적이므로, 북평면의 평안계 산지는 정선읍의 조선계 산지보다 구조선이 단순하다고 할 수 있다.

〈그림 18-6〉에서 오대천은 기준선의 왼쪽에서 활모양으로 휘어진 단순한 구조선을 따라 약간씩 구부러지며 거의 직선으로 흘러간다. 하천 주변의 평안누층군 산지는 덩어리가 크고 지층에 가해진 단열(지층이 갈라진 선)이 단순하기 때문이다. 이에 대해 〈그림 18-7〉의 동강은 기준선 좌우를 넘나들며 크게 휘어져 돌기를 반복하며 흘러간다. 하천 주변의 조선누층군 석회암 산지는 덩어리가 작고, 지층에 가해진 단열이 복잡하게 얽혀있기 때문이다.

하천의 형태와 휘어짐의 정도도 결국은 기반암에 가해진 습곡과 단층 운동의 결과 발생한 단열의 밀도와 형태에 따라 크게 달라지는 것이다.

여백의 길

정선 지질의 82%는 조선누층군과 평안누층군으로 이루어져 있다. 그런데, 놀라운 사실은 이들이 만나는 지점이 약 1억 년이라는 엄청난 시간 간격을 두고 있다는 것이다. 이 비어 있는 1억 년의 시간은 고생대 중기 실루리아기와 데본기에 해당한다. 이 두시기의 지층은 우리나라 어디에서도 찾아보기 힘든데, 이 두시기 지층이 사라진 채 오르도비스기의 해성 퇴적층과 석탄기의 육성 퇴적층이 만나는 부정합 면을 '고생대 대결층(大缺層)'이라고 한다(표 18-2).

〈표 18-2〉는 고생대와 중생대의 시기별 연대와 기간을 정리한 것이다. 그러나, 지질시대의 연대는 학자들의 연구와 그 내용을 수록한 문헌에 따라 각기 달라, 필자는 이 책을 집필하는 데 주로 참고하였던 사이먼 애덤스의 『EARTH SCIENCE』 기준을 그대로 따르기로 하였다.

〈표 18-2〉 지질연대와 지질시대별 기간

시대	기	시작연대(약 년 전)	지속기간(약)	
고생대	캄브리아기	5억 4천만	5,000만 년	조선누층군
	오르도비스기	4억 9천만	4,700만 년	
	실루리아기	4억 4천 3백만	2,600만 년	대결층
	데본기	4억 1천 7백만	6,300만 년	
	석탄기	3억 5천 4백만	6,400만 년	평안누층군
	페름기	2억 9천만	4,200만 년	
중생대	트라이아스기	2억 4천 8백만	4,200만 년	
	쥐라기	2억 6백만	6,200만 년	
	백악기	1억 4천 4백만	7,900만 년	

〈그림 18-8〉 정선 퇴적암 지층의 수평 분포

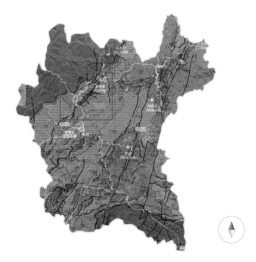

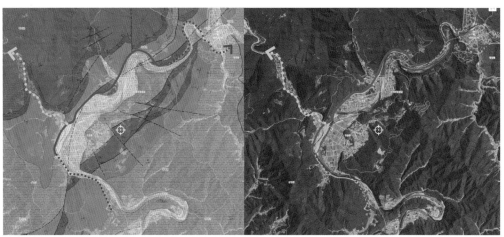

〈그림 18-9〉 정선군 북평면 '여백의 길' 구간(42번 국도)

적색 실선은 부정합 면에 놓인 '여백의 길', 녹색은 평안누층군에 놓인 '평안의 길', 청록색은 조선누층군에 놓인 '조선의 길'이라 필자가 명명한 도로 구간이다.

고생대 캄브리아기에서 중생대 트라이아스기에 이르는 퇴적층은 '지층누중의 법칙'상 오래된 지층 위로 새로운 지층이 겹겹이 쌓여 있는 것이 원리다. 그렇지만, 정선 땅에서는 오랜 지각 변동의 결과로 오래된 지층에서 새로운 지층이 남동쪽에서 북서쪽을 향해 수평으로 배열되는 경향을 보인다(그림 18-8). 따라서 지질도상에서는 조선누층군의 오르도비스기 정선석회암층과 석탄기의 홍점층군이 약 1억 년의 간격을 넘어 서로 부정합으로 붙어있는 모습이 뚜렷하게 나타난다(그림 18-9). 그리고 조선누층군과 평안누층군 사이에 빠져 있는 실루리아기와 데본기의 이 1억 년 간격 위에는 북평면 나전에서 여량면 아우라지를 연결하는 42번 국도가

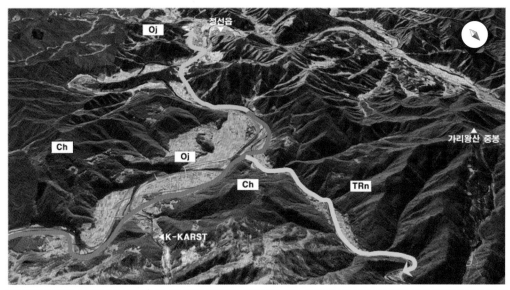

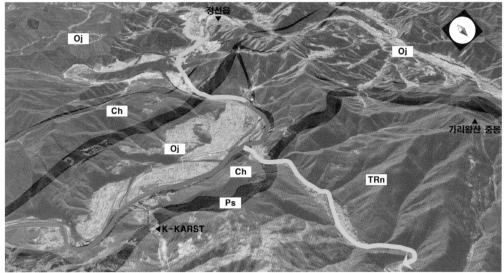

〈그림 18-10〉 정선군 북평면 일대의 지형(상), 지질(하)과 도로
적색-여백의 길, 청록색-조선의 길, 녹황색-평안의 길.
각 길 위에서는 퇴적 시기를 달리하는 퇴적암 산지의 특징을 비교하여 볼 수 있다.
Oj-오르도비스기 정선석회암, Ch-석탄기 홍점층군, Ps-페름기 사동층군, TRn-트라이아스기 녹암층군

놓여 있다.

필자는 이 도로와 도로의 좌우 측에 전개되는 서로 다른 시대의 서로 다른 환경에서 형성된 퇴적암 산지 경관을 정선에서만 볼 수 있는 독특한 지질 경관으로 규정하고, 이를 '여백의 길'이라 이름 붙였다. '여백의 길'은 다양한 이름을 구상하던 중 다큐멘터리 사진작가 김덕일 선생

이 디자인한 '고창 여백의 길'에서 빌려 쓰기로 한 것이다. 김 선생의 허락을 얻어 이 책에서 다른 의미의 같은 용어로 사용하게 되었다. 지층에도 여백이 존재한다는 사실이 흥미롭다. 독자들도 이 길을 지나갈 기회가 있으면 지층 여백(고생대 대결층)을 생각하며, 지형 경관을 탐구하기를 기대한다.

아우라지에서 정선읍 방향으로 진행하면서는 우측 창가가 홍점층군(석탄기 사암)으로 이루어진 산지이지만, 도로가 산지에 붙어있어 산지의 형태를 관찰하기는 어렵다. 따라서 이 홍점층군이 일부 떨어져 나간 좌측 창가의 높은 산지 형태를 관찰하면 된다. 앞에서 소개한 대로 산봉우리가 평활하고 품이 넓게 보이는 것이 특징이다. 이에 대해 그 앞의 골지천과 조양강가로 전개되는 심하게 쪼개진 산지 사면은 오르도비스기의 석회암 산지 경관이다. 물론, 하천 주변의 퇴적층 밑 기반암도 오르도비스기의 정선석회암이다.

필자가 '여백의 길'이라 이름 붙인 여량면 아우라지에서 정선읍으로 향하는 북평면의 42번 국도 구간은 '대결층' 위를 달리는 우리나라에서 유일한 '지질학적 길'이라는 의의를 부여하고 싶다.

18 정선 산지의 두 계파, 민둥산계와 가리왕산계

정선군에 분포하는 고생대 해성 퇴적암은 약 55% 정도이며, 육지 퇴적암은 약 27% 정도이어서, 이 두 시대의 퇴적암이 차지하는 비율은 80%가 넘는다(그림 18-1).

정선의 북부를 대표하는 가리왕산은 중생대 초 트라이아스기에 퇴적된 사암이 대부분을 차지하는 산지이다. 정선의 퇴적암 중에는 '지층누중의 법칙'상 가장 위에 있는 지층이다. 이에 대해, 정선의 남부를 대표하는 민둥산은 고생대 초 캄브리아기에 퇴적된 석회암이 대부분을 차지하는 산지이다. 정선의 퇴적임 중에는 기장 깊이 있어야 할 지층이다. 이들 두 지층으로 이루어진 산지는 모두 지표로 돌출하여 해발고도 1000m가 넘는 정선을 대표하는 산이 되었다(그림 18-3).

대부분의 평안 누층군 산지는 가리왕산과 마찬가지로 산이 크고, 산의 모양이 가파르기보다는 평활하다. 〈그림 18-4〉의 상단 위성 이미지는 가리왕산 북쪽으로 전개되는 육성 퇴적암 산지 모습이다. 이에 대해 대부분의 조선 누층군 산지는 산이 작고 산의 모양이 뾰족하며, 경사가 가파르고 기복이 심하다. 〈그림 18-4〉의 하단 위성 이미지는 가리왕산 남쪽으로 전개되는 해성 퇴적암 산지의 모습이다.

이같이 지층에 따라 산지의 모습이 다르게 나타나는 이유는 암석 특성 차이도 영향을 주었겠지만, 이보다 더 큰 이유는 기반암에 가해진 지각운동의 빈도와 정도의 차이가 크기 때문이다.

〈그림 18-6〉에서 오대천은 기준선의 왼쪽에서 활모양으로 휘어진 단순한 구조선을 따라 약간씩 구부러지며 거의 직선으로 흘러간다. 이에 대해 〈그림 18-7〉의 동강은 기준선 좌우를 넘나들며 크게 휘어져 돌기를 반복하며 흘러간다. 하천의 형태와 휘어짐의 정도도 결국은 기반암에 가해진 습곡과 단층 운동의 결과 발생한 단열의 밀도와 형태에 따라 크게 달라지는 것이다.

+++ SUMMARY +++

18 Gariwang-Mt. & Mindung-Mt.

In Jeongseon-gun, approximately 55% of the marine sedimentary rocks belong to the Paleozoic era, while about 27% are terrestial sedimentary rocks, totaling over 80% for these two geological periods (Figure 18-1).

Gariwangsan, representing the northern part of Jeongseon, is predominantly composed of sandstones deposited in the early Triassic of the Mesozoic era. Among Jeongseon's sedimentary rocks, these sandstones are situated at the layers according to the Law of Superposition. In contrast, Mindungsan, representing the southern part of Jeongseon, consists mainly of limestones deposited in the early Cambrian of the Paleozoic era. Among Jeongseon's sedimentary rocks, these limestones form the deepest layers. These two mountain protrude above the surface, characterizing Jeongseon with elevations exceeding 1,000 meters (Figure 18-3).

Most of the Pyeongan-gye mountain ranges, like Gariwangsan, feature large massifs with smoother contours rather than steep slopes (Figure 265). The upper satellite image in <Figure 18-4> illustrates the appearance of the Mesozoic sedimentary rock formations extending north of Gariwangsan. In contrast, most of the Joseon-gye mountain ranges feature smaller massifs, sharper contours, steeper slopes, and more pronounced undulations. The lower satellite image in <Figure 18-4> depicts the appearance of the Paleozoic sedimentary rock formations extending south of Gariwangsan.

The variation in mountain range appearances due to different geological strata is influenced not only by differences in rock characteristics but also by significant variations in the frequency and intensity of tectonic movements affecting the bedrock.

In <Figure 18-6>, Odaechun flows almost straight, bending slightly along a simple structural line that curves like a bow to the left of the baseline. In contrast, in <Figure 18-7>, Donggang meanders extensively, crossing back and forth across the baseline, repeatedly bending and flowing. Ultimately, the shape and degree of river meandering are largely influenced by the density and form of valleys and anticlines resulting from differential tectonic movements and folding in the bedrock.

19

돌이 되어 흐르는
쥐라기의 강

비늘같이 쌓인 강자갈 더미

　동강은 공식적으로 조양강과 지장천이 만나는 가수리부터 시작된다. 가수리는 동강이 닭이봉(계봉) 능선에 막혀 360도를 회전하는 지점의 가탄(佳灘)과 지장천이 동강에 합류하는 지점의 수미(水美), 이 두 마을의 이름 첫 자를 따서 붙인 지명이다. 이 두 강이 만나는 가수리에는 비교적 큰 규모의 자갈 더미가 쌓여 있어 과학적 호기심을 자극한다.

　남한강의 본류인 동강과 지류인 지장천은 강의 규모와 유량, 그리고 하천이 운반하는 물질 등에서 큰 차이가 있다. 동강은 지장천보다 유량이 많은데, 상류 지역을 흐르는 하천에서 유량이 많다는 것은 그만큼 침식과 운반하는 힘도 강하다는 것이다. 그러나 지류 하천보다 하상의 경사가 완만하므로 운반하는 퇴적물질의 평균 입자 크기는 상대적으로 작다.

　지장천이 동강에 합류하는 지점을 보면, 낮은 폭포(현곡)가 형성되어 있다(그림 19-2). 이는 유량이 적은 지류 하천인 지장천이 유량이 많은 본류 하천인 동강과 하상 고도에 차이가 있으므로 형성된 것이다. 본류와 지류의 고도 차이는 두 하천 간 하방 침식(강바닥을 깎아 내는)의 정도가 다르기 때문에 생기는 것이다.

〈그림 19-1〉 가수리 일대의 지장천 합류 지점과 자갈 퇴적층(2024)

　일반적으로 상류 지역을 흐르는 본류 하천에 지류 하천이 합류하는 지점에서는 이와 같은 폭포(현곡)를 흔히 볼 수 있다. 그러나 수미와 가탄을 연결하는 새로운 교량 건설로 인해 현곡의 모습은 쉽게 알아보기 힘든 상태이며, 교량 아래의 하천 퇴적물과 퇴적 상태도 크게 변화했다(그림 19-3)

　또 상대적으로 짧은 유로와 급경사를 이루는 지장천이 동강의 합류 지점에 쏟아 놓은 퇴적물들은 대체로 거대자갈, 왕자갈, 자갈 등 입자가 큰 원력(둥근자갈)들이다. 이 자갈들이 동강의 물살에 쓸려 쌓인 곳이 수미 하안단구를 형성한 퇴적 사면과 마주하는 공격 사면의 언저리이다. 공격(침식) 사면에 퇴적된 특별한 사례이다(그림 19-1).

　침식 사면에 입자가 큰 퇴적물질이 쌓인 주된 이유는 동강에 직각으로 유입하는 지장천에 의해 침식 사면으로 돌진하는 물살의 세기가 급격히 약해졌기 때문이다. 그래서 입자가 큰 자갈들이 멀리 이동하지 못하고 수미 단구의 상대 침식 사면에 쌓이며 자갈 더미를 이루게 된 것으로 판단된다.

　또한, 이 쌓인 자갈 더미를 자세히 보면, 동강이 흐르는 물살의 방향을 따라 자갈들의 장축이 한 방향으로 늘어선 규칙성을 보인다(그림 19-4). 마치 기와지붕의 기왓장을 겹친 모양이다. 이를 학술용어로 '인편(鱗片, 물고기 비늘) 구조', '임브리케이션(imbrication)'이라고 한다.

〈그림 19-2〉 지장천 합류 지점의 현곡과 자갈 퇴적층(2014)

〈그림 19-3〉 동강의 합류 지점에 교량 건설로 인해 변화된 모습(2024)

〈그림 19-2, 상〉의 과거 교량을 철거하고 새로 건설한 교량으로 인해 현곡은 사라지고, 동강의 하상 지형에 변화가 생겼다. 자연적으로 복구될 것으로 기대한다.

이와 같은 형태의 '인편구조'가 나타나는 강가의 자갈 더미는 경사가 급한 산지를 흐르는 본류 하천(상류하천)에 지류가 합류하는 곳에서 잘 형성된다. 합류하는 강의 규모가 클수록 인편구 조가 나타나는 자갈 더미의 규모도 크고, 넓게 나타난다. 조양강과 동강 유역에는 어천이 합류 하는 정선읍 봉양리와 용탄천이 합류하는 정선읍 광하리(그림 19-5), 그리고 이곳 지장천이 합류하는 정선읍 가수리(그림 19-4) 등에 형성되어 있다. 이 중 가수리의 자갈 더미에서 인편 구조가 더욱 확실하게 나타나는 이유는, 직선으로 흐르는 본류에 지류가 합류하여 다른 곳에 비해서는 유속이 빠르기 때문으로 여겨진다.

〈그림 19-4〉 지장천 합류 지점 부근의 자갈 퇴적층(그림 19-1의 적색 원 안쪽의 자갈더미, 2024)

자갈의 장축이 황색 점선 방향으로 놓인 인편 구조(imbrication)을 보인다.

〈그림 19-5〉 조양강에 용탄천이 합류하는 지점에 형성된 자갈 퇴적층(2014)

이 자갈 더미에는 입자가 큰 자갈만 쌓여있는 것으로 보이지만, 그 자갈들 사이에는 입자가 작은 자갈과 모래, 가는 모래, 점토 등도 뒤섞여 있다.

이와 같은 자갈 더미가 지각 변동으로 지층에 깊이 파묻히며 큰 압력을 받아 다져지고, 돌로 굳어진 상태가 바로 '역암(Conglomerate)'이다.

돌멩이 깨뜨려 자갈돌 ♬

자갈이란 주로 강이나 바닷가에서 흐르는 물에 의해 돌멩이(암석 파편)가 함께 이동하며, 서로 부딪치고 깎이고 다듬어져 둥글어진 돌을 말한다. 그래서 자갈의 둥근 정도를 '원마도(roundness)'라는 수치로 나타내기도 한다. 자갈이 매끄럽고 동글동글하면 원마도가 높다고 하고, 울퉁불퉁하고 뾰족한 모서리가 있으면 원마도가 낮다고 표현한다.

자갈이 쌓인 더미에는 화성암, 퇴적암, 변성암 등 다양한 종류의 암석이 뒤섞여 있다. 이는 다양한 암석으로 이루어진 여러 지역의 산지에서 떨어져 나온 다양한 종류의 돌멩이(암석 파

〈그림 19-6〉 정선정보공업고등학교 암석정원의 역암(2014)

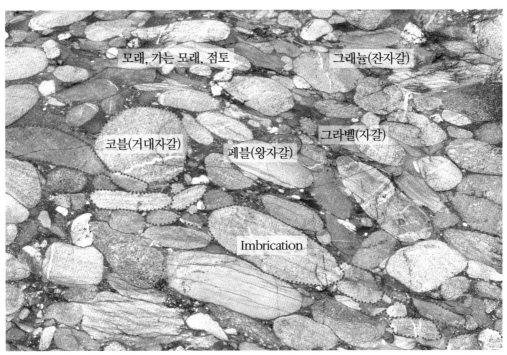

모래, 가는 모래, 점토

그래뉼(잔자갈)

코블(거대자갈)

페블(왕자갈)

그라벨(자갈)

Imbrication

〈그림 19-7〉 조양강 변 강물에 의해 표면이 매끄럽게 드러난 역암(2014)

편)가 하천과 함께 이동하여 모였기 때문이다. 골짜기와 강가에는 여러 지역의 산지에서 배출된, 다양한 시대에 형성된 다양한 종류의 암석이 둥글게 다듬어져 쌓여있다.

또, 쌓인 자갈 더미에는 다양한 크기의 자갈이 뒤섞여 있는데 지형학에서는 그 크기에 따라 장축의 지름이 256mm 이상의 거대자갈을 '코블(cobble)', 지름 64~256mm의 왕자갈을 '페블(pebble)', 지름 4~64mm의 보통 자갈을 '그라벨(gravel)' 그리고 지름 2~4mm의 잔자갈을 '그래뉼(granule)' 등으로 분류한다(그림 19-7). 이미 소개한 대로, 이들이 뒤섞여 쌓인 자갈 더미에는 입자가 더 작은 모래와 가는 모래, 점토 등도 함께 뒤섞여 있다.

쥐라 레미콘(Ready-Mixed Concrete)

'역암(礫岩)'은 '자갈이 뒤섞여 뭉쳐진 암석'이다. 자갈이 뒤섞여 뭉쳐진 덩어리라면 '콘크리트'를 생각할 수 있는데, 역암은 바로 '자연이 만든 콘크리트'인 것이다. 그래서 역암은 영어로

'conglomerate'라고 한다.

　과거 지질시대의 자갈 무더기가 지각 변동으로 인해 지층에 파묻혀 압력을 받으며 다짐 작용과 교질 작용을 통해 단단한 암석으로 변한 것이다.

　'다짐 작용'이란 자갈과 모래, 점토 등으로 뒤섞인 레미콘이 지층에 파묻혀 그 위에서 다른 지층이 누르는 압력으로 인해 자갈, 모래, 점토의 입자 간 공극이 줄어드는 과정을 말한다.

〈그림 19-8〉 포항 오도리 해안에서 촬영한 노두(2024)

사암으로 보이는 지층이 화산 역암층을 덮고 있는 부정합면으로 다짐 작용과 교질 작용의 좋은 사례이다.

'교질 작용'이란 지하수 또는 점토나 암석에 포함되어 있던 석회질(칼사이트) 성분이나, 철 등의 접합력이 강한 광물질들이 퇴적물 사이를 메꾸고 서로를 묶어 주어, 단단한 암석으로 굳히는 과정을 말한다.

'정선 역암'은 중생대 쥐라기에 강가에 쌓인 엄청난 양의 자갈, 모래, 점토 등이 뒤섞여 마치 레미콘처럼 준비된 미 고결 콘크리트가 지각 변동으로 땅속에 파묻힌 것이다. 그리고 오랜 세월 동안 엄청난 압력을 받으며 눌려 압축되고, 단단하게 굳어져 암석으로 변한 것이다. 이렇게 형성된 역암이 또 다른 지각 변동으로 인해 지표로 돌출하여 산지를 이루기도 하고, 일부는 강에 의해 깎이며 그 속살을 드러낸 것이다. 즉, 중생대 쥐라기의 하천 상류 모습이 그대로 암석으로 굳어진 것이라 할 수 있다.

공룡의 알 DNA 분석

정선읍 봉양리의 비봉산 일대에는 중생대 쥐라기에 형성된 역암이 분포한다(그림 15-2). 또 비봉산의 서쪽 자락을 자르는 조양강 변에는 역암의 큰 파편들이 강에 의해 잘 연마되고, 다듬어진 상태로 그 모습을 드러낸다. 이곳의 역암은 검푸른 돌덩어리에 알알이 박혀 있는 자갈들이 잘 어우러져 있어서 때로는 화려한 보석처럼 보이기도 한다. 이미 15장에서 소개하였듯이, 필자는 정선읍 봉양리 조양강 주변에 흩어져 분포하는 쥐라기 역암을 '공룡의 알'이라는 별칭으로 불렀다. 필자가 이곳에 있는 역암들에 대해 '공룡의 알'이라는 별칭을 부여하게 된 이유는, 이 역암이 형성된 시기가 공룡이 번성하였던 중생대 쥐라기이고, 암석 파편의 표면과 모서리가 강물에 의해 잘 다듬어진 상태이어서 얼핏 보면 커다란 알과 같이 보이는 것들이 많기 때문이다(그림 15-3, 19-9).

필자가 정선정보공업고등학교에 근무할 당시, 정선 역암에 대해 학생들에게 설명할 때는 '공룡알의 DNA 분석'이라는 제목으로 화두를 열었다. 그 당시 교실 강의 내용을 회상하며 정리하여 보면,

첫 번째 분석 결과, 이 역암층은 2억 년 전쯤, 중생대의 쥐라기 산지를 흐르던 어느 하천 언저리가 그들의 고향이라는 것이다.

그 근거는 역암 속에 박혀 있는 자갈 중에는 거대자갈(Cobble)과 왕자갈(pebble)이 높은 비

〈그림 19-9〉 정선정보공업고등학교 암석정원의 역암(2014)

중을 차지한다는 점이다.

산지 암반에서 떨어져 나온 모난 돌덩어리의 모서리가 갈리고 다듬어져 둥글둥글하게 되려면, 하천과 함께 일정 거리를 움직여야 한다. 그렇게 큰 암석 파편을 굴리기 위해서는 중력과 물의 힘을 얻어야 하므로, 하상(하천 바닥)의 경사가 급해야 하고 또 유량도 풍부해야 한다. 따라서 역암이 형성된 장소는, 중생대 쥐라기 어느 산지를 흐르는 상류하천의 언저리였다는 것이다.

〈그림 19-10〉 역암을 관찰하는 정선정보공업고등학교 지리 답사반 학생들(2014)

두 번째 분석 결과는 역암이 형성된 구체적인 장소는 쥐라기 산지를 흐르던 어느 큰 하천의 본류에 지류 하천이 합류하는 지점이라는 것이다.

그 근거는 역암 속에 박혀 있는 자갈들이 마치 흘러가는 듯 일정한 방향성을 보인다는 점이다. 이미 소개한 바와 같이 이와 같은 구조를 '인편 구조(imbrication: 물고기 비늘 구조)'라고

〈그림 19-11〉 정선공설운동장 조양강 변의 역암(2014)
정선 역암은 거대자갈, 왕자갈의 비중이 높다.

하는데, 두껍게 쌓인 자갈 더미를 구성하는 자갈들이 일률적인 방향성을 보이려면 강의 물살이 적당히 강해야 한다. 물살이 너무 강하면 자갈이 더 이동하여 흩어지게 되고, 너무 약하면 자갈들이 정렬하기가 어렵기 때문이다.

결론적으로, 산지의 급한 경사를 흐르는 지류 하천은 다양한 크기의 자갈들을 본류 하천과 만나는 지점에 쏟아부었고, 풍부한 유량을 보유한 본류 하천은 적절한 강도의 물살을 이용해 자갈 더미의 자갈들을 강물이 흐르는 방향과 자갈의 장축이 같은 방향으로 늘어서도록 정리해 놓은 것이다.

세 번째 분석 결과는 역암 속의 자갈들은 1억 5000만 년 전에 이 지역을 구성하고 있었던 다양한 암석의 조각들이라는 것이다.

역암이 품고 있는 자갈에는 화강암 등의 화성암류, 사암 등의 퇴적암류, 규암과 편마암 등의 변성암류가 다양하게 관찰된다. 그러나 현재 이 지역 기반암의 대부분을 차지하는 석회암 등의 탄산염암은 보이지 않는다.

석회암의 퇴적 시기는 고생대 캄브리아기와 오르도비스기로 중생대 쥐라기보다 3억 년이나 앞선 지층이다. 따라서 그 당시에는 석회암이 땅속 깊이 있고, 그 위에 고생대 후기의 육성 퇴

imbrication

〈그림 19-12〉 '인편 구조'를 관찰하는 정선정공고 지리 답사반 학생들(2014)

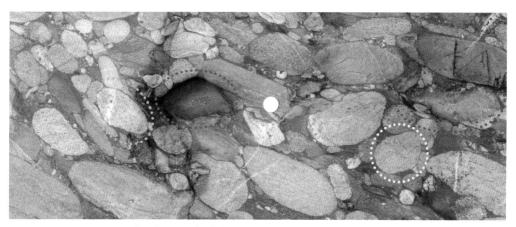

〈그림 19-13〉 역암이 품고 있는 다양한 종류의 암석

저층인 평안누층군과 화강암, 편마암 등이 산지를 이루었을 수도 있다. 현재의 가리왕산과 같은 육성 퇴적암 산지가 석회암 지층 위를 덮고 있었다는 추론이다.

　또 다른 추론은 중생대 쥐라기에 형성된 이 역암이 몇 차례의 지각 변동과 함께 다른 장소에서 이곳으로 이동해 왔을 가능성이다. 그러나 두 가설 모두 막연한 생각일 뿐, 필자의 낮은 수준 지식으로는 판단하거나 결론을 내기 어렵다.

　또 역암이 품고 있는 자갈 중에는 단단한 암석과 무른 암석의 차이가 잘 나타난다.

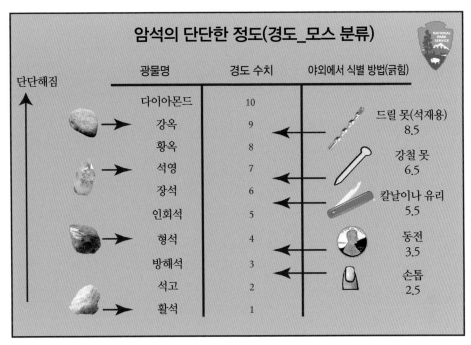

〈그림 19-14〉 모스 경도

〈그림 19-13〉의 적색 점선 테두리 갈색 자갈 두 점은 역암 본체에서 볼록하게 튀어나와 있다. 변성암인 규암으로 생각되는데, 규암의 주요성분인 석영은 암석이나 광물의 단단한 정도를 측정하는 모스 경도 7에 해당하는 단단한 광물이다(그림 19-14).

또 노란색 점선 테두리의 흰색 자갈은 역암 본체에서 오목하게 패여 있다. 화강암인데, 화강암에서 가장 큰 비중을 차지하는 장석은 모스 경도 6에 해당하여 석영보다는 무른 광물이다. 화강암은 역암을 구성하는 자갈 중 구성비가 가장 높을 것으로 예상된다.

〈그림 19-13〉의 하늘색 점선 테두리 안의 자갈은 화강암에 석영 암맥이 있는 것으로 화강암은 오목하게 패여 있고, 석영 맥은 볼록하게 튀어나와 있다.

이렇듯 조양강 변의 역암 덩어리에서는 같은 강도의 침식이 가해(주로 하천에 의한)졌지만, 단단한 암석으로 이루어진 자갈과 무른 암석으로 이루어진 자갈 간에 선택적(차별적)으로 침식이 이루어진 모습도 관찰할 수 있다.

이상의 내용을 종합하여, 정선 역암을 통해 추론이 가능한 중생대 쥐라기 환경을 정리해 보았다. 그러나 다음의 내용은 지질학적 근거에 의한 것이 아니라, 필자의 개인적인 추리에 불과함을 밝혀 둔다.

첫째, 역암 속에 포함된 자갈들의 종류로 볼 때, 쥐라기에 이 지역 산지 환경은 뾰족하고 기복이 심한 현재의 석회암 산지와는 다른 모습이었을 것이다. 오히려 18장에서 언급한 가리왕산 북쪽의 평안누층군 퇴적암으로 이루어진 산지 모습과 흡사할 것으로 생각된다(그림 18-4, 18-5).

둘째, 역암층의 두께와 역암 속 자갈들의 크기와 둥근 정도로 볼 때, 산지에서 발원하여 본류로 합류하는 지류는 경사가 급하고, 유로는 짧았을 것이 추정된다. 지류는 자갈을 공급하는 기능을 하는데, 거대자갈과 왕자갈 등이 암반에서 떨어져 나와 둥글둥글하게 다듬어지기까지 10km면 충분하기 때문이다.

셋째, 역암층에 나타난 자갈들의 '인편구조'를 볼 때 이 지역을 흐르던 하천의 본류는 지금의 동강과는 달리, 구배(구불구불한 정도)가 적고, 규모는 더 컸을 것이 예상된다. 본류는 지류가 공급한 자갈들을 정렬하여 쌓아놓는 기능을 하는데, 구배가 심하면 물살이 약해져 자갈을 일률적으로 정렬하기 어렵기 때문이다.

넷째, 이와 같은 하천의 상황을 적용하면, 하천의 유량이 현재보다 풍부했을 것이므로 강수량 또한 현재에 비해 많았을 것이 추정된다. 그러나 산지의 암석 덩어리에서 많은 암석 파편을 공급하기 위해서는 한랭한 기후 환경이 필요하므로 당시의 한반도 기후는 현재와 비슷했거나, 일정 기간 빙하기를 겪었을 것도 추리해 볼 수 있다.

이렇듯, 단순한 돌덩어리일 것 같은 정선 역암 속에는 중생대의 산지와 하천, 기후 환경까지 엿볼 수 있는 진리가 들어 있다.

땅속으로 들어간 자갈 무더기

쥐라기에는 대보조산운동이라는, 한반도 땅의 역사에서 가장 격렬했던 지각 운동이 일어났다. 우리나라 땅덩어리 전체를 북동에서 남서 방향으로 잘게 쪼개 놓은 대변혁이 발생한 것이다. 이 조산운동으로 북동-남서 방향의 지질 구조선이 형성되었는데, 구조선이란 지질 경계선을 뜻한다. 독자들은 쉽게 우리 땅의 골격 중 갈비뼈가 생긴 정도로 이해하면 될 것 같다. 이 조산운동의 결과로 우리나라의 주요 산맥과 하천이 북동쪽에서 남서쪽으로 자리 잡게 되었다.

정선 역암은 강 언저리에 쌓여 있던, 거대한 자갈 더미가 이 조산운동의 여파로 지층에 매몰되어 암석화되고, 또 움직이며 이동하게 된 것으로 생각된다.

쥐라기의 정선

〈그림 19-15〉 정선의 쥐라기 암석

쥐라기는 2억 600만 년 전부터 1억 4400만 년 전 까지 6200만 년간 지속한 중생대 중기 시대로 공룡 이 번성했던 시기이다.

이미 소개한 바와 같이 정선에서 중생대 쥐라기 에 해당하는 암석은 대보조산운동 때 관입한 임계화 강암과 역암, 사암 등의 퇴적암이 있다. 정선군 전체 면적에서 차지하는 비중은 적지만, 임계화강암은 정 선의 유일한 화성암이며, 정선 역암은 천연기념물로 지정된 암석이라는 점에 큰 의의가 있다.

〈그림 19-16〉의 지질 기호 'Jbs'의 'J'는 쥐라기를 'b'는 반송층, 's'는 사암(sand stone)을 의미한다. 즉 '쥐라기 반송층 중 사암'이란 뜻이다. 영월읍 연하리 반송마을의 암석을 대표로 하는 사암과 셰일이다. 지질 기호 'Jbc'의 'c'는 역암(conglomerate)이다.

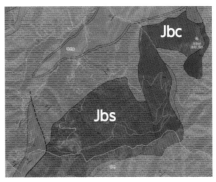

〈그림 19-16〉 정선읍 기우산 일대의 중생대 퇴적암 분포(지질도)

제안: 인공 역암의 징검다리를 건너 쥐라기 공원으로⋯

소개한 바와 같이, 정선읍 북실리 조양강 변에 군락을 이루는 '정선 역암'의 조각들은 강에 의해 잘 다듬어진 상태로 아름다운 자태를 자랑한다. 또, 과거 중생대 쥐라기의 자연환경도 엿 볼 수 있는 소중한 자연 유산이기도 하다. 그래서 필자는 이 공간 역시, 사람들이 쉽게 접근하 여 감상할 수 있도록 최소한의 개발을 제안하고 싶다.

역암이 '자연이 만든 콘크리트'이므로, 정선 쥐라기 역암을 인공으로 제작하는 것은 자연과의 조화를 깨뜨리는 괴리는 아니라는 생각이다. 따라서 다양한 형태의 인공 역암을 만들어 정선 역암 주변에 징검다리를 조성하고, 이 인공 역암 자체를 학습용과 동시에 관람용으로 활용하는 방안을 제안하고자 한다.

아울러, 역암들 사이에 소규모 인공 분수 몇 기를 조성하면, 분수가 뿜어내는 물방울들로 인해 역암 속 자갈들의 다양한 색상이 더욱 선명하게 보일 것이다. 또 폭우나 장마 등으로 인해 토사가 뒤덮은 경우에도 자연스럽게 표면을 닦아내는 세척 효과도 있을 것이다.

+++ 요약 +++
# 19 돌이 되어 흐르는 쥐라기의 강

동강은 조양강과 지장천이 만나는 가수리부터 시작된다. 두 강이 만나는 이곳에는 비교적 큰 규모의 자갈 더미가 쌓여있어 과학적 호기심을 자극한다. 상대적으로 짧은 유로와 급경사를 이루는 지장천이 동강의 합류 지점에 쏟아 놓은 퇴적물들은 대체로 거대자갈, 왕자갈, 자갈 등 입자가 큰 원력(둥근자갈)들이다. 이 자갈들이 동강의 물살에 쏠려 쌓인 곳이, 수미 하안단구를 형성한 퇴적 사면과 마주하는 공격 사면이다. 공격(침식) 사면에 퇴적된 특별한 사례이다. 자갈들은 동강이 흐르는 물살의 방향을 따라 자갈들의 장축이 한 방향으로 늘어선 Imbrication 구조를 보인다. 이와 같은 자갈 더미가 지각 변동으로 지층에 깊이 파묻히며 큰 압력을 받아 다져지고, 돌로 굳어진 상대가 바로 역암(conglomerate)이다.

정선읍 봉양리의 비봉산 일대에는 중생대 쥐라기에 형성된 역암이 분포한다. 또 비봉산의 서쪽 자락을 자르는 조양강 변에는 역암의 큰 파편들이 강에 의해 잘 연마되고, 다듬어진 상태로 그 모습을 드러낸다. 이 역암의 특징은, 첫째, 역암 속에 박혀 있는 자갈 중에는 거대자갈(cobble)과 왕자갈(pebble)이 높은 비중을 차지한다는 것이다. 둘째, 역암 속에 박혀 있는 자갈들이 마치 흘러가는 듯 일정한 방향성을 보인다는 것이다. 셋째, 역암이 품고 있는 자갈에는 화강암 등의 화성암류, 사암 등의 퇴적암류, 규암과 편마암 등의 변성암류가 다양하게 관찰된다는 것이다. 넷째, 역암이 품고 있는 자갈 중에는 단단한 암석과 무른 암석의 차이가 잘 보인다는 것이다. 단순한 돌덩어리일 것 같은 정선 역암 속에는 중생대 중기의 산지와 하천, 기후 환경까지 엿볼 수 있는 신비한 진리가 들어있다.

중생대의 암석이 정선군 전체 면적에서 차지하는 비중은 낮지만, '임계화강암'은 정선의 유일한 화성암이고 '정선 역암'은 천연기념물로 지정된 암석이라는 점에 큰 의의가 있다.

337

+++ SUMMARY +++

19 The Jurassic river that became Stone

The Dong River begins at Gasuri, where the Joyang River and Jijiang Stream converge. This confluence is characterized by a relatively large accumulation of gravel, sparking scientific curiosity. The sediments deposited by Jijiang Stream, which has a relatively short course and steep gradient, mainly consist of large particles like cobbles and pebbles. These gravels, swept by the currents of the Dong River, form an attack slope that meets the depositional slope of Sumi River's terrace. This is a unique example of deposition on an erosional surface. The gravels exhibit an imbrication structure, where the long axes of the gravels are aligned in the direction of the river flow. When such gravel deposits are deeply buried by tectonic movements and subjected to significant pressure, they become cemented and solidified into a rock known as conglomerate.

In Bongyang-ri, Jeongseon-eup, the area around Bibongsan is home to conglomerates formed during the Jurassic period of the Mesozoic era. Along the banks of the Joyang River, which cuts through the western slopes of Bibongsan, large fragments of these conglomerates have been polished and refined by the river, revealing their features. The conglomerates are notable for several characteristics

The conglomerates contain a significant amount of large cobbles and pebbles.

The gravels within the conglomerates show a distinct directional orientation, as if they are flowing.

The conglomerates include a diverse range of rock types, such as igneous rocks like granite, sedimentary rocks like sandstone, and metamorphic rocks like quartzite and gneiss.

The conglomerates display a clear contrast between hard and soft rock fragments.

These conglomerates offer a glimpse into the mid-Mesozoic mountainous terrain, river systems, and climatic conditions of the Jeongseon area. Though Mesozoic rocks cover less than 10% of Jeongseon County's total area, the "Imgea Granite" is significant as the only igneous rock in Jeongseon, and the "Jeongseon Conglomerate" holds great importance as a designated natural monument.

제5부

○ ○ ○ ○ ○ ○

K-KARST

20

정선,
한국 카르스트의 메카

아버지의 꿈

2023년 6월 17일 필자와 필자 부친의 숙원이었던 카르스트 전문 시설이 정선군에 설립되고, 그 개관식이 열렸다. 필자의 부친은 한국전쟁 이전에 평양종합대학 지리학부를 졸업하고 2019년 타계하기까지 오직 카르스트 지형의 연구에만 몰두해 왔다. 70여 년 동안 수집한 도서와 지도, 암석 시료 등을 일반인들에게 전시·관람하게 하고, 후대 학자들이 연구 자료로 활용하며, 또 이를 영구 보존할 수 있는 시설이 정선군에 설립된 것이다.

강원도 정선군 북평면 탑골길 100번지, 구 '한국폴리텍III대학' 정선 캠퍼스, 현 '국가 광물 정보센터' 내에 아담한 규모로 구축하였다. 이곳은 필자가 부친과 함께 어린 시절부터 직원리(백복령 카르스트 지대)를 답사하기 위해 들렀던 곳이다. 필자와 부친의 많은 추억이 깃든 장소에, 아버지가 평생을 꿈꾸어 왔던 카르스트 전문 시설이 들어섰다.

필자의 부친은 한중 수교 전부터 중국 카르스트 지형의 메카인 '구이린'을 수차례 답사하며, 그곳의 '암용지질연구소(카르스트 지형 연구소)'와 같은 시설의 국내 설립을 동경해 왔다. 1991년 1월 2차 방문에는 필자를 대동하고 이곳에 다녀 왔는데, 아마도 그 꿈의 실현을 대를

〈그림 20-1〉 정선 K-KARST의 홍보 현수막

〈그림 20-2〉 K-KARST의 위치(위성 이미지의 적색 원)와 전경 사진(화살표) 및 입구 모습

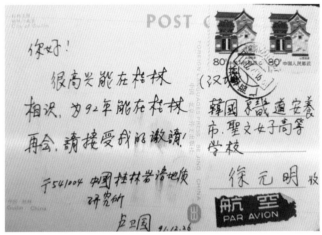

〈그림 20-3〉 1991년 필자가 방문한 중국 구이린 암용지질연구소

이어 주문하려는 의도였던 것 같다. 당시 필자와 친분을 가졌던 중국 암용지질연구소의 연구원은 그해 말 필자에게 엽서를 보내 1992년에 다시 연구소 방문을 요청(그림 20-3)하였으나, 실현하지 못했다. 암용(岩溶)은 '녹는 돌'로 석회암을 지칭한다.

1991년 초 구이린 암용지질연구소를 방문할 당시에 카르스트 전문 시설의 설립과 기능, 그리고 운영과 활용에 대해 필자가 많은 질문과 조언을 구했다. 우리나라에도 카르스트 전문 시설을 설립할 준비와 구상을 해두어야만 기회가 왔을 때 실천에 옮길 수 있기 때문이다. 필자는 구체적인 자료와 자문을 얻기 위해 다음 해에 다시 방문하겠다는 의사를 밝혔고, 이 연구원은 잊지 않고, 초청 의미의 엽서를 보낸 것이다. 결국 여러 가지 사정으로 가지 못했고, 그 후로 구이린 암용 연구소와는 연락이 끊겼다. 30년이 흘러 필자의 부친이 세상을 떠난 후, 정선 땅에

〈그림 20-4〉 K-KARST 개관식(2023. 6. 17)

(상) 왼쪽부터 이순용 지평 창립자, 정성훈 대한지리학회 회장, 장동호 한국지리학회 회장, 김창환 한국지형학회 회장, 기근도 경상국립대 교수, 장용훈(사위), 서혜연(딸), 장한나(외손녀), 채남술(부인), 필자, 원홍식 부군수, 전영기 군의회 의장, 최종근 관장 외 지역 유지
(중) 장한나 회고사, 지리교육 연구회 '지평' 등 참가자
(하) 개관식 초청장

서 중국 구이린의 암용지질연구소와 같은 카르스트 전문 시설이 설립되었고, 아버지의 꿈은 실현되었다.

정선 'K-KARST'는 '한국 카르스트 지형·지질 전시관'이라는 부제를 달고, 기획에서 개관까지 약 2년의 준비 기간을 거쳐 설립을 완료했다. 시설을 '전시실', '서무송 기념실', '지리도서실'의 3실로 구분하고 본격적인 운영에 들어갔다.

개관식에는 군청 관계자와 지역 유지, 기근도 교수 등 지리학회 관계자, 그리고 지난 30여 년간 필자와 함께한 지리교육 연구회 '지평' 소속의 교사들이 참석하였다. 특히 부친의 자랑인 외손녀 장한나(트론헤임 교향악단 감독)가 노르웨이로부터 찾아와 할아버지의 활동에 대한 회고사를 낭독하였다.

금보다 귀한 돌

필자의 부친은 지형연구를 위해 일평생 암석 시료 채집에 열의를 다했다. 답사에서 돌아오는 부친의 배낭에는 집을 나설 때 가지고 갔던 물품 대신 '돌'이 가득 들어있곤 했다. 이렇게 채집한 암석 시료들은 분리·정리되어 진열장과 보관함에 들어갔다. 필자가 어렸을 때부터 집의 거실과 정원은 돌로 가득 차 있었다. 부친은 돈 값어치가 없는 투박한 암석 시료들의 먼지를 털고, 닦고, 보관함에 재정리하는 일을 늘 즐겼다. 실로 돌을 금 보듯 한 것이다. 돌을 얼마나 좋아했으면, 필자가 아주 어린 시절부터 집에서 기르는 강아지의 이름도 모두 '돌'이었다. '돌, 똘이(돌2), 삼돌이(돌3), 돌쇠(돌4), 오드리(돌5)' 등 부친의 '돌' 사랑은 거짓이 없는 참된 마음이었다.

그렇게 일평생을 모아 애지중지 보관해 온 암석 시료들이 2023년 1월 필자의 책임 아래 모두, 정선 카르스트 지형·지질 전시관으로 이전되었다.

장식장과 베란다에 층층이 빼곡하게 쌓여 있던 암석 시료들이, 정선의 전시관에서 각기 자신의 가치에 어울리는 진열대로 자리 잡은 것이다. 그러나, 필자가 어린 시절부터 늘 보고 접했던 투박한 '돌멩이'들이 집을 떠나는 날, 그 허전했던 마음은 말로 표현할 수 없다.

〈그림 20-5〉 경기도 부천시 부친 서재의 암석 보관함(2023)

종류별로 분류하여 보관대에 쌓아두었던 암석 시료들이, 정선 전시관으로 이동 준비 중이다.

〈그림 20-6〉 정선 전시관에 자리 잡은 암석 시료들(2023. 1)

〈그림 20-7〉 개관식에서 암석 시료들을 설명하고 있는 필자(2023. 6. 17)

진정 소중한 책

필자의 부친이 평생 손에 쥐고 함께하였던 지리학 전문 도서와 지도류는 5000여 권(점)이 넘는다. 북한에서 지리학을 공부하던 젊은 대학생 시절의 낡은 일본어 전공 도서에서부터 세상을 떠나기 한 달 전에 입수한 영어 전문 도서까지 지리학 전문서와 논문은 거의 전부를 소유한 것으로 생각된다. 이들 도서는 소중하게 다루어져 훼손됨 없이 최상의 보관 상태를 유지했다. 책은 누구나 편안하고 자유롭게 읽을 수 있게 비치되어야 한다는 일반적인 생각과는 달리, 책은 소중하게 다루어져야만 한다는 것이, 부친의 지론이다. 그래서 책장의 책은 언제나 정갈하게 정렬되어 있어야 하며, 책을 읽을 때도 종이가 손상되지 않도록, 손가락으로 윗부분을 살며시 스치듯 책장을 넘겨야 한다고 강조했다.

부친의 서재는 늘 깨끗하게 정리되어 있었고, 지리학의 분야별로 분류, 정리된 도서들로 빈틈없이 채워져 있었다. 또 새로운 도서들을 새 가족으로 맞이할 때면 조금씩 옆 방으로 그 범위를 확장 시켜 나갔다.

부친은 우리나라 근대 지리학계의 1세대 학자이다. 국토가 크게 변형되는 시기에 국토를 연구한 학자가 축적한 자료는 미래세대에 큰 자산이 될 것으로 생각된다. 더구나 북한에서 지리학을 전공하고, 한국전쟁 당시에는 국군 포병 중대장으로 참전했던 부친은, 미 군사정부에서 발행한 남북한 대축척 지형도 등 유일무이한 근대 지리학 자료들을 많이 보유하고 있었다.

〈그림 20-8〉 서무송 교수의 서재와 집필 장면

〈그림 20-9〉 서재 도서의 국립중앙도서관 이관(2021. 11. 19)

부친이 세상을 떠난 후 필자는 부친의 유지대로 도서 등의 전 자료를 국립중앙도서관에 기증할 뜻을 전했고, 도서관 실사단이 집으로 방문하여 도서와 자료를 확인하였다. 이후 부친의 서재를 통째로 국립중앙도서관 서고로 옮겨 6개월간의 자료 검증과 평가를 거쳐 3000여 점의 도서와 지도류를 영구 보존하기로 하였다.

2022년 7월 1일 국립중앙도서관 본관 2층 문화마루에서 부친의 개인 서고인 '서무송 문고'가 차려져 기념식이 행해졌다. 이 기념식에는 오경섭, 기근도, 권정화 교수 등 지리학자들과 지리교육연구회 '지평' 선생님들이 참석하여 지리학자 최초의 국립중앙도서관 '개인 문고' 실치를 축하해 주었다.

자료의 가치 정도와 관계없이 국립중앙도서관의 규정상, 입고되지 않은 2000여 권(점)의 도서와 지도류 등의 자료는 정선 K-KARST의 '지리도서실'로 이관되었다.

정선 K-KARST의 '지리도서실'은 국립중앙도서관에서 이관된 필자 부친의 도서류 2000여

〈그림 20-10〉 서혜란 국립중앙도서관 관장 기념사(2022. 7. 1)

〈그림 20-11〉 국립중앙도서관 서무송 문고 개설식(2022. 7. 1)

권(점)과 경상국립대 기근도 교수가 보내온 1500여 권, 한국교원대학교 지리교육과에서 보내온 500여 권, 그리고 지리교육연구회 '지평' 교사들이 기증한 도서 3000여 권 등 약 7000여 권의 지리학 전문 도서들로 채워졌다.

〈그림 20-12〉 국립중앙도서관 서무송 문고(본관 2층 문화마루)

〈그림 20-13〉 정선 K-KARST 지리도서실(분류·정리 중과 정리 후)

〈그림 20-14〉 정선 K-KARST 지리도서실

개관식 후 지평 소속 윤정현 선생이 도서를 열람하는 장면(우)과 필자가 개관 기념으로
지평 소속 선생님들을 대상으로 강연을 하는 장면(좌)

분신(分身) 같은 장비와 노트

1990년대 이전에는 휴대 전화도, 컴퓨터도 없었다. 카메라도 일부 부유한 사람이나 특정 직업을 가진 사람들만이 소유할 수 있었고, 사진을 만들어 내는데도 시간과 경비가 들었다. 또, 교통과 통신 여건이 좋지 않았기 때문에, 지리학도들의 현장답사에는 어려움이 많았다. 현장답사를 떠나기 위해서는 배낭에 식량과 취사도구, 침낭과 텐트 등 야영 도구는 물론, 지도, 카메라, 측량 도구 등 탐사 장비를 한가득 짊어져야 했다. 그렇게 무거운 배낭을 짊어지고 가파른 산길을 올랐으며, 때로는 열차 시간을 맞추기 위해 뛰기도 하였다. 이 책을 읽는 50대 이상의 독자들은 이런 경험을 한 번쯤 해 보았을 것이다. 언제든지 현장답사를 떠나야 했던 지리학도들에게 이런 장비들은 매우 소중한 자산이었다.

그 당시, 이미 환갑을 훨씬 넘은 나이에 등장한 컴퓨터는 노 학자들에게는 능수능란하게 활용할 여건이 되지 않았다. 그들은 지도와 노트에 답사하고 연구한 내용을 기록하고, 원고지에 정리하는 방법으로 자신의 연구 결과물을 축적했다. 이러한 방법은 노학자들의 투박한 방식이시만, 그 노련하고 정확한 기록은 그 자체가 후대 학자들의 연구 대상이며, 역사인 것이다. 지도상에 표시하고, 노트에 꼼꼼히 기록한 자료들은 근대 우리 국토를 연구한 학자들의 큰 유산이다.

〈그림 20-15〉 정선 K-KARST 서무송 기념실

특히, 자연지리학 학자였던 필자의 부친에게는 이러한 근대적 탐사 장비와 기록물이 풍부했다. 지형도에 표시한 답사 기록, 각 지역의 지리적, 지형적 상황을 기록한 노트, 막대한 경비가 투여된 수천 장의 슬라이드 필름과 영상 기록물 등 50년대에서 최근까지 지리학자가 기록한 국토 상황은 정말 소중한 국가 자산일 것이다.

정선 K-KARST의 '기념실'에는 부친의 답사 장비와 기록물을 빠짐없이 이전하여 보관·전시하였다. 여기에 보관된 근대 지리학자의 물품과 기록물들은, 후대 지리학자들에게 꼭 필요한 유산이 될 것으로 확신한다.

제1회 학술대회 개최

개관 이후 K-KARST가 주도하는 첫 행사가 2024년 9월 6일부터 8일까지 2박 3일간 열렸다. 이번 행사는 60여 명의 지리(교육)학과 교수와 지리 교사, 지리학자들이 참석하여 행한 학술대회로 강원 고생대 국가 지질공원이 주최하고, K-KARST가 주관하였다.

이 학술대회는 경상국립대 지리교육과 기근도 교수의 제안으로 시작되었다. 기 교수는 "K-KARST가 우리나라에 처음 세워진 공공지리학 시설이니만큼, 지리학 학술대회를 먼저 개최하고 다음 사업을 추진하는 것이 좋겠다."라는 설립 후 활동 방향을 제시했다. 최종근 관장과 필자 역시 이 제안에 동의하고 8개월간의 준비 기간을 거쳐 학술대회를 치르게 된 것이다. 기근도 교수가 대회조직을 총괄하고, 최종근 관장이 운영을, 필자가 진행을 총괄하는 책임을 맡았다.

학술대회는 크게 초청 강연, 발표, 답사, 홍보 강연의 영역으로 나누어 시행하였다.

초청 강연과 홍보 강연은 기근도 교수와 오랫동안 교분을 가졌던 스페인 마드리드 자치 대학교의 알폰소 교수가 내한하여 '지중해의 카르스트 경관'과 '경관 교육'에 대한 자신의 연구 분야를 강의하였다.

학술 발표는 한국지형학회장인 서울대학교 지리학과 박수진 교수 외 8명의 교수와 지리학자들이 강원 고생대 지질공원과 정선의 주요 카르스트 지형에 관한 연구 내용을 피력하였다.

한편, 전 일정에 행한 지형답사는 기근도 교수와 필자가 영역을 나누어 진행하였는데, 기근도 교수는 소금강과 민둥산을, 필자는 화암동굴과 용연동굴을 맡아 안내하였다.

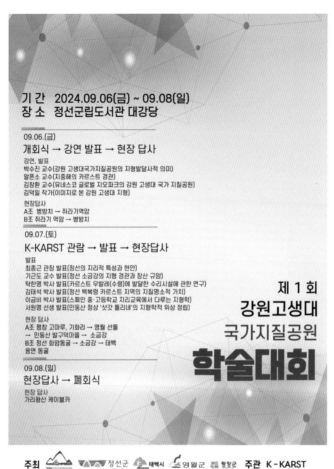

〈그림 20-16〉 제1회 학술대회 포스터

〈그림 20-17〉 제1회 학술대회 개회식 후 기념 촬영

〈그림 20-18〉 대회 첫날 강연 중인 알폰소 교수와 이금비 박사(통역)

〈그림 20-19〉 대회 둘째 날 발표 중인 최종근 관장

〈그림 20-20〉 대회 후 순회 홍보 강연(2024. 9. 11, 서울중앙고등학교)

〈그림 20-21〉 소금강 현장답사에서 설명 중인 기근도 교수

〈그림 20-22〉 화암동굴 현장답사에서 설명 중인 필자

〈그림 20-23〉 가리왕산 현장답사와 폐회식

이 학술대회는 규모와 내용 면에서 모두 만족스러운 결과를 얻었다고 자평한다. 또한, 정선 여러 지역의 지형 발달에 관한 전문 자료를 축적하고, 유네스코 세계 지질공원 등재를 위한 실적을 쌓았다는 점에도 큰 의의가 있었다.

그림바위에 펼쳐질 KK의 꿈

2년간 유지했던 정선군 북평면의 현 K-KARST는 정선군 화암면 화암동굴 앞 구 정선향토박물관 건물로 이전을 준비 중이다.

더 많은 사람을 만나고, 그 만나는 사람들에게 "눈으로 보고 입으로 감탄하는 관광에서, 두 뇌로 탐구하고 마음으로 감동하는 관광으로의 변화"라는 캐치프레이즈 걸고 이전을 추진하게 된 것이다.

이곳 역시 전시실, 기념실, 지리도서실의 세 공간으로 나누어, 현 북평면 K-KARST 실별 자

〈그림 20-24〉 K-KARST가 이전할 화암동굴 앞 건물(구 정선향토박물관)

료를 그대로 이전할 계획이다. 각 실은 각각 1.5배에서 2배 확장된 공간으로 더 많은 사람이 편리하게 시설을 이용할 것이다.

지리도서실은 출입구와 연결되는 반원형 로비에 꾸며, 탐방객들에게 도서 열람은 물론, 여유와 휴식을 즐길 수 있도록 다목적 공간으로 활용하려고 한다.

전시실은 동굴퇴적물 박물관(Speleothem Museum)을 기본으로 정선군과 '강원 고생대 국가 지질공원'에 발달한 각종 카르스트 지형에 대한 소개를 콘셉트로 할 예정이다.

기념실은 앞서 소개한 필자 부친의 카르스트 지형학에의 기여를 기념하고 연구 실적 등을 보관·전시하는 기능과 더불어, 지리학도들의 연구실과 작은 세미나실로의 활용을 계획하고 있다.

이 건물의 2층에는 어린이와 젊은이를 위한 작은 놀이 공간이 조성된다고 한다. 여기에 더하여 옥상에는 밤하늘을 관찰할 수 있는 간략한 설비를 갖춘다면, 건물 외곽에 조성된 민속촌과 더불어 휴식과 탐구, 탐방, 그리고 산책과 놀이가 접목된 다목적 시설이 될 것이다. 어린이와 어른 모두에게 재미있고 유익한 공간으로의 구축이 기대된다.

이 책의 2장에서 이미 소개한 바와 같이, 이전할 화암면 K-KARST 주변에는 캄브리아기 바다에서 퇴적된 암석인 석회암, 규암(사암의 변성암), 셰일 등이 분포한다. 이들 암석이 형성한 화암동굴, 소금강 협곡, 몰운대, 민둥산 등은 이미 유명 관광지이다.

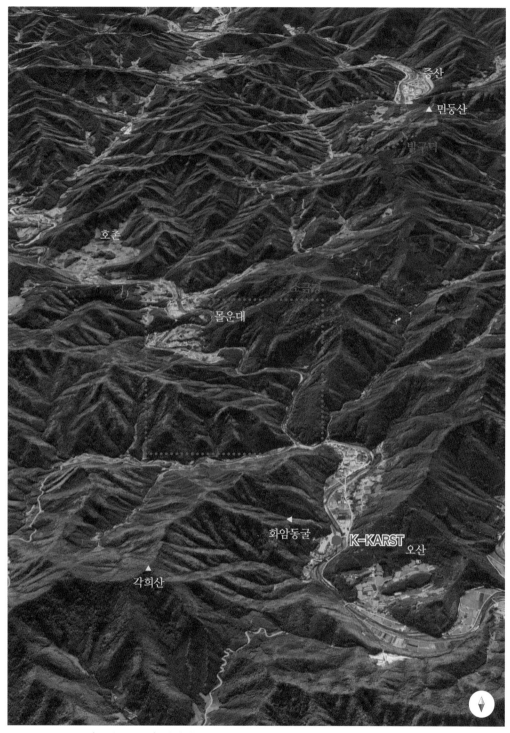

증산

▲ 민둥산

발구덕

호촌

소금강

몰운대

▲
화암동굴

K-KARST

오산

▲
각희산

〈그림 20-25〉 화암면 K-KARST 주변의 캄브리아기 기반암 주요 경관

다음은 필자가 구상하는 K-KARST 이전 후, 연구 설비와 주변 경관을 결합한 탐방 학교 프로그램의 한 예이다.

2025년 캄브리아 탐방 학교 개교!

기간 : 2025년 7월 25일 ~ 8월 10일

회차 : 1박 2일, 6회 시행

주제 : From the Cambrian World

강사 : 고등학교 지리 교사 등

일정 :

● 1일차

시간	내용	장소	비고
~	자유 관람, 열람, 휴식	K-KARST	민속촌 등
13:00	입소식	지리도서실	
13:10	여는 강의 '고생대의 땅'	세미나실	
14:00	장신 규암이 만든 절경	소금강	차량 이동
15:00	1,000 上의 캄브리아 세계	민둥산	차량·등산
17:00	휴식, 캠핑 준비, 저녁 식사	K-KARST	주차장 등
19:00	야간 공포 체험	화암동굴	놀이
20:00	캄브리아로 향하는 터널	화암동굴	탐방
21:00	캄브리아의 밤하늘 관찰하기	K-KARST	옥상 실습

● 2일차

시간	내용	장소	비고
07:00	그림 바위길 산책	소금강	도보
08:00	아침 식사, 휴식		
09:00	신비로운 동굴	K-KARST	강의·관람
10:00	동굴 스포츠 대회(계단 이동)	화암동굴	운동회
11:30	옛 하천길 탐방(곡류 단절)	호촌, 오산	차량·도보
12:50	퇴소식	지리도서실	
~	자유 관람, 열람, 휴식	K-KARST	민속촌 등

+++ 요약 +++

20 정선, 한국 카르스트의 메카

K-KARST는 서무송 교수가 70여 년 동안 수집한 도서와 지도, 암석 시료 등을 일반인들에게 전시·관람하게 하고, 후대 학자들이 연구 자료로 활용하며, 또 이를 영구 보존할 수 있도록 정선군에서 설립한 시설이다. '한국 카르스트 지형·지질 전시관'이라는 부제를 달고, 기획에서 개관까지 약 2년의 준비 기간을 거쳐 설립을 완료했다. 시설은 '전시실', '서무송 기념실', '지리도서실'의 3실로 구성되어 있다.

서 교수가 평생 수집한 암석 시료 400여 점과 7000여 권의 지리학 도서, 그리고 연구 노트와 지도, 탐사 장비 등이 기증되어 전시되었다.

2년간 유지했던 정선군 북평면의 현 K-KARST는 정선군 화암면 화암동굴 앞 구 '정선향토박물관' 건물로 이전을 준비 중이다.

더 많은 사람을 만나고, 그 만나는 사람들에게 "눈으로 보고 입으로 감탄하는 관광에서, 두뇌로 탐구하고 마음으로 감동하는 관광으로의 변화"라는 캐치프레이즈를 걸고 이전을 추진하게 된 것이다. 이 건물의 2층에는 어린이와 젊은이를 위한 작은 놀이 공간이 조성된다고 한다. 여기에 더하여 옥상에는 밤하늘을 관찰할 수 있는 간략한 설비를 갖춘다면, 건물 외곽에 조성된 민속촌과 더불어 휴식과 탐구, 탐방, 그리고 산책과 놀이가 접목된 다목적 시설이 될 것이다. 어린이와 어른 모두에게 재미있고 유익한 공간으로의 구축이 기대된다.

+++ SUMMARY +++

20 Jeongseon, the mecca of Korean karst

K-KARST is a facility established by Jeongseon County to exhibit and preserve books, maps, rock samples, and other materials collected by Professor Suh Moosong over 70 years. It serves as a research resource for future scholars and makes these collections accessible to the public. With the subtitle "Exhibition Hall of Korean Karst Topography and Geology," the facility was completed after about two years of preparation, from planning to opening. It consists of three rooms: the Exhibition Hall, the Suh Moosong Memorial Room, and the Geography Library.

The exhibition includes over 400 rock samples, 7,000 geography books, research notes, maps, and exploration equipment donated by Professor Suh. Currently located in Bukpyeong-myeon, Jeongseon County, the K-KARST is preparing to move to the former "Jeongseon Local Museum" building in front of Hwaam Cave, Hwaam-myeon, Jeongseon County.

The relocation aims to reach a broader audience and promote the slogan: "From sightseeing with your eyes and admiring with your mouth to exploring with your brain and being moved with your heart." The second floor of the new building will feature a small play area for children and young people. Additionally, the rooftop will be equipped with simple facilities for observing the night sky. Combined with the folk village created around the building, it will become a multipurpose facility that integrates relaxation, exploration, visits, walks, and play. It is expected to be an enjoyable and educational space for both children and adults.

21
스펠레오뎀(동굴퇴적물) 박물관

머리, 조심!

여러 차례 소개한 바와 같이 필자의 부친은 70여 년 이상을 오직 카르스트 지형만을 연구해온 외골수 학자이다. 지리학을 전공하던 대학생 시절에는 북한에서, 한국전쟁 이후에는 남한에서, 평생을 카르스트 지형이 발달한 지역을 찾아 답사하고 연구하였으며 그 결과를 논문과 책으로 정리했다.

1970년대에 한국동굴학회를 창설하였으며, 200여 개가 넘는 동굴을 직접 탐사하였다. 또, 단양의 고수동굴과 천동동굴을 개발하여 일반인들에게 선보인 장본인이기도 하다.

필자의 부친이 동굴 탐사를 할 때면, 언제나 '머리 조심!'을 외쳤다. 탐사자의 안전을 위한 외침이 아니라 종유석 등 동굴퇴적물의 파손을 막기 위한 것이다. 어쩌다 안전 헬멧과 종유석이 충돌하여 종유석의 끝이 부러지기라도 하면, 탐사를 중단하고 접착제로 깨진 종유석을 붙이는 일까지 했던, 진정으로 동굴을 사랑한 학자이다.

70 평생 카르스트 답사와 탐사 과정에서 수집한 동굴퇴적물 등의 시료는 오직 연구 목적으로만 수집된 것이다. 구체적으로, 수집한 모든 시료는 지각운동의 여파로 본체에서 분리된 암

석, 관광 개발의 과정에서 발파 등으로 생긴 파손 암석, 콩돌이나 모래와 같은 다량의 무리에서 소량 채취한 시료, 연구를 위해 외국 학자나 기관에서 보내온 시료 등이다. 이 시료들은 국내·외 논문과 학술지에 게재하였으며, 『한국의 석회암 지형, 1997』, 『카르스트지형과 동굴 연구, 2010』, 『세계의 카르스트지형, 2019』 등 본인 저서에서 사진과 함께 소개하였다.

이제 이 모든 연구 자료와 암석 시료는 정선 'K-KARST'로 이관되어 전시와 보관은 물론, 후대 학자들의 연구 자료로 활용할 준비를 마쳤다.

노련한 전문 학자의 시각에서 수집한 동굴퇴적물 시료들은 세계적으로도 발견된 사례가 없는 희귀한 것을 포함하여 연구 가치가 매우 높은 것이다. 따라서 K-KARST 전시관은 국내는 물론, 세계적으로도 전무후무한 동굴퇴적물 박물관으로서의 위상을 갖게 될 것으로 생각된다.

K-KARST 전시관에는 필자의 부친이 기증한 400여 점의 암석 시료가 보관·전시되어 있으나 이 책에서는 희귀하거나 연구 가치가 높은 몇몇 시료들만 소개하고자 한다.

스펠레오뎀, 물방울이 쌓여서 돌이 되다.

석회암 동굴 내부에는 천장과 벽면에서 떨어져 나온 돌무더기가 쌓여 있기도 하며, 좁은 통로와 긴 균열이 반복되어 나타나기도 한다. 때로는 지하 어디론가 연결된 듯한 함정이 나타나기도 하고, 큰 공간과 작은 공간이 반복되어 출현하기도 한다. 이렇듯 동굴 공간이 다층의 복잡한 형태를 나타내는 주된 이유는 습곡과 단층, 융기와 침강 등 지반 운동의 여파로 지층이 흔들리며 땅속에 변혁이 일어났기 때문이다. 여기에 더하여 지표로부터 스며들어간 다양한 형태의 동굴 속 물흐름이 그 형태를 더욱 복잡하게 만든 것이다.

또, 석회암 동굴 속에서는 천장에서 석회수가 빗물처럼 떨어져 내리기도 하고, 좁은 골짜기를 만들어 흐르기도 한다. 벽면과 경사면, 그리고 바닥을 얇게 덮으며 흘러가다가 호수처럼 고이기도 하며, 안개 형태로 특정 공간에 가득 차 있기도 하다. 동굴 속에 존재하는 이 모든 형태의 수분들은 바로, 지표의 물이 석회암 지층으로 스며들며 석회암을 용해한 '중탄산칼슘용액 $[Ca(HCO_3)_2]$'이다. 이 '중탄산칼슘용액'은 자신이 처한 위치에 따라 수분과 이산화탄소를 분리, 배출하고 석회질을 침전시켜 독특한 형태의 돌을 재생시킨다. 다음에 소개할 암석들은 이 모든 상황이 종합되어 형성된 것들이다.

종유석에서 동굴의 역사를 읽는다

〈그림 21-1〉의 종유석은 동굴 바닥에서 채집한 것이다. 길이는 약 1300mm이며, 최대 지름은 약 220mm이다. 천장에 달려 있어야 할 종유석이 바닥에 가로누운 채로 발견된 것은, 과거에 있었던 큰 지진과 같은 지각운동의 결과이다. 신생대 3기 이후 태백산 지역은 간헐적으로 지반이 융기하는 곳으로, 지각운동이 있을 때마다 지반이 약한 동굴은 잘 붕괴한다. 붕괴와 함께 천장에서 분리되어 바닥에 추락한 것이다. 추락의 충격으로 종유석 일부는 부서지고, 몸체는 동굴 속을 흐르던 물에 의해 깎여나갔다. 이 종유석 끝부분의 휘어짐과 바닥과의 접촉면에서 비대칭적으로 부식되어 사라진 부분을 복원하여 역산하여 보면, 종유석이 추락하기 전의 규모는 길이 약 2200mm, 지름 약 350mm에 이를 것으로 생각된다. 보통의 온대 기후 지역에서 동굴퇴적물이 평균 100년에 약 2mm 성장한다는 것을 고려하면, 이 종유석은 약 10만 년 동안 동굴 천정에서 성장했을 가능성이 크다. 아울러 종유석 표면이 물에 의해 깎이고, 홈이 파인 정도를 고려하면, 추락 시기는 지금으로부터 약 1만 년 전쯤으로 생각된다.

종유석 단면은 이 종유석의 머리 부분을 잘라낸 것인데, 이 단면을 통해 두 개의 종유석이 하나로 합쳐진 것을 확인할 수 있다. 아울러 단면에서 나타난 나이테와 같은 동심원 구조는 고기후의 주기적 변화 양상을 보이는 것으로 여겨진다.

〈그림 21-1〉 낙하 종유석

석회수의 연못에서 피어난 돌꽃

이 연잎 모양의 암석은 동굴 속 호수에서 퇴적되어 형성된 것이다. 지름이 약 350mm, 높이가 약 180mm이다. 아래와 위 두 단의 얇은 돌판(pad)은 수면상에서 석회질이 떠서 모이며 굳은 것이고, 돌판 아래 꽃 모양의 퇴적물은 수중에 녹아있던 석회질이 돌판의 기둥 밑으로 모여 쌓이며 오랜 시간 석회질이 덧붙여(첨가증식) 형성된 것이다. 돌판(pad)이 상하 2단으로 형성된 것은, 호수의 수위 변화를 말한다. 패드 밑에 달린 꽃 모양의 퇴적물은 동굴 천장에서 떨어지는 물방울이 호수에 충격을 줄 때 진동으로 인해 불규칙한 방향의 퇴적 현상이 나타난 결과이다.

〈그림 21-2〉 돌꽃(동굴 연잎)

미녀와 야수(3차원의 석순)

이 석순은 동굴 속 환경에 3차례 이상 큰 변화가 있었다는 것을 추리해 볼 수 있는 매우 독특한 퇴적물이다. 정상적으로 점적수가 공급되던 초기에는 길이 약 15cm, 지름 약 8cm의 원통형 석순으로 성장하다가 지표의 기후나 동굴 내 지질 환경이 변화하면서 점적수의 공급이 중단된 것이다. 이후 석순의 성장은 중단되고, 오랜 시간 동안 메마른 상태로 박테리아의 공격을 받아 부식된 것이다. 이후 동굴 속 환경이 다시 바뀌면서 이 부식된 석순 주변에 작은 돌 제방(석회화 단구)이 만들어지고 연못이 형성된다. 연못에는 순수 백색의 아라고나이트 석회질 물질이 다량으로 녹아 있었기 때문에, 부식 석순 주변에 백색의 아라고나이트 석회질이 첨가 증식되며 연꽃 모양의 퇴적물이 형성된 것이다. 3단의 변형된 모습을 볼 때 이 작은 연못에는 3차례의 수위 변화가 있었던 것으로 추정된다.

〈그림 21-3〉 미녀와 야수

물속에서 자란 종유석

이 종유석은 동굴의 호수에서 형성된 수중 퇴적물이다. 종유석이 시작되는 부분에 연약한 종유관이 있는 것을 통해 수면과 아주 근접한 동굴 천장에서 종유관이 형성되고 수중에서는

〈그림 21-4〉 물속에서 자란 종유석

종유관을 통해 공급되는 점적수와 수중에 녹아 있는 석회질이 첨가 증식되는 과정에서 급성장한 동굴퇴적물이다. 약한 종유관에 매달려 있던 이 종유석이 오랜 기간 수중에서 커지다가 가해지는 중력을 버티지 못하고 천정에서 떨어져 나온 것으로 추정된다.

병솔

이 종유석은 동굴 속 퇴적물 중 점적수에 의한 것과 수중 첨가 증식에 의한 퇴적 현상의 합작으로 형성된 것이다. 마치 병을 닦는 솔과 같

〈그림 21-5〉 병솔

이 생겼다고 해서 'bottle brush'라고 한다. 종유석은 동굴 천장에서 떨어지는 점적수로 인해 형성되었고, 종유석 끝의 pad는 수중에 있는 석회질이 물 위로 뜨며 형성된 것이다. 그 밑의 솔방울 모양의 퇴적물은 물속에 녹아있던 석회질이 종유석에 붙으며 첨가 증식된 퇴적물이다. 호수를 포함한 동굴 속의 작은 공간에서 형성되는 퇴적물이다.

'물속에서 자란 종유석'과 같은 원리이지만 천장과 호면과의 거리, 호면에 진동을 주는 천장에서 떨어지는 점적수의 양과 빈도, 호수에 녹아있는 석회질의 종류와 농도 등에 따라서도 퇴적물의 형태는 달라질 수 있다.

떠 있는 돌부리

이 암석 덩어리는 마치 받침대 위에 올라가 있는 조각 작품처럼, 원통형의 석순이 돌 받침대 위에 고정된 듯한 기이하게 생긴 동굴퇴적물이다. 형성 과정을 추리해 보면, 지진 등의 충격으로 천장이나 벽면에서 떨어져 나온 네다섯 조각의 암석 파편 위에 석회 물방울이 떨어져 암석 파편들을 엉성하게 결합하고, 그 위에 원통형의 석순을 쌓아 올린 것으로 여겨진다.

곧고 반듯한 원통형 석순은 천장에서 떨어지는 석회 물방울(점적수)이 아주 오랜 기간 물방울의 낙하 속도와 초점에 변화가 없었음을 의미한다. 300mm의 원통형 석순이 붙어있는 주춧돌인 암석 파편 뭉치는 동굴 바닥과는 격리된 상태로, 석순을 포함한 암석 전체를 손으로 들 수 있다. 따라서 떠 있는 석순, 즉 '부반(浮盤) 석순'이라고 부른다.

〈그림 21-6〉 떠 있는 돌부리

물방울이 키우고 물방울이 자른 돌부리

석순의 윗부분이 마치 톱으로 잘라낸 듯 평편한 석순을 '평정 석순'이라고 한다. 전시된 이 평정 석순은 일본의 교쿠센 동굴에서 필자의 부친에게 보내온 것으로, 평평한 윗부분의 둘레에 쟁반같이 작은 돌 턱이 형성되어 있다.

'평정 석순'은 동굴 속에서 흔히 찾아보기 어려운 희귀 퇴적물 중의 하나다. 주로 동굴 천장에서 떨어지는 물방울이 폭포수처럼 쏟아지는 곳에 형성된다. 물론, 석순의 성장 초기에는 정상적인 낙수(동굴 천장에서 점적수가 일정한 속도로 바닥으로 떨어짐)로 인해 석순도 정상적인 원추 모습으로 성장하였을 것이다. 그러나 지표와 연결되는 지질 환경이 변하면서 천장의 낙수가 폭포수처럼 변화하였고, 그로 인해 석순의 윗부분이 강한 점적수의 충격으로 표면이 매끄럽게 갈리면서(磨蝕) 평편해진 것으로 생각된다.

〈그림 21-7〉 평정 석순

물방울이 쌓아 올린 돌탑

이 전시물은 석순의 가장 기본적인 형태를 갖춘 시료이다. 동굴의 진흙밭 속에 묻혀 부식된 상태의 것을 파내어 석고 받침으로 고정·보관해 오던 것이다.

석순의 표면이 마치 척추처럼 울퉁불퉁한 마디가 생긴 것은 주변에 떨어진 다른 석회 물방울의 파편에서 공급된 석회성분이 달라붙었기 때문이다. 이 울퉁불퉁한 표면에 하얀 밀가루와 같은 '문밀크'는 이 석순이 아주 오래전 성장을 멈추고 메마른 상태를 유지했다는 증거이다.

〈그림 21-8〉 디스크형 돌탑 석순

혈관 막힌 종유석

방추형의 종유석은 동굴 속에서 흔하게 볼 수 있는 퇴적물이다. 종유석은 동굴 천장에서 공급되는 석회 물방울이 중심 도관(종유관)을 통해 길이를 키우고, 또 종유석의 주변을 흘러 내려온 유수에 의해 체적을 증가시킨다. 그 과정에서 외부에서 유입된 흙이나 낙엽의 조각 등 미세한 불순물이 중심 도관에 마게 되면 중심 도관으로의 점적수 공급은 중단되고, 그 지점으로부터 많은 양의 중탄산칼슘 용액이 주변으로 퍼져 흘러가며 방추형의 종유석을 형성한다.

〈그림 21-9〉 방추형 종유석

강수 변화의 흔적을 돌부리에 새기다

석회암 지층을 통과하여 동굴 천장에 맺힌 석회 물방울(중탄산칼슘용액)은 동굴 천장에 종유석을 만들고, 바닥에 떨어지며 석순을 만든다. 지진과 같은 동굴 내부에 큰 변혁이 없다면 이들 종유석과 석순은 서로 만나, 동굴 높이만큼의 석주(돌기둥)가 된다.

석회암 지층을 통과한 물방울(점적수)이 바닥에 떨어지며 석회질이 쌓여 형성되는 석순은 천장에 매달

〈그림 21-10〉 석순의 단면

려 성장하는 종유석에 비해 조직이 치밀하고 물을 공급해 준 중심 도관이 없다는 특징을 가지고 있다. 그러나 석순에는 마치 나무의 나이테와 같은 동심원 구조의 퇴적 무늬를 쉽게 볼 수 있다. 석순의 이 나이테 무늬는 지표의 기후 환경, 특히 동굴에 공급되는 강수량의 변화가 주된 영향을 미쳤을 것으로 여겨진다. 향후 과거의 기후환경을 추론해 볼 수 있는 연구 자료로 매우 가치가 높을 것으로 생각된다.

돌 잔

전문가의 눈이 아니면 찾을 수 없는 매우 특이한 동굴퇴적물이다. 좌측의 시료는 동굴 속 진흙더미에서 형성된 퇴적물로 동굴 천장에서 떨어지는 점적수가 진흙을 오목하게 파고(물리적), 점적수에 포함된 석회질이 파낸 표면을 굳혀가며(화학적) 빚은 일종의 석회 도자기이다. 보통은 진흙 속에 묻혀 있어 찾기가 어렵다. 우측의 시료는 동굴 속 모래더미에서 같은 작용으로 형성된 것이다. 아라고나이트 지층을 통과한 석회 물방울이 형성한 백

〈그림 21-11〉 돌 잔

색의 '돌 잔(石盃)'이다.

동굴의 약한 바닥이나, 진흙더미, 혹은 모래 위 등에 형성된, 이러한 컵 또는 새 둥지 모양의 오목한 지형을 스플래시컵(splash cup) 또는 새 물통(bird bath)이라고 한다. 천장에서 떨어지는 점적수가 가격하여 파 놓은 구멍에 석회질이 코팅되어 단단하게 굳힌 것이다. 이 컵 안에는 마치 새 둥지 속의 알처럼 콩돌이나 동굴 진주가 들어있는 경우가 있는데, 그 모습을 동굴 속에서 마주할 때는 새삼 신비로운 느낌을 받는다.

새 둥지 속의 알?

이 작은 퇴적물은 필자의 부친이 단양군 천동동굴 개발 과정에서 최초로 발견하고, '동굴 진주(cave pearl)'라 이름 붙여 학회에 보고한 것이다. 소개한 바와 같이 이 동굴 진주는 동굴 내부 바닥에

〈그림 21-12〉 동굴 진주

형성된 스플래시컵 안에 들어가 있는데, 그 표면이 매끄러운 것은 컵 안에 물방울이 떨어질 때 고인 물의 진동으로 인해 미세하게 마모되는 과정을 반복하였기 때문으로 생각된다. 동굴 진주의 경도(암석의 단단한 정도)는 산호나 진주와 같은 경도 3이며, 약한 방해석(calcite) 성분이다.

송이 석순

이 석순 역시, 1974년 단양군 온달동굴에서 필자의 부친이 처음 발견하여 학계에 보고한 퇴적물이다.

온달 동굴은 매년 한강 수위가 높아지는 장마철에 물속에 잠기는 동굴로 동굴 속에는 많은 진흙이 퇴적되어 있다는 특징이 있다. 또 동굴 속에는 몇 단의 선반(단구)이 형성되어 있는데, 가장 위에 있는 선반에 진흙더미(mud pool)가 있고, 이 진흙더미 위에 송이 석순이 파묻혀 있

〈그림21-13〉 송이 석순

었다.

　결국, 이 송이 석순 역시 진흙 위로 떨어진 석회 물방울이 형성한 것이다. 위에서 소개한 '돌 잔'이 아닌 '송이 모양의 석순'으로 그 형태가 완전히 달라진 것이다. 그 이유는 동굴을 형성한 기반암의 경도와 관련된 것으로 여겨진다. 온달 동굴의 2차 퇴적물은 다른 동굴보다 평균 경도(암석의 단단한 정도)가 1도 이상 높다. 석회 물방울에 포함된 석회질의 이외의 광물농도가 다른 동굴에 비해 짙다는 뜻이다. 이런 석회질 물방울이 진흙 속으로 떨어져 쉽게 뭉치며 굳어진 것으로 생각된다. '돌 잔'은 천장에서 떨어지는 물방울이 가격하는 힘이 크게 작용하였다면, 송이 석순은 물방울에 포함된 석회질 성분의 굳힘 작용이 크게 작용하여 형성된 것이다.

구상 종유석(spherical speleothem)

　동굴의 천장이나 벽면에 마치 작은 풍선이 붙어있는 듯, 속이 빈 구형 퇴적물이 조밀하게 붙어있는 동굴 속 2차 퇴적물이다. 문헌에 의하면, 동굴 내부의 점토와 탄산칼슘의 상호 전환 작용으로 만들어지며(N. Kashima), 이와 같은 상호 전환 작업은 건기와 우기가 반복되는 기

〈그림 21-14〉 구상 종유석

후환경의 영향이 클 것으로 추정된다고
한다. 연구와 실험을 통한 입증이 필요한
동굴 퇴적상이다.

돌 상자(box work)

〈그림 21-15〉돌 상자

이 퇴적물은 기반암의 절리를 따라 '중
탄산칼슘용액'이 배어 나오며 얇은 퇴적물이 윗 공간을 덮거나, 기반암 표면의 절리를 따라 용
식이 집중되며 상자 모양이 된 희귀한 퇴적물이다(함상 용식). 형성 원인에 대해 좀 더 고민해
야 할 필요성이 있는 퇴적물로 1979년 정선군 발구덕마을의 무넝 동굴에서 채집한 것이다.

부싯돌(cave flint)

동굴 퇴적암 윗부분에 부싯돌(흰색 돌)
이 붙어있는 희귀한 퇴적상이다. 이 역시
필자의 부친이 국내에서는 처음 발견한
시료로, 변성암류 사이에 석회암이 조금
분포하는 충청북도 옥천군의 작은 동굴
에서 채집한 것이다. 붙어있는 흰색의 부
싯돌은 '장석'으로 경도가 6에 해당하는
단단한 광물이다. 또 보통의 동굴 속에서
는 존재할 수 없는 광물이다. 이 시료는
동굴 속 2차 생성물이 존재할 수 없는 장
석을 포획한 상태이며, 줄무늬가 선명한

〈그림 21-16〉동굴 부싯돌

석회질 동굴퇴적물(방해석, 칼사이트)이 마치 보물처럼 겹겹이 둘러싸고 있는 모습이다. 동굴
일대의 지형과 지질 상황을 잘 분석하면 합리적인 추론이 가능한 퇴적상일 것으로 판단된다.

벌레 먹은 돌(vermiculation)

이 퇴적물 역시, 필자의 부친이 단양군 고수동굴 개발 과정에서 발견하여 학계에 보고한 동굴퇴적물이다. 표면 부식이 심하고, 벌레가 파먹은 것처럼 표면이 2mm 깊이로 파여있는 종유석이다.

동굴 벽면이나 천장 등에 "마치 징그러운 기생충이 잔뜩 모여 우글거리는 문양이 형

〈그림 21-17〉 벌레 먹은 돌

성된 퇴적물"(Hill, 1997)이 가끔 발견되는데, 이는 진흙과 점토, 석회질(calcite) 등의 혼합 퇴적물에 나타나는 차별 용식 현상에 의한 것으로 설명한다. 종유석의 표면에 형성된 '벌레 먹은 돌(vermiculation)'은 이 시료가 세계에서 유일한 것이다.

종유석의 자연 단면

동굴의 천장에서 지진 등의 충격으로 떨어져 낙하한 종유석이 오랜 세월 동굴 바닥에서 침식과 용식을 받아 드러난 자연 단면이다. 삼척시 환선굴의 동굴 골짜기에서 발견한 것으로 중심 도관을 통해 종유석임을 확인할 수 있다.

〈그림 21-18〉 종유석의 자연 단면

콩돌(pisolite)

동굴 내의 평편한 바닥에 포상유출(Sheet flow, 바닥을 덮는 홍수)이 있거나, 동굴의 벽면과 천장에서 석회질 물방울(점적수)이 과도하게 나오는 곳에서는 지름 1cm 미만의 콩돌(pisolite)이 형성된다. 우리나라에서는 삼척시 신기면 대이리 환선굴에서 가장 많이 발견되었

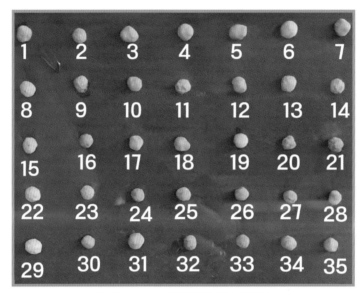

〈그림 21-19〉 삼척시 환선굴의 콩돌

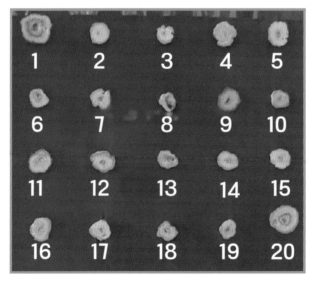

〈그림 21-20〉 단양군 고수동굴 산 콩돌의 단면

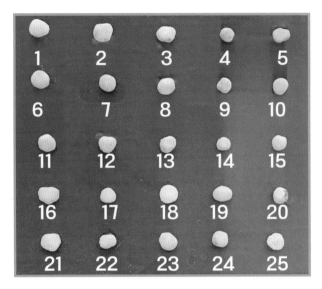

〈그림 21-21〉 슬로베니아 포스토이나 동굴의 콩돌

다(그림 21-19).

콩돌의 단면을 보면 중심핵의 소재가 다양하다. 돌조각을 중심으로 첨가 증식된 경우가 대부분이며, 핵을 중심으로 동심원상의 나이테 형상이 나타난다(그림 21-20).

유럽에서는 슬로베니아의 포스토이나 동굴이 콩돌의 산지로 유명하다. 1973년 포스토이나 동굴을 답사한 일본의 동굴학자 가시마 교수가 채집하여 보내온 콩돌 200여 개도 K-KARST에 보관·전시하고 있다(그림 21-21).

긴 콩돌(axiolite)과 납작 콩돌(tabular)

콩돌에도 다양한 변종들이 있다. 필자의 부친은 1983년 제주시 협재 황금굴에서 나슬기를 핵으로 길게 첨가 증식된 막대 모양의 콩돌을 발견하여 『지리학 논총』 제10호에 발표한 바 있다(그림 21-22).

필자는 필자의 부친과 필자의 오랜 친구인 이성선 선생과 함께 1983년 제주도 한림읍 협재 동굴군에 속하는 황금굴 조사를 하였는데, 이때 발견한 길쭉하거나 납작하게 생긴 콩돌을 'axiolite'와 'tabular'라는 이름으로 부친이 학계에 보고한 것이다(그림 21-22, 21-23).

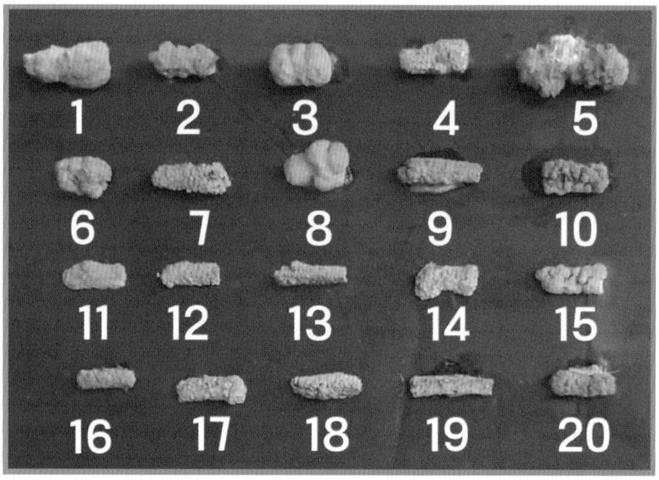

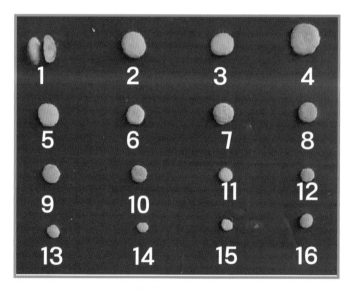

〈그림 21-22〉 타원형 긴 콩돌(axiolite)

〈그림 21-23〉 판상형 납작 콩돌(tabular)

이 동굴 주변은 겨울철 북서 계절풍이 운반한 조개껍질로 이루어진 모래가 용암동굴 위를 평균 5m 두께로 덮고 있었다. 황금굴은 길이가 100m, 폭 20m 정도의 작은 용암동굴이며, 동굴의 입구는 수직에 가까워 많은 조개껍질 모래가 동굴 깊숙한 곳까지 날아 들어갈 수 있는 환경이다. 특히, 필자가 탐사했을 때는 용암선반 위까지 촉촉한 조개 모래가 덮고 있었는데, 이 선반 위에는 담수 다슬기와 달팽이가 서식하고 있었다. 이들을 핵으로 조개껍질 모래로부터

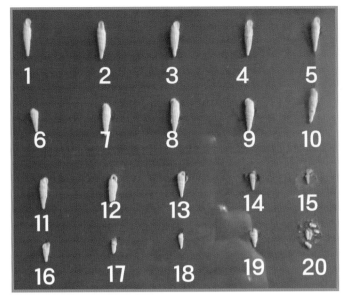

〈그림 21-24〉 다슬기를 핵으로 석회질이 첨가된 긴 콩돌

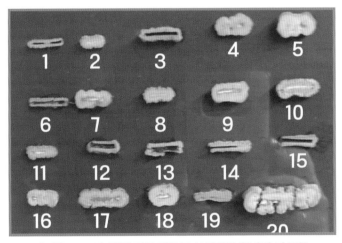

〈그림 21-25〉 박쥐 뼈를 핵으로 석회질이 첨가된 긴 콩돌

공급된 석회질이 길거나 납작한 콩돌, 즉 axiolite(봉상체 콩돌)와 tabular(판상체 콩돌)가 형성
된 것이다(그림 21-24).

+++ 요약 +++

21 스펠레오뎀(동굴퇴적물) 박물관

정선의 한국 카르스트 지형·지질 전시관에는 카르스트 지형학자 서무송 교수가 70여 년간 수집하여 기증한 400여 점의 동굴퇴적물(스펠레오뎀) 시료가 보관·전시되어 있다.

그중 희귀하거나 연구 가치가 있는 자료로는 동굴의 변화를 암시하는 낙하 종유석, 석회수의 연못에서 자란 연잎과 돌꽃, 동굴 속 과거의 환경 변화를 알려주는 3차원의 석순, 물속에서 자란 종유석, 떠 있는 돌부리, 끝이 평평한 평정 석순, 디스크형 석순, 방추형 종유석, 돌잔, 동굴 진주, 송이 석순, 동굴 부싯돌, 벌레 먹은 돌 등이 있으며 500여 개의 콩돌을 분류한 암석 시료가 있다.

서무송 교수의 70 평생 카르스트 답사와 탐사 과정에서 수집한 동굴퇴적물 등의 시료는 오직 연구 목적으로만 수집된 것이다. 구체적으로, 수집한 모든 시료는 지각운동의 여파로 본체에서 분리된 암석, 관광 개발의 과정에서 발파 등으로 생긴 파손 암석, 콩돌이나 모래와 같은 다량의 무리에서 소량 채취한 시료, 연구를 위해 외국 학자나 기관에서 보내온 시료 등이다. 이 시료들은 국내외 논문과 학술지에 게재하였으며, 『한국의 석회암 지형』(1997), 『카르스트 지형과 동굴 연구』(2010), 『세계의 카르스트지형』(2019) 등 본인 저서에서 사진과 함께 소개하였다.

이제, 이 모든 연구 자료와 암석 시료는, 정선 'K-KARST'로 이관되어 전시와 보관은 물론, 후대 학자들의 연구 자료로 활용할 준비를 마쳤다.

노련한 전문 학자의 시각에서 수집한 동굴퇴적물 시료들은 세계적으로도 발견된 사례가 없는 희귀한 것을 포함하여 연구 가치가 매우 높은 것이다. 따라서 K-KARST의 전시관은 국내는 물론, 세계적으로도 전무후무한 동굴퇴적물 박물관으로서의 위상을 갖게 될 것으로 생각된다.

✤✤✤ SUMMARY ✤✤✤

21 Speleothem Museum

At the Jeongseon Korean Karst Geology and Geomorphology Exhibition Hall, there are over 400 cave sediment samples collected and donated over 70 years by Professor Suh Mu-song, a karst geomorphologist. Among these, rare or research-valuable specimens include stalactites indicating cave changes, lotus leaves and stone flowers grown in limestone ponds, three-dimensional stalagmites indicating past environmental changes within caves, underwater stalactites, floating stones, flat-topped stalagmites, disc-shaped stalagmites, spindle-shaped stalactites, stone bowls, cave pearls, grape-like stalagmites, cave flints, worm-eaten stones, and over 500 classified cave pearls.

The samples of cave sediments collected by Professor Seo Mu-song over his 70-year career of karst exploration and investigation were collected solely for research purposes. Specifically, all collected samples include rocks separated from the main body due to tectonic movements, rocks damaged by blasting during tourist development, small quantities of pebbles or sand collected from large groups, and samples sent by foreign scholars or institutions for research purposes. These samples have been published in domestic and international journals and academic papers, and introduced with photos in his books, such as "Karst Geomorphology of Korea" (1997), "Karst Geomorphology and Cave Studies" (2010), and "Karst Geomorphology of the World" (2019).

Now, all these research materials and rock samples have been transferred to Jeongseon "K-KARST" for exhibition and storage, and are ready to be used as research materials for future scholars.

The cave sediment samples collected from the perspective of an experienced professional scholar include many rare specimens that have not been found elsewhere in the world, thus possessing significant research value. Therefore, it is believed that the exhibition hall at K-KARST will hold a unique position as a cave sediment museum not only in Korea but also globally.

카르스트지형과 동굴 연구

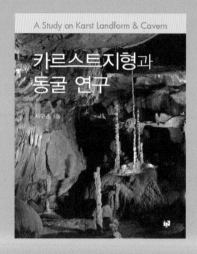

2011년 대한민국학술원 우수학술도서

서무송 지음 | 양장본 | 284쪽 | 50,000원

카르스트지형은 전 세계 육지 표면적의 15%를 차지하는 탄산염암, 즉 석회암과 백운암을 기초로 발달하며, 발달의 정도의 차이는 있으나 세계의 어느 나라 어느 기후대에도 분포하는 지형이다. 우리나라의 옥천지향사와 평남지향사 지대에는 세계적으로 손색없는 카르스트지형이 발달 분포되어 있다. 국토 면적이 광대한 중국은 모든 지질시대에 걸친 탄산염암이 다양한 형태의 카르스트지형으로 발달되어 있다.

이 책의 저자 서무송은 우리나라 석회암동굴 연구에 있어서 독보적인 존재이다. 저자는 90평생을 살면서 마지막까지도 카르스트지형 연구에 매진하였다. 21세기 지표상에 남은 유일한 탐험공간인 지하의 암흑세계, 즉 국내외 130여 개의 석회동굴을 탐험하고 그 속에 전개된 동굴퇴적물 등을 착실하게 사진과 기록으로 남겼다. 이 책은 그러한 연구 내용을 체계적으로 정리한 것이다.

세계의 카르스트지형

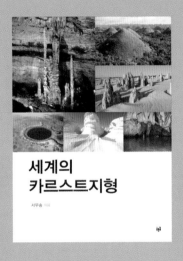

2020년 대한민국학술원 우수학술도서

서무송 지음 | 양장본 | 268쪽 | 30,000원

제Ⅰ장 '카르스트지형 일반론'에는 석회암의 기본 구성물질인 방해석부터 시작해서 용식작용, 용식의 기본 지형과 용식에 저항해서 남은 지형, 카르스트지형의 대표적인 사례들, 용식작용 이후의 잔재토, 동서양을 막론하는 세계적인 카르스트지형 연구의 선구자, 20~21세기 카르스트지형학사, 그리고 원시에서 인간과 동굴의 관계까지 카르스트의 모든 것이 서술되어 있다.

제Ⅱ장에서는 동굴퇴적물을 유형에 따라 분리하여 총망라해 놓아서 동굴퇴적물의 모든 유형을 이 책에서 만날 수 있다.

제Ⅲ~Ⅷ장에서는 아드리아해 연안, 아시아, 유럽, 아프리카, 아메리카 대륙의 국가별로 정리된 카르스트지형을 볼 수 있다.

제Ⅸ장에서는 위카르스트지형을 다룬다. 카르스트지형을 베껴 놓은 대자연의 신비로운 현상을 체험하는 것으로 마무리된 카르스트지형 정리 방법에서 저자의 연륜이 빛난다.

사진과 참고문헌

사진 : 서원명, (고)신병문, 박병석, 김현수, 정선군청 제공
드론 사진 : 김덕일(다큐멘터리 작가, 광주 숭덕고 지리교사)

서무송, 2019, 『세계의 카르스트지형』, 푸른길
서무송, 2010, 『카르스트지형과 동굴 연구』, 푸른길
오경섭, 1997, 「백두대간과 관련된 산지 지형 환경」, 산림청
오경섭, 2002, 「지형학 관점에서의 영월댐 건설 타당성 평가」, 한국지형학회지
이성선, 2005, 「평창강 유역의 석회암 산지 지형 연구」, 한국교원대 대학원
황희태, 1999, 「평창강 유역에 발달한 석회암 시형」, 한국교원대 대학원
D. C. Ford, 1989, 『Karst Geomorphology and Hydrology』, Unwin Hyman
J. N. Jennings, 1985, 『Karst Geomorphology』, Basil Blackwell
Simon Adams, 2006, 『Earth Science』, Chelsea House